필답형 실기 종자생산작업 완벽 대비

종자기능사

실기 한권으로 끝내기

종자기능사 실기 한권으로 끝내기

Always with you

사람이 길에서 우연하게 만나거나 함께 살아가는 것만이 인연은 아니라고 생각합니다.
책을 펴내는 출판사와 그 책을 읽는 독자의 만남도 소중한 인연입니다.
SD에듀는 항상 독자의 마음을 헤아리기 위해 노력하고 있습니다.
늘 독자와 함께하겠습니다.

PREFACE

머리말

종자기능사는 종자에 관한 숙련된 기능을 가지고 작물 · 원예시험장 및 연구소나 작물재배 농장에서 새로운 품종의 육성을 위해 품종 간 또는 개체 간 교잡 · 교배 등의 시험연구를 수행하는 업무를 보조하고, 토양 · 기온 · 습도 등의 적합한 재배조건을 조사하여 개량된 우수한 종자와 묘목을 생산, 번식, 육종, 저장시키기 위한 재배관리 및 생산관리, 농약 살포, 비료 사용 등의 직무를 수행하기 위한 자격증이다. 자격증을 취득하면 종묘회사, 원예재배농장, 육묘장과 같은 종자 관련 업무에 종사할 수 있고 농촌진흥청, 농업기술센터 관련 농업공무원 시험에 가산점을 받을 수 있는 혜택이 주어진다. 또한 종자산업법에 따라 종자관리사로도 진출할 수 있다.

종자기능사를 처음 공부하는 수험생들은 내용이 생소하거나 어렵게 생각할 수 있으며 최근 실기시험 유형 변경으로 인해 혼란을 겪을 수 있다. 이에 저자는 수험생들이 좀 더 쉽고 빠르게 공부하여 합격에 한발 더 가깝게 다가갈 수 있도록 집필하였다.

본 도서는 종자기능사 실기 필답형에 최적화된 수험서이다. 핵심이론, 기출복원문제, 최종모의고사 3파트로 구성하였다. 핵심이론은 출제기준에 맞춰 8챕터로 구성하여 기본 개념뿐만 아니라 중요 개념과 문제 유형까지 파악할 수 있고, 적중예상문제, 기출복원문제, 최종모의고사는 약 870개 정도의 예제를 풀어볼 수 있도록 하였다. 이 구성에 따라 학습한다면 각 챕터에 대한 심도 있는 이해를 통해 종자기능사 실기시험 합격에 한 발짝 더 가까이 다가갈 수 있을 것이다.

본 도서와 함께 종자기능사 실기시험을 준비하는 수험자들이 모두 합격의 기쁨을 누릴 수 있길 기원하며, 더 나아가 앞으로 종자 관련 업무를 수행할 때에 도움이 되는 교재가 되기를 바란다.

편저자 씀

시험안내

개 요

농업생산성을 증가시키고 농가소득을 증대시키기 위한 정책적 배려에서 작물재배가 크게 장려되어 우수한 작물품종의 개발 및 보급이 요구되었다. 이에 전문적인 지식과 일정한 자격을 갖춘 자로 하여금 작물종자의 채종과 생산업무를 수행하도록 하기 위하여 자격제도를 제정하였다.

수행직무

종자에 관한 숙련된 기능을 가지고 작물 · 원예시험장 및 연구소나 작물재배농장에서 새로운 품종의 육성을 위해 품종 간 또는 개체 간 교잡 · 교배 등의 시험연구를 수행하는 업무를 보조하고, 토양 · 기온 · 습도 등의 적합한 재배조건을 조사하여 개량된 우수한 종자와 묘목을 생산, 번식, 육종, 저장시키기 위한 재배관리 및 생산관리, 농약 살포, 비료 사용 등의 직무를 수행한다.

진로 및 전망

작물시험장, 원예시험장, 종자생산업체, 국립종자원, 원예재배농장, 자영농, 종묘상, 농촌진흥청 등의 관련 분야 공무원, 종자산업법에 따라 종자관리사로 진출할 수 있다.

시험요강

❶ 시행처 : 한국산업인력공단(www.q-net.or.kr)

❷ 관련 학과 : 전문계 고등학교 농업과, 원예과, 시설원예과, 원예경영과, 도시원예과, 생활원예과 등

❸ 시험과목

　㉠ 필기 : 종자, 작물육종, 작물

　㉡ 실기 : 종자생산작업

❹ 검정방법

　㉠ 필기 : 객관식 4지 택일형 60문항(1시간)

　㉡ 실기 : 필답형(2시간 정도)

❺ 합격기준(필기 · 실기) : 100점 만점에 60점 이상 득점자

시험일정

구 분	필기원서접수 (인터넷)	필기시험	필기합격 (예정자)발표일	실기원서접수	실기시험	최종 합격자 발표일
제1회	1.2~1.5	1.21~1.24	1.31	2.5~2.8	3.16~4.2	4.17
제2회	3.12~3.15	3.31~4.4	4.17	4.23~4.26	6.1~6.16	7.3
제3회	5.28~5.31	6.16~6.20	6.26	7.16~7.19	8.17~9.3	9.25

※ 상기 시험일정은 시행처의 사정에 따라 변경될 수 있으니, www.q-net.or.kr에서 확인하시기 바랍니다.

검정현황

연 도	필 기			실 기		
	응시(명)	합격(명)	합격률(%)	응시(명)	합격(명)	합격률(%)
2023	2,819	1,593	56.5	1,823	1,326	72.7
2022	2,363	1,397	59.1	1,940	1,239	63.9
2021	2,459	1,466	59.6	2,409	773	32.1
2020	1,879	1,128	60	1,786	1,573	88.1
2019	2,220	1,289	58.1	2,018	1,732	85.8
2018	2,239	1,331	59.4	2,018	1,705	84.5
2017	1,208	821	68	1,432	1,012	70.7
2016	1,251	450	36	1,290	951	73.7
2015	1,150	702	61	1,540	1,179	76.6
2014	1,256	583	46.4	1,414	1,205	85.2

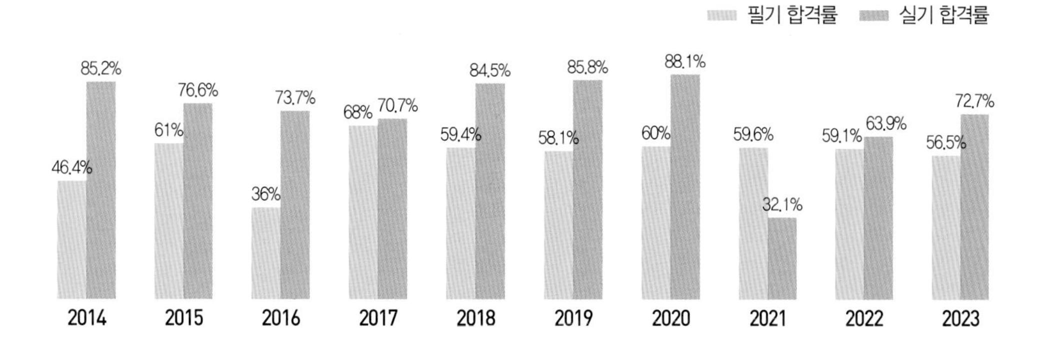

시험안내

출제기준(필기)

주요항목	세부항목	세세항목	
종 자	종자의 형성과 발달	• 종자의 형성	• 종자의 발달
	종자의 구조와 형태	• 종자의 구조	• 종자의 형태
	종자의 발아	• 발아에 관여하는 요인 • 발아의 촉진 및 억제	• 종자의 발아과정
	종자의 휴면	• 휴면의 형태 • 휴면의 타파방법	• 휴면의 원인
	종자의 병해충	• 종자전염 병해충의 종류 • 종자전염 병해충의 방제	• 종자전염성 병의 검정
	종자의 생산공급	• 종자의 생산	• 수확 및 건조
	종자의 수명과 퇴화	• 종자의 수명 • 종자의 퇴화	• 종자의 저장
	종자검사	• 종자검사	
작물육종	육 종	• 육종의 역할	• 농업환경과 육종
	유 전	• 질적형질과 양적형질 • 연관유전	• 멘델의 유전법칙
	품 종	• 품종의 개념 • 품종의 구비조건	• 품종의 변천
	생식세포의 형성	• 생식세포의 분열 • 배우자 형성	• 화기의 구조 • 웅성불임성 및 자가불화합성
	품종의 선발	• 선발에 이용되는 유전	• 품종선발의 지표
	육종방법	• 육종방법의 종류	• 육종과정
	품종의 유지 및 증식	• 품종의 검정	• 품종의 유지 및 증식
작 물	작물의 개념 및 현황	• 작물의 뜻 • 작물의 분화	• 작물의 기원 • 작물재배 현황
	작물의 분류	• 작물의 종류 • 작물의 선택	• 작물 분류방법
	작물재배 환경	• 토 양 • 온 도 • 광	• 수 분 • 공 기
	작물의 재배기술	• 재배방법 • 파종준비 • 시 비	• 종자의 선택 및 발아 • 재배관리 및 재해방지 • 병해충 및 생리적 장해
	생력재배	• 생력재배 정의 • 생력재배의 효과	• 생력재배 방법
	수확과 저장	• 수확방법 및 수확 후 처리	• 수확물의 저장 관리

출제기준(실기)

주요항목	세부항목	세세항목
종자생산 작업하기	종자의 식별하기	• 종자의 구조를 식별할 수 있다. • 종자의 형태를 식별할 수 있다.
	작물 병해충의 식별하기	• 병해의 식별 및 방제를 할 수 있다. • 해충의 식별 및 방제를 할 수 있다.
	번식 작업하기	• 파종 및 이식 작업을 할 수 있다. • 성형(Plug)묘 작업을 할 수 있다. • 조직배양묘를 생산할 수 있다. • 영양번식(삽목, 접목, 분주, 분구 등) 작업을 할 수 있다.
	육종과 채종 작업하기	• 인공수분 작업을 할 수 있다. • 채종 작업을 할 수 있다. • 종자의 저장 작업을 할 수 있다. • 수확적기를 판정할 수 있다.
	종자의 검사하기	• 시료추출 작업을 할 수 있다. • 순도분석 작업을 할 수 있다. • 발아검사 작업을 할 수 있다. • 수분함량검사를 할 수 있다. • 천립중검사를 할 수 있다.

목 차

CONTENTS

PART 01

핵심이론

종자기능사 실기 한권으로 끝내기

www.**sdedu**.co.kr

CHAPTER

01 식물의 생식기관과 종자 형성

01 식물의 생식기관

1. 꽃

(1) 꽃의 기본 구조에 따른 분류

① **갖춘꽃** : 꽃받침, 꽃잎, 암술, 수술 4요소로 모두 지니고 있는 꽃이다.

예 콩, 감자, 목화, 개나리, 민들레, 토마토 등

② **안갖춘꽃** : 꽃의 구성요소인 꽃받침, 꽃잎, 암술, 수술 가운데 하나라도 있지 않은 꽃이다.

예 벼, 보리, 밀, 옥수수, 오이, 호박, 수박 등

(2) 암술과 수술의 유무에 따른 분류

① **양성화(완전화)** : 암술과 수술이 함께 있는 꽃이다.

예 벼, 보리 밀, 콩, 유채 등으로 식물의 70%가 양성화에 속한다.

② **단성화(불완전화)** : 한 꽃에 암술 또는 수술만 있는 꽃이다.

예 오이, 수박, 호박 등의 박과 작물, 시금치, 삼, 호프, 아스파라거스, 은행나무 등

(3) 꽃의 구조

① **꽃받침** : 꽃의 밑에서 꽃을 받치고 있는 부분으로 꽃이 눈에서 나올 때 꽃의 기관들과 꽃잎을 보호한다.

② **꽃잎** : 꽃을 이루고 있는 잎 조각들을 말하며, 꽃에 따라 다양한 색깔을 가지고 있다.

③ **암술** : 꽃의 가운데에서 있는 긴 막대 같은 부분이다.

㉠ 주두(암술머리) : 암술의 꼭대기에서 화분을 받는 부분이다.

㉡ 화주(암술대) : 자방과 주두 사이의 부분을 화주라고 하며, 보통 원주 모양이다.

㉢ 자방(씨방) : 속씨식물의 배주를 내장하는 자루모양의 기관이다. 자방 안의 배주는 자라서 종자가 된다.

㉣ 배주(밑씨) : 자방 속에 위치하며 수정 후 씨로 발달하는 작고 둥근 기관이다.

④ **수술** : 암술 주변을 둘러싸고 있으며 여러 개의 작은 막대같이 생겼다.

㉠ 약(꽃밥) : 꽃가루(화분)를 만드는 장소이다.

㉡ 화사(수술대) : 약을 받치고 있는 구조물이다.

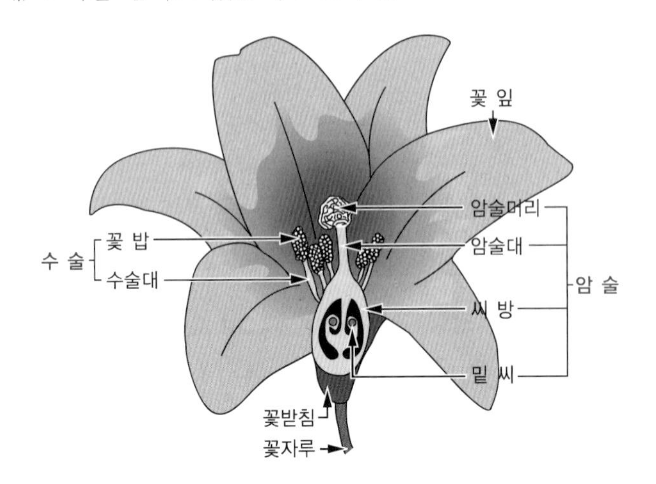

2. 종 자

겉씨식물과 속씨식물에서 수정한 밑씨가 발달, 성숙한 식물 기관으로 씨라고도 한다. 휴면상태에 해당되며, 그 속에 들어 있는 배는 어린 식물로 자라 새로운 세대로 연결된다.

(1) 종자의 의의

① 생물의 번식에 필요한 기본물질이다.

② 휴면상태로써 불량환경을 극복할 수 있는 수단이 된다.

(2) 종자의 기본구조

성숙한 종자는 기본적으로 종피, 배, 배유로 구성된다.

① 종피(씨껍질)

㉠ 배주의 주피에서 발달한다.

㉡ 외종피와 내종피로 구성되며 표면에 모용, 가시, 강모 등이 발달하기도 한다.

㉢ 역할 : 외종피는 보통 딱딱하며 외부환경, 병충해로부터 내부를 보호한다.

② 배(씨눈, 배아)

㉠ 배축, 유아, 유근 떡잎 등으로 구성된다.

㉡ 무배유 종자는 배축과 2개의 배유가 있고 배유 종자 중 벼과식물은 떡잎 대신 떡잎초와 배반(변태된 떡잎)이 있으며, 양파는 유근과 정상적인 1개의 떡잎이 있다.

㉢ 역할 : 장차 어린 식물이 될 부분이다.

③ 배유(씨젖, 배젖)

㉠ 역 할

- 씨앗이 발아하여 배가 생장하는데 필요한 양분을 저장하고 공급한다.
- 배유가 작거나 없는 종자는 대신에 떡잎이 발달하고 이곳에 양분을 저장한다.

㉡ 저장 양분의 종류에 따른 분류

- 전분종자 : 벼, 보리, 옥수수 등과 같이 저장물질이 주로 전분으로 이루어지거나 전분을 이용하는 종자이다.
- 지방종자 : 유채, 땅콩, 해바라기 등과 같이 저장물질이 주로 지방으로 이루어지거나 지방을 이용하는 종자이다.

㉢ 배유의 유무에 따른 분류

- 배유 종자(외떡잎식물, 단자엽식물) : 배유에 대량의 영양분을 저장하고 있는 종자이다.
  예 벼, 밀, 보리, 옥수수 등
- 무배유 종자(쌍떡잎식물, 쌍자엽식물) : 배유조직이 퇴화되어 떡잎에 양분을 저장하고 있는 종자이다.
  예 콩, 팥, 완두, 상추, 오이 등

(3) 종자의 형성

수술의 꽃밥에서 만들어진 화분이 바람, 곤충 등의 매개로 암술의 암술머리에 도달하면 수분이 일어나고, 여러 과정을 거쳐서 수정이 이루어진다. 수정된 난세포는 세포분열 과정을 거쳐 배를 형성한다. 속씨식물은 중복수정을 통해 종자가 만들어진다.

(4) 종자의 구조

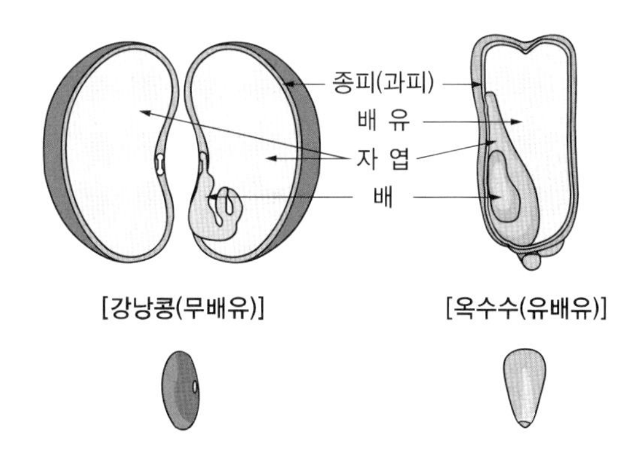

3. 과 실

(1) **과실** : 수정된 씨방이 성숙하여 주변 조직과 함께 과실로 발달한다.

① **진과** : 씨방만이 발달하여 생산된 과실을 진과라고 한다.

예 토마토, 해바라기, 오이, 호박, 가지 등

② **위과** : 씨방 이외의 기관이 발달하여 성숙한 과실을 위과라고 한다.

예 딸기, 오디, 사과, 석류 등

(2) **과 피**

외과피, 중과피, 내과피로 구분된다.

(3) **과실의 구조**

① 진과(감)

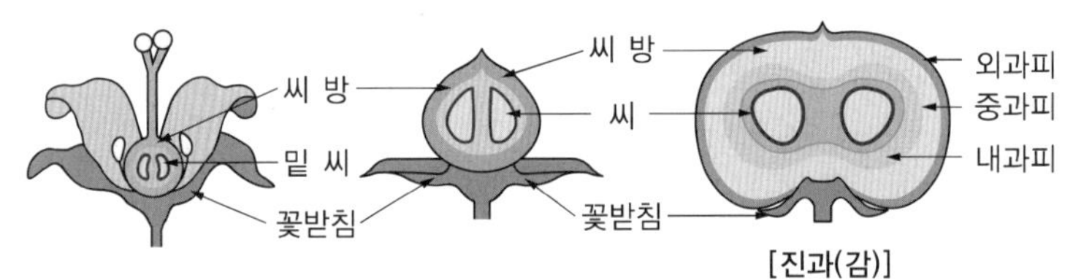

[진과(감)]

② 위과(사과)

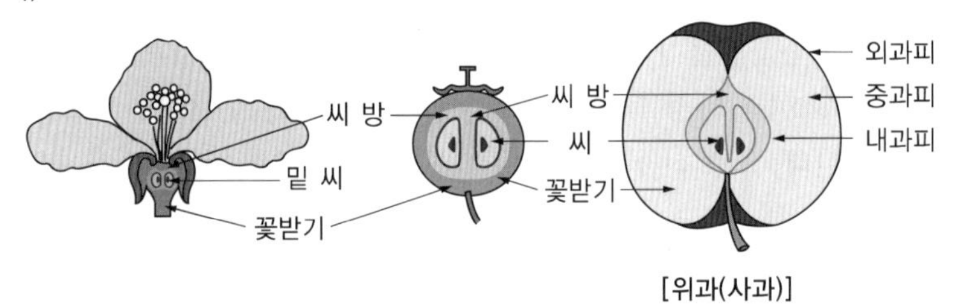

[위과(사과)]

02 식물의 생식

1. 유성생식

종자를 통해 번식하는 방법으로 감수분열을 하여 암・수 배우자를 만들고, 이들 배우자가 수정하여 접합자를 이루는 생식방법이다.

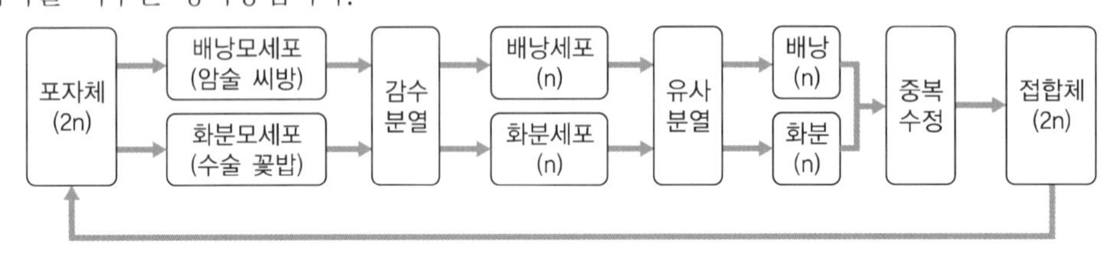

(1) 유사분열(체세포분열)

한 개의 세포가 둘로 나누어지는 것이며 세포의 분열 과정에서 유전체의 양이 변하지 않는 분열을 말한다(2n → 2n). 유사분열 과정은 전기, 중기, 후기, 말기로 나뉜다.

① **간기** : 유전 물질인 DNA가 복제되어 그 양이 2배로 증가하며, 염색체는 보이지 않고 유전 물질이 염색사 형태로 존재한다. 핵막과 인이 관찰되는 시기이다.

② **전기** : 염색사가 짧고 굵게 응축하여 두 가닥의 염색 분체로 이루어진 염색사를 형성하여 염색체가 나타나는 시기이다. 핵막과 인이 사라지며 방추사가 발견된다.

③ **중기** : 염색체가 세포 중앙에 배열되고 방추사가 염색체에 부착된다. 염색체의 모양과 수를 가장 뚜렷하게 관찰할 수 있는 시기이다.

④ **후기** : 두 가닥의 염색 분체가 분리되어 방추사에 의해 각각 세포의 양쪽 끝으로 이동한다.

⑤ **말기** : 방추사가 사라지며 염색체가 풀어져 다시 염색사가 된다. 핵막과 인이 다시 생기며 세포질 분열이 시작되어 2개의 딸세포가 생긴다.

(2) 감수분열

반수체 생식세포를 만드는 세포분열 과정이다. 2번의 분열 과정을 거치며 제1감수분열은 염색체 수가 반으로 줄어드는 감수분열이고, 제2감수분열은 염색분체가 분열한다. 결과적으로 4개의 딸세포를 만든다(2n → n).

① 제1감수분열

㉠ 간기 : 핵 안의 DNA가 복제되어 2배로 증폭되며 세포분열에 필요한 물질들이 합성된다.

㉡ 전기 : 염색사의 응축으로 상동염색체(2n)가 쌍을 이루어 2가염색체를 형성하며, 교차가 일어나는 시기이다.

㉢ 중기 : 2가염색체들이 세포의 중앙에 배열되며, 방추사와 연결된다.

㉣ 후기 : 방추사에 의해 상동염색체가 세포의 끝으로 끌려가는 단계이다. 양쪽 끝에 염색체가 한 세트씩 모인다.

㉤ 말기 : 세포질분열이 일어나며, 핵막이 형성되고 방추사가 소멸된다. 이때 염색체 수가 반감되어 반수체(n)인 2개의 딸세포가 형성된다.

② 제2감수분열

㉠ 전기 : 상동염색체 쌍 중 하나만 가지게 되며, 핵막이 사라진다.

㉡ 중기 : 방추사가 연결되며 세포의 중앙에 염색체가 배열된다.

㉢ 후기 : 염색분체가 방추사에 의해 세포의 양끝으로 이동한다.

㉣ 말기 : 염색분체의 세포 내 양끝 이동이 끝나면 핵막과 인이 만들어지고 4개의 딸세포가 형성된다.

(3) 유사분열과 감수분열의 비교

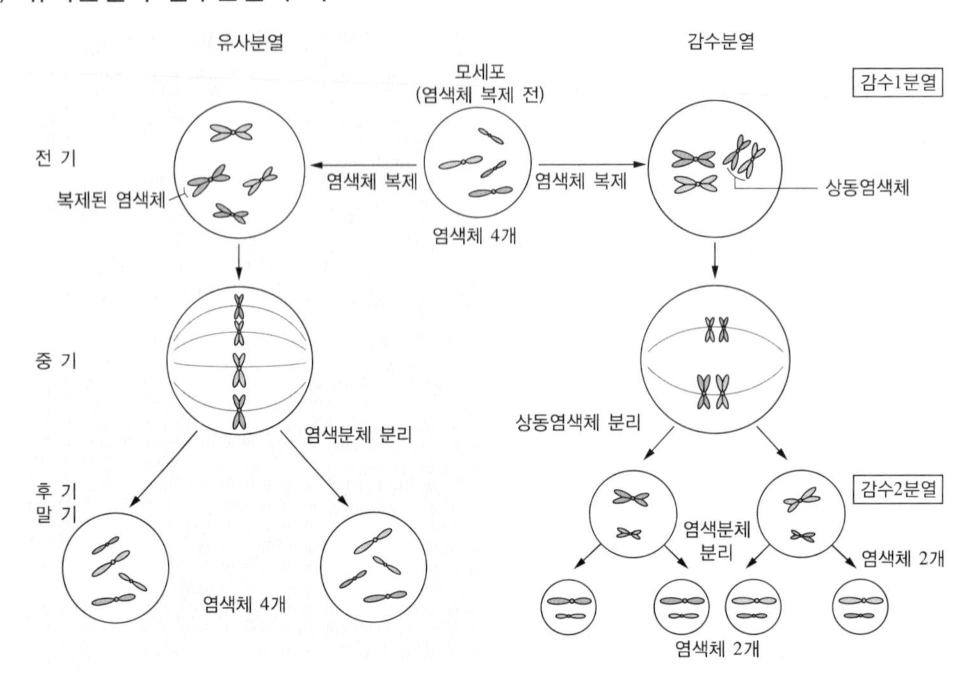

2. 무성생식

씨앗이나 포자를 이용하지 않고 잎, 줄기, 뿌리와 같은 식물체에서부터 새로운 개체가 발생하는 영양번식을 말한다. 영양번식을 통해 모계와 같은 형질의 자손을 얻을 수 있다.

3. 아포믹시스(Apomixis)

수정 과정을 거치지 않고 배가 만들어져 종자를 형성하는 현상을 말한다.

(1) 부정배형성

배낭을 만들지 않고 포자체의 조직세포가 직접 배를 형성하는 것을 말한다.

(2) 무포자생식

배낭은 만들지만 배낭의 조직세포가 배를 형성하는 경우이다.

(3) 웅성단위생식

난세포에 들어온 정핵이 난핵과 융합하지 않고 정핵 단독으로 분열하여 배를 만드는 경우이다.

(4) 위수정생식

수정하지 않은 난세포가 수분 작용의 자극을 받아 배로 발달하는 것을 말한다.

03 종자의 형성과 발달

1. 종자의 형성

(1) 화분과 배낭의 형성

① 화분 : 종자식물 수술의 꽃밥 안에서 만들어지는 생식세포로 수술의 꽃밥에서 화분모세포가 발달하고 이들이 감수분열하여 화분을 생성한다. 이 결과, 2개의 정핵이 생성되며 화분이 암술머리에 붙는 수분 과정을 거쳐 씨앗을 형성한다.

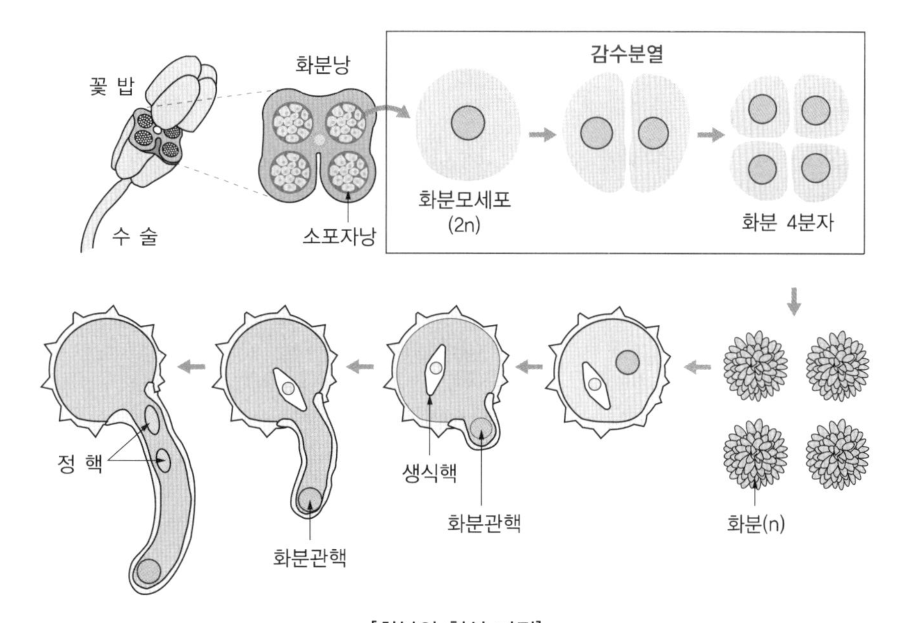

[화분의 형성 과정]

② **배낭** : 암술의 자방에 있는 배주에서 배낭모세포가 발달하고 이것이 감수분열하여 배낭을 형성한다. 속씨식물의 경우 배낭모세포의 감수분열, 핵분열 등을 거쳐 난세포, 2개의 조세포, 3개의 반족세포와 극핵(2n)을 형성한다.

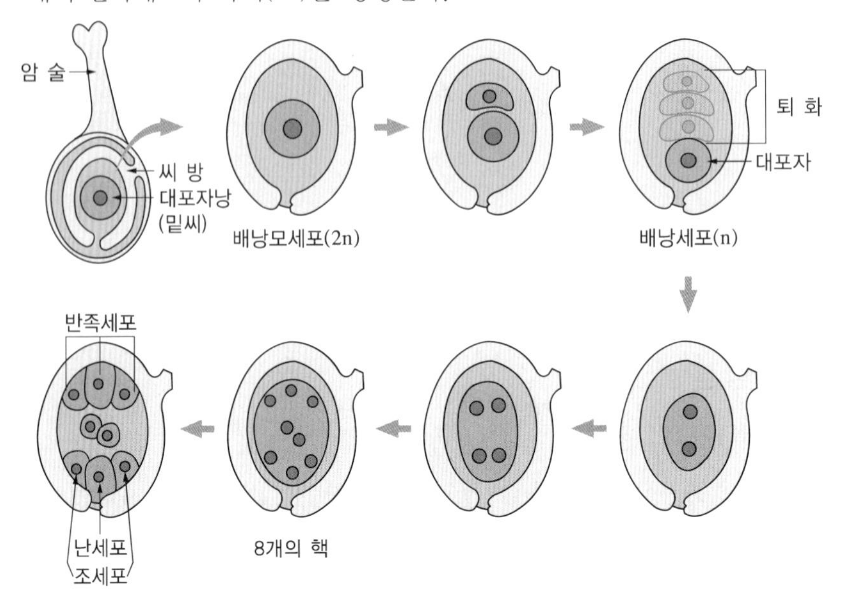

[배낭의 형성 과정]

(2) 수분과 중복수정

① **수분** : 성숙한 화분이 암 술의 주두에 닿는 것을 수분이라 한다. 자가수분과 타가수분으로 나뉜다.

㉠ 자가수분(자식)

- 동일한 개체의 꽃가루에 의해서 수분・수정이 되는 것을 말한다. 타식률은 보통 4% 이하이다.
- 자식성 작물 : 벼, 밀, 보리, 귀리, 기장, 수수, 토마토, 상추, 완두, 강낭콩, 스위트피, 가지, 고추, 잠두, 금어초, 샐비어, 담배, 아마, 참깨 등

㉡ 타가수분(타식)

- 다른 개체로부터 날아온 꽃가루에 의해 수분・수정이 되는 것을 말한다. 자식률이 5% 이하이다.
- 타식성 작물 : 옥수수, 호밀, 감자, 고구마, 오이, 호박, 수박, 알팔파, 라이그래스, 배추, 무, 파, 양파, 당근, 시금치, 쑥갓, 단옥수수, 과수류, 메리골드, 버베나, 베고니아, 피튜니아 등

㉢ 수분양식

- 단성화 : 동일한 꽃에 암술과 수술 중 한 가지만 존재하는 꽃이다.
- 양성화 : 한 꽃에 암술, 수술이 모두 들어 있는 꽃이다.

※ 양성화 중에서도 자가불임성(클로버, 배추), 웅성불임성(양파, 고추)인 것은 타가수정이다.

- 자웅동주 : 수술만을 가진 수꽃과 암술만을 가진 암꽃이 같은 그루에 생기는 현상이다.

예 오이, 수박 등 대부분의 박과 식물, 옥수수 등

- 자웅이주 : 암꽃과 수꽃이 각각 다른 나무에 피는 것이다.

예 아스파라거스, 시금치, 삼, 뽕나무 등

- 웅예선숙 : 수술이 같은 꽃 안의 암술보다 앞서 성숙하는 경우이다.

예 양파, 당근, 사탕무, 국화, 나무딸기, 옥수수 등

- 자예선숙 : 암술이 같은 꽃 안의 수술보다 앞서 성숙하는 경우이다.

예 배추과 식물, 목련, 질경이, 호두, 목련 등

- 자웅동숙 : 양성화에서 암술, 수술의 숙기가 같을 경우이다.
- 폐화수정 : 꽃이 피기 전 봉오리가 진 상태에서 행하는 자가수정을 말한다.

예 벼, 밀 등

- 이형예현상 : 수술이나 암술의 길이가 꽃에 따라서 다른 현상이다.

예 메밀, 아마, 앵초, 프리뮬러, 부채꽃 등

② **중복수정** : 식물의 정핵이 난핵 및 극핵과 접합하는 것을 수정이라 하는데, 식물의 수정은 2개의 정핵이 하나는 난핵, 다른 하나는 극핵과 접합하기 때문에 중복수정이라고 한다.

㉠ 정핵(n) + 난핵(n) → 배(2n)

㉡ 정핵(n) + 극핵(2n) → 배유(3n)

㉢ 씨방 → 과실

2. 종자의 발달

(1) 속씨식물의 수분과 수정

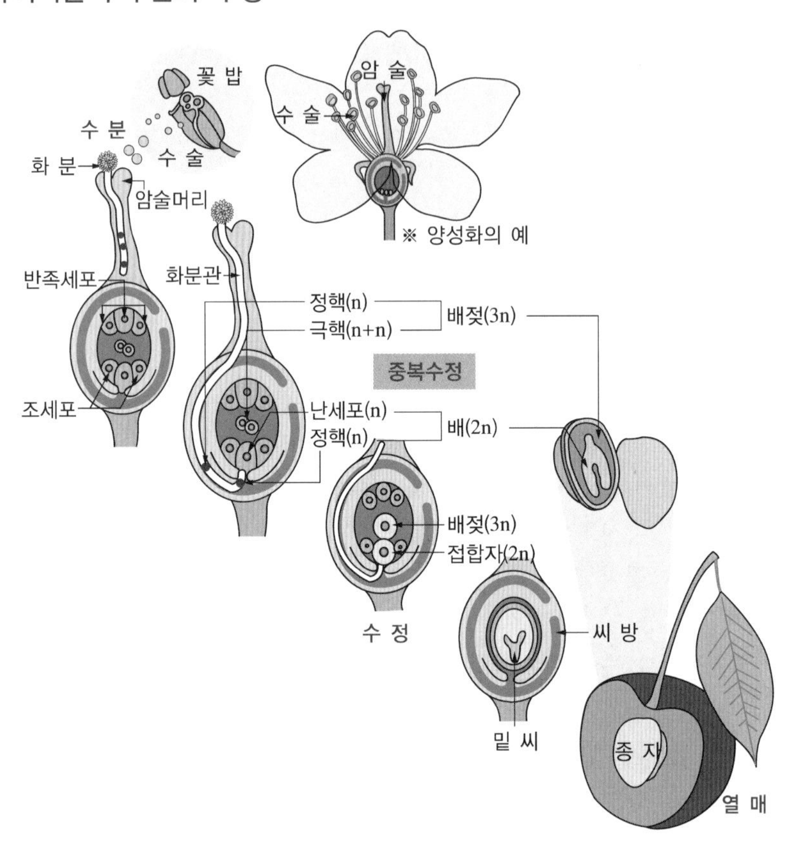

CHAPTER

01 적중예상문제

01 양성화와 단성화를 분류하시오.

벼, 수박, 시금치, 밀, 유채, 은행나무

[정답]

- 양성화 : 벼, 밀, 유채
- 단성화 : 수박, 시금치, 은행나무

02 종자의 의의에 대해 서술하시오.

[정답]

- 생물의 번식에 필요한 기본물질이다.
- 휴면상태로써 불량환경을 극복할 수 있는 수단이 된다.

03 종자의 기본구조 3가지를 쓰시오.

[정답]

종피, 배, 배유

04 종피의 역할을 서술하시오.

정답

외부환경, 병충해로부터 종자 내부를 보호한다.

05 배에 대해 서술하시오.

정답

장차 어린 식물이 될 부분으로 떡잎, 배축, 유아, 어린뿌리의 네가지로 되어 있다.

06 배유의 역할을 쓰시오.

정답

씨앗이 발달하여 배가 생장하는데 필요한 양분을 저장하고 공급한다.

07 전분종자와 지방종자를 3가지씩 쓰시오.

정답

• 전분종자 : 벼, 보리, 옥수수 등 화본과 종자
• 지방종자 : 유채, 땅콩, 해바라기 등

08 다음 그림에 대한 질문에 알맞은 답을 서술하시오.

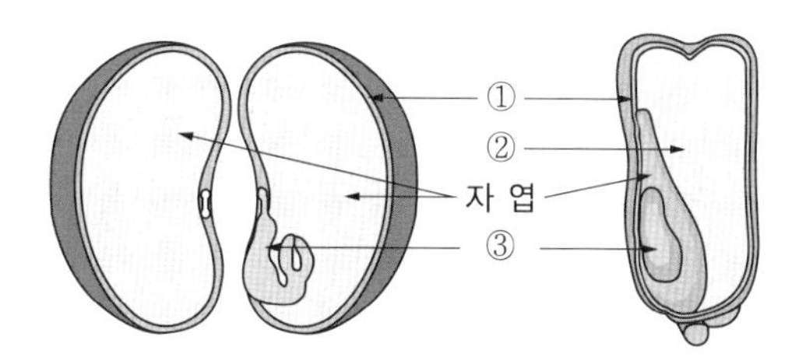

1) ①, ②, ③에 들어갈 알맞은 단어를 쓰시오.

2) ①의 역할을 서술하시오.

3) ②의 역할을 서술하시오.

4) ③의 역할을 서술하시오.

5) ②를 가지고 있는 종자 3가지를 쓰시오.

정답

1) ① 종피, ② 배유, ③ 배
2) 외부환경, 병충해로부터 종자 내부를 보호한다.
3) 씨앗이 발달하여 배가 생장하는 데 필요한 양분을 저장하고 공급한다.
4) 장차 어린 식물이 될 부분이다.
5) 벼, 밀, 보리, 옥수수 등

09 다음 빈칸에 들어갈 알맞은 말을 고르시오.

- 강낭콩 종자는 배유가 (있으며 / 없으며) 양분을 (배유 / 떡잎)에 저장하고 있다.
- 저장 양분은 주로 (전분 / 지방)으로 이루어져 있다.

정답

없으며, 떡잎, 지방

10 배유 종자와 무배유 종자의 차이를 서술하시오.

정답

배유 종자는 배유에 대량의 영양분을 저장하고 있는 종자이고, 무배유 종자는 배유조직이 퇴화하여 배유 대신 떡잎에 양분을 저장하고 있는 종자이다.

11 [보기]의 종자를 배유 종자와 무배유 종자로 분류하시오.

보기

벼, 옥수수, 완두, 상추, 오이, 보리

정답

- 배유 종자 : 벼, 옥수수, 보리
- 무배유 종자 : 완두, 상추, 오이

12 다음 빈칸에 들어갈 알맞은 말을 고르시오.

씨방만이 발달하여 생산된 과실을 (진과 / 정과 / 위과)라고 하며, 씨방 이외의 기관이 발달하여 성숙한 과실을 (진과 / 정과 / 위과)라고 한다.

정답

진과, 위과

13 진과에 해당하는 과실 3가지를 쓰시오.

정답

토마토, 해바라기, 오이, 호박, 가지 등

14 위과에 해당하는 과실 3가지를 쓰시오.

정답

사과, 배, 딸기, 석류 등

15 다음 빈칸에 들어갈 알맞은 말을 고르시오.

> 유사분열은 (2개 / 4개)의 딸세포가 형성되고, 유전체 양이 (변하는 / 변하지 않는) 분열을 한다.

정답

2개, 변하지 않는

16 유사분열에서 염색체의 모양과 수를 가장 뚜렷하게 관찰할 수 있는 시기가 언제인지 쓰시오.

정답

중 기

17 다음 빈칸에 들어갈 알맞은 말을 고르시오.

> 감수분열은 (2개 / 4개)의 딸세포가 형성되고, 유전체 양이 (변하는 / 변하지 않는) 분열을 한다.

정답

4개, 변하는

18 다음 빈칸에 들어갈 알맞은 말을 고르시오.

> 제1감수분열은 (염색분체 / 상동염색체)가 분리되고, 제2감수분열은 (염색분체 / 상동염색체) 가 분리되어 감수분열의 결과 염색체수가 (2n → 2n / 2n → n)으로 된다.

정답

상동염색체, 염색분체, 2n → n

19 아포믹시스에 대해 설명하시오.

정답

수정 과정을 거치지 않고 배가 만들어져 종자를 형성하는 현상을 말한다.

20 다음 빈칸에 들어갈 알맞은 말을 고르시오.

> 화분모세포는 (수술의 꽃밥 / 암술의 배낭)에서 발달하고, 화분모세포 분열 결과 (1개의 정핵 / 2개의 정핵)이 형성된다.

정답

수술의 꽃밥, 2개의 정핵

21 다음 빈칸에 들어갈 알맞은 말을 고르시오.

> 배낭모세포는 감수분열과 핵분열을 거쳐 난세포 (1개 / 2개), 조세포 (1개 / 2개), 반족세포 (3개 / 4개) 그리고 (n / 2n)의 극핵을 형성한다.

정답

1개, 2개, 3개, 2n

22 제1감수분열에서 교차가 일어나는 시기를 쓰시오.

정답

전 기

23 수분에 대해 서술하시오.

정답

성숙한 화분이 암 술의 주두에 닿는 것으로 자가수분과 타가수분으로 나뉜다.

24 자식성 작물 3가지를 쓰시오.

정답

벼, 밀, 보리, 귀리, 기장, 수수, 토마토, 상추, 완두, 강낭콩, 스위트피, 가지, 고추, 오이, 호박, 수박, 잠두, 금어초, 샐비어 등

25 타식성 작물 3가지를 쓰시오.

정답

옥수수, 호밀, 감자, 고구마, 알팔파, 라이그래스, 배추, 무, 파, 양파, 당근, 시금치, 쑥갓, 단옥수수, 과수류, 메리골드, 버베나, 베고니아, 피튜니아 등

26 다음 빈칸에 들어갈 알맞은 말을 고르시오.

식물의 수정은 2개의 정핵 중 하나는 (난핵 / 극핵)과 접합하여 배를 형성하고, 다른 하나는 (난핵 / 극핵)과 접합하여 배유를 형성한다.

정답

난핵, 극핵

27 다음 빈칸에 들어갈 알맞은 말을 고르시오.

자식성 작물은 일반적으로 자연교잡률이 (0~4% / 4~10%)인 경우이고, 타식성 작물은 자가수정률이 (0~5% / 5~8%)인 경우를 말한다.

정답

0~4%, 0~5%

28 자웅이주의 뜻과 해당작물 3가지를 쓰시오.

정답

- 암꽃과 수꽃이 각각 다른 나무에 피는 것이다.
- 해당작물 : 아스파라거스, 시금치, 삼, 뽕나무 등

29 웅예선숙으로 인해 자가수정이 어려운 작물 3가지를 쓰시오.

정답

양파, 당근, 사탕무, 국화, 나무딸기, 옥수수 등

30 벼, 밀처럼 꽃이 피기 전 봉오리가 진 상태에서 수정이 일어나는 것을 무엇이라 하는지 쓰시오.

정답

폐화수정

31 자웅동주 작물 3가지를 쓰시오.

정답

오이, 수박 등 대부분의 박과식물, 옥수수

32 위수정생식에 대해 서술하시오.

정답

수정하지 않은 난세포가 수분작용의 자극을 받아 배로 발달하는 것이다.

33 다음 그림에 대한 물음에 답하시오.

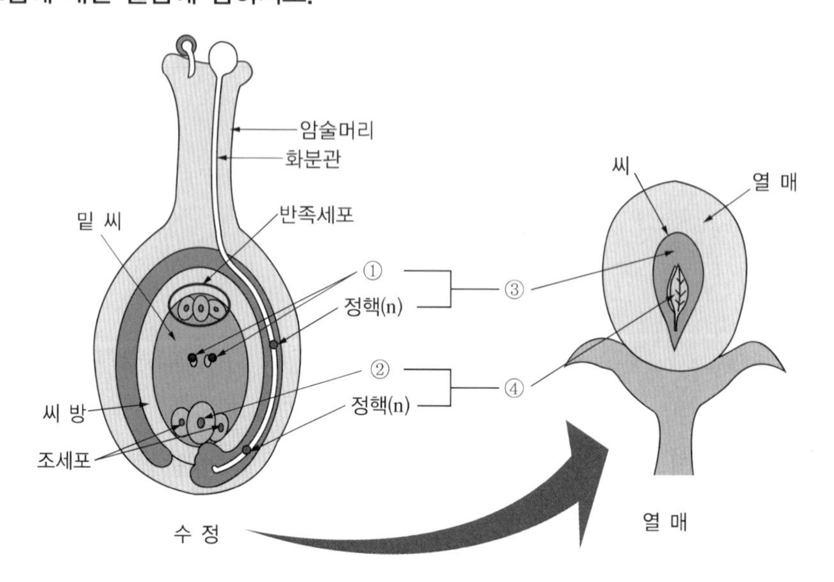

1) 그림의 ①, ②, ③, ④에 들어갈 알맞은 말을 쓰시오.

2) 그림의 ①, ②, ③, ④에 대한 배우체형을 n, 2n, 3n 중에서 골라 쓰시오.

정답

1) ① 극핵, ② 난핵, ③ 배유, ④ 배

2) ① 2n, ② n, ③ 3n, ④ 2n

CHAPTER

02 종 자

01 종자 발아

1. 종자의 발아

(1) 발 아

종자에서 유아, 유근이 출현하는 것을 말한다.

(2) 출 아

토양에 파종했을 때 발아한 새싹이 지상으로 출현하는 것을 말한다.

(3) 맹 아

목본식물 지상부의 눈에서 새싹이 움트거나, 저장 중인 감자의 덩이줄기에서 싹이 나는 것 같은 지하부의 새싹이 지상부로 자라나는 현상 또는 새싹 자체를 말한다.

2. 종자 발아 조건

(1) 수 분

종자 발아에 가장 큰 영향을 미치는 조건이다.

① 역 할

㉠ 종피를 연화시키고 배, 배유, 떡잎 등을 팽창시켜 배가 쉽게 종피를 삐져나오도록 한다.

㉡ 종피의 가스투과성을 증대시켜 산소 공급과 이산화탄소 배출을 쉽게 한다.

㉢ 종자 내 저장양분의 분해와 수송을 가능하게 하여 발아에 필요한 물질대사를 원활하게 한다.

② **발아에 필요한 종자의 수분함량** : 종자 무게에 대해 벼 23%, 밀 30%, 쌀보리 50%, 콩 100%

(2) 산 소

발아 중의 생리활동에는 호흡작용이 필요하므로 대부분의 종자는 산소가 충분히 공급되어야 발아가 잘되지만 산소가 없어도 발아가 가능한 종자도 있다. 원활한 호흡작용을 위해 일반적으로 종자 크기의 2~3배 깊이로 복토한다.

① **수중 발아 불가 종자** : 콩, 밀, 귀리, 메밀, 무, 양배추, 가지, 고추, 파, 알팔파, 루핀, 옥수수, 수수, 호박, 율무 등

② **수중 발아 감퇴 종자** : 담배, 토마토, 화이트클로버, 카네이션 등

③ **수중 발아 잘 하는 종자** : 벼, 상추, 당근, 셀러리, 티머시, 피튜니아, 켄터키블루그래스 등

(3) 온 도

① 보통 발아 최저온도 0~10°C, 최적온도 20~30°C, 최고온도 35~50°C이다.

② 저온작물은 고온작물에 비해 발아온도가 낮으며, 작물에 따라 변온이 종자의 발아를 촉진할 수 있다.

③ **변온상태에서 발아가 촉진되는 종자** : 켄터키블루그래스, 호박, 목화, 가지, 토마토, 고추, 옥수수, 담배, 아주까리, 박하, 셀러리, 오처드그라스, 레드톱 등

(4) 빛(광선)

종자의 발아에는 빛이 필수조건은 아니지만, 작물에 따라 빛에 의해 발아가 촉진되거나 억제될 수 있다.

① **광발아 종자** : 빛에 의해 발아가 촉진되는 종자로 복토를 얕게 하는 것이 좋다.
   예 상추, 우엉, 일일초, 피튜니아, 차조기, 금어초, 베고니아, 셀러리, 담배 등

② **암발아 종자** : 빛에 의해 발아가 억제되는 종자로 복토를 깊게 해도 된다.
   예 오이, 호박, 수박, 맨드라미, 토마토, 가지, 파, 양파, 무 등

③ **광무관 종자** : 빛이 발아에 큰 영향을 끼치지 않는 종자이다.
   예 벼, 보리, 옥수수 등의 화곡류, 대부분의 콩과작물 등

(5) 발아에 관여하는 기타 요인

① **화학물질** : 유해가스, 무기염류, 지베렐린 · ABA와 같은 생장조절물질을 통해 발아가 촉진되거나 억제될 수 있다.

② **토양 산도** : pH 4.0~7.6 범위가 적당하다.

③ 종자의 삼투압, 방사선 처리, 기계적 손상 유무, 발아전처리 등의 영향을 받을 수 있다.

3. 종자 발아 과정

(1) 수분의 흡수(3단계)

① 1단계 : 수분흡수가 왕성하게 일어나는 시기이다.

② 2단계 : 수분흡수는 정체되고 효소들이 활성화되어 발아에 필요한 물질대사가 왕성하게 일어나는 시기이다.

③ 3단계 : 유근, 유아가 종피를 뚫고 출현하여 흡수가 다시 왕성해지는 시기이다.

(2) 저장양분의 분해효소 생성과 활성화

수분흡수 2단계에서 효소가 활성화되어 저장양분을 분해하고, 떡잎이나 배유의 저장조직에서 영양분을 생장점으로 전류시켜 새로운 성분을 합성하는 화학반응을 일으킨다.

(3) 저장양분의 분해 및 이동

배유의 저장양분이 분해되어 배로 이동한다.

(4) 배의 생장과 발육

세포분열이 일어나 상배축과 하배축, 유근과 같은 기관이 커진다.

(5) 종피의 파열과 유묘의 출현

종피가 파열하고 유근과 유아가 출현한다. 대부분의 종자는 발아할 때 유근이 먼저 나오지만 벼의 경우 산소가 부족하면 유아가 먼저 나오고 유근이 잘 발달하지 못한다.

① 종자의 발아양상 : 종자가 발아할 때 배유와 자엽을 어디에 두느냐에 따라 지상형과 지하형으로 구분하며, 양분을 주로 어디에 저장하느냐에 따라 배유성과 자엽성으로 구분한다.

구 분	지하형	지상형
발아 양상	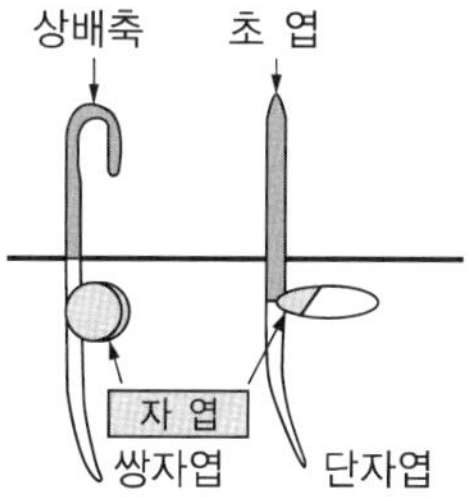 상배축, 초 엽, 자 엽, 쌍자엽, 단자엽	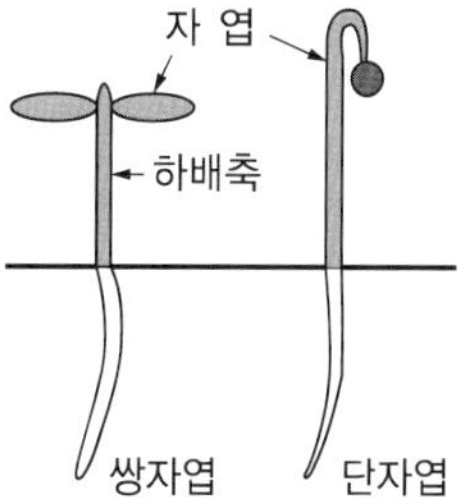 자 엽, 하배축, 쌍자엽, 단자엽
배유성 종자	벼, 보리, 밀, 옥수수	피마자, 메밀, 양파
자엽성 종자	완두, 잠두, 팥	강낭콩, 오이, 호박, 땅콩, 콩, 녹두

② 종자가 종피를 쓰고 나오는 경우 및 대책

㉠ 종자가 종피를 쓰고 나오는 경우

- 수분이 부족하거나 건조한 경우
- 복토가 얕은 경우
- 온도가 너무 낮은 경우
- 종피가 두껍거나 배가 약한 경우

㉡ 대책 : 30°C 정도의 따뜻한 물로 관수하거나 파종상의 온도를 높여준다.

③ 유아 갈고리 : 쌍자엽식물이 발아할 때는 반드시 줄기의 선단이 갈고리 모양으로 구부러져 땅위로 솟아나오는데 이것을 유아 갈고리라 하며 식물이 안전하게 출아하는 데 도움을 준다.

4. 종자 발아 촉진과 소독

(1) 종자 소독

종자 안이나 종자 위에 붙어 있는 병원체를 살상시키거나, 싹튼 어린식물을 토양의 병원미생물과 해충으로부터 보호하기 위해 종자를 물리적・화학적 방법으로 소독하는 일을 말한다.

① 종자 소독 필요성

㉠ 종자전염성 병에 대한 피해를 최대한 줄일 수 있다.

㉡ 종자의 발아 과정이나 유묘가 자라는 과정에서 발생하는 해충 및 기타 다양한 토양 유해균 피해를 경감시킬 수 있다.

㉢ 유묘에 대한 병원균이나 해충의 피해로부터 침투 보호 작용을 가능하게 해준다.

② 종자 소독처리 방법

㉠ 기계적인 방법 : 종자를 기계적으로 정선하여 종자에 혼입되었거나 표면에 묻어 있을 수 있는 병원체 또는 충을 제거하는 방법이다.

- 체를 이용한 종자 선별
- 풍선 또는 비중을 이용한 종자 선별

㉡ 물리적 방법 : 온탕처리, 자외선, 적외선, X선과 같은 방사선 조사, 건열처리 등이 있다.

- 온탕처리 : 곡류에 많이 이용하는 방법으로 콩과작물과 같이 종피가 얇은 종자에는 적합하지 않다.
  - 고온 소독 : 50°C의 뜨거운 물에 30분 동안 침지한 뒤 건조시키거나 바로 파종한다.
  - 깜부기병 : 15~18°C의 물에 2~3시간 처리한 후, 50~55°C에 5~10분 처리하고 냉수로 냉각한다.

- 냉수온탕침법 : 냉수에 일정 시간 침적한 후 47~48°C의 온탕에 1~2분간 담그고, 다시 52°C의 온탕에 5분간 침적하여 바로 냉수에 식혀 그늘에 말린다.
- 건열처리 : 일반적으로 채소종자에 많이 이용하는 방법으로, 60~80°C에 1~7일간 처리한다.
  - 시들음병 : 35~65°C의 범위에서 5시간동안 단계별로 온도를 상승하고, 74°C에 4~7일간 처리한다.
  - 탄저병 : 35~65°C의 범위에서 3일간 단계별로 온도를 상승하고, 75°C에 48시간 처리한다.
- 태양열처리 : 태양에서 발산되는 자외선 및 복사열을 활용한 소독처리 방법이다. 종자를 4시간 정도 수돗물에 담가 통풍이 잘되고 햇볕이 잘 드는 곳에 널어 태양열을 받게 하면서 5시간정도 말리면 세균병과 깜부기병을 제거할 수 있다.

㉢ 화학적 방법 : 종자를 약제로 소독하는 방법이다.

- 종자 소독용 농약 : 베노람 수화제, 지오람 수화제, 지오판리푸졸 수화제, 프로라츠 유제, 캡탄 분제, 카보람 분제 등이 있다.
- 제3인산소다 : 제3인산소다 10%액을 용기에 정량한 뒤 종자를 20분 동안 침지하고, 처리된 종자를 45분 동안 흐르는 물에 세척한다.
- 염산 용액 : 5% 염산 용액을 용기에 정량한 뒤 종자를 4~6시간 침지하고, 처리된 종자를 흐르는 물에 1시간 동안 세척한다.
- 아세트산 용액 : 1.3% 아세트산 용액 10mL에 2g의 종자를 4시간 동안 침지한 뒤 깨끗한 물로 3번 세척하고, 1.25% 락스 용액에 5분 동안 침지한 뒤 흐르는 물에 15분 동안 세척한다.
- 차아염소산나트륨 용액 : 2.7% 차아염소산나트륨 용액에 30분 동안 침지 처리한 후 깨끗이 세척을 하고 바로 파종하거나 그늘에서 물기를 말린 다음 파종한다.
- 씨감자 소독법 : 메로닐 분제, 토로스 수화제, 분제 등을 이용하여 소독할 수 있다.
- 종자처리약제 구비 조건
  - 병균에 대해 효과적이어야 한다.
  - 식물과 종자에 비교적 해롭지 않아야 한다.
  - 인체에 해가 없어야 한다.
  - 종자의 저장기간 중에 비교적 오랫동안 약효가 지속되어야 한다.
  - 사용이 편리하고 경제성이 있어야 한다.

(2) 종자처리법

① 파종전처리

㉠ 침지처리 : 파종 전 종자 발아를 촉진시키기 위해 종자를 액체에 일정시간 담그는 방법이다.

㉡ 최아처리 : 종자를 심기 전 인위적으로 싹을 틔우기 위해 종자를 물에 담가 두거나 지베렐린을 처리하는 것으로 발아 촉진과 생육 촉진 효과가 있다.

㉢ 종자프라이밍 : 불량환경에서 발아율과 발아의 균일성을 높이기 위해 종자를 PEG나 무기염류 같은 고삼투압 용액에 수일~수주간 처리하는 방법으로, 종자 활력을 높여 발아속도, 발아세, 발아율이 향상된다.

② 종자코팅 : 종자의 크기를 인위적으로 크고 균일하게 만들거나 종자의 병해를 예방하기 위해 종자에 색깔과 불활성 물질을 입히는 것이다.

㉠ 장 점

- 특수 처리를 통한 발아율 및 입묘율이 향상된다.
- 파종이 용이해 파종에 대한 노동력이 감소된다.
- 적량 파종이 가능하여 솎음 노력이 감소된다.
- 미세 종자나 가벼운 종자, 형태가 불균일한 종자의 파종이 유리해진다.
- 발아상 환경이 개선된다.

㉡ 단 점

- 종자의 경실화로 인해 발아가 지연될 수 있다.
- 종자코팅에 대한 비용이 든다.
- 종자코팅에 대한 특별한 기술, 기구 등이 필요하다.

③ 펠릿종자 : 소립종자 또는 부정형의 종자를 점토 등으로 피복하여 둥근 알약 형태로 만들어 기계 파종에 편리하게 만든 것을 말한다.

④ 피막종자 : 코팅종자와 펠릿종자의 중간 정도 코팅종자로 종자의 모양과 크기가 다소 원형에 가깝게 유지되고 중량이 약간 변할 정도로 코팅한 종자이다.

⑤ 종자테이프

㉠ 수용성 또는 분해되는 종이 띠에 종자를 한 개에서 수 립씩 넣어 한 줄로 배치한 것이다.

㉡ 장점 : 파종이 편리하고 파종량을 줄일 수 있다.

⑥ 종자매트 : 한쪽 면이 종자로 된 매트로 종자 유실방지, 종자의 발아와 정착에 바람직한 환경을 제공하기 위해 제작된 것을 말한다.

02 종자의 휴면

1. 종자 휴면 정의와 의의

(1) 종자 휴면

발아의 환경조건이 적당함에도 불구하고 종자가 발아하지 않는 현상을 말한다. 휴면기간은 작물의 종류와 품종에 따라 크게 다르다.

(2) 휴면의 의의

① 휴면 중의 종자나 눈은 저온, 고온, 건조 등 열악한 환경에 대한 저항성이 극히 강해져 식물이 불리한 환경에 처했을 때 생명을 유지할 수 있는 수단이 된다.
② 벼나 맥류는 수확 전 이삭상태에서 일어나는 발아인 수발아를 억제할 수 있다.
※ 수발아 : 수확기에 비가 자주 오거나 태풍으로 도복이 되면 수발아가 일어나 품질과 수량을 크게 떨어트린다. 수발아는 휴면성이 낮은 품종에서 많이 발생한다.
③ 근괴류의 저장성을 향상시킬 수 있다.
예 감자, 마늘 등 맹아 억제
④ 잡초종자의 휴면성을 파악하면 잡초를 효율적으로 방제할 수 있다.

(3) 휴면의 종류

① **자발적 휴면** : 1차 휴면, 진정휴면이라고도 하며, 환경조건이 적당함에도 종자 자체적인 문제에 의해 휴면하는 것을 말한다.
② **타발적 휴면** : 2차 휴면, 강제휴면이라고도 하며, 종자의 외적 조건이 부적당해서 일어나는 휴면을 말한다.

2. 종자 휴면의 원인

(1) 배의 휴면

종자의 휴면은 배가 미숙하거나 배 자체의 생리적 원인에 의해 발생한다.
① **배가 미숙하여 휴면하는 종자** : 미나리아재비과 식물, 장미과 식물, 벚나무, 은행나무, 물푸레나무, 유럽소나무, 인삼 등
② **배 자체의 생리적 원인에 의해 휴면하는 종자** : 보리, 밀, 귀리 등 벼과식물, 사과, 복숭아, 배, 장미, 주목 등 장미과 식물의 종자

(2) 종피에 의한 휴면

① 경실종자 : 종피가 물을 투과시키지 못해 휴면한다.
  예 화이트클로버, 알팔파, 고구마, 연, 감자, 오크라, 나팔꽃 등

② 종피의 불투기성 : 종피가 산소 흡수 및 이산화탄소 배출을 못해 휴면한다.
  예 도꼬마리, 귀리, 보리 등

③ 종피의 기계적 저항 : 배의 신장을 기계적으로 억제하여 발아하지 못해 휴면한다.
  예 잡초종자, 나팔꽃, 소립땅콩 등

(3) 발아억제물질

① 어떤 종자는 ABA와 같은 발아억제물질을 가지고 있어 발아가 어렵다.

② 발아억제물질 : ABA, 쿠마린, 페놀산, 카테킨, 탄닌, 암모니아, 사이안화수소 등

③ 해당 작물 : 벼, 보리, 밀, 근대, 사탕무, 배, 감귤, 오이, 사과, 호박, 토마토 등

3. 종자 휴면타파

(1) 배의 휴면타파

① 배의 미숙으로 휴면된 경우 후숙과정을 통해 휴면을 타파할 수 있다.

② 건조보관 : 휴면이 짧은 종자에 적용할 수 있다.

③ 예 냉
  ㉠ 발아시키기 전 젖은 배지 상태로 저온에 처리함으로써 휴면을 타파할 수 있다.
  ㉡ 일반작물, 채소, 화훼종자 : 5~10°C로 7일간 유지하기

④ 예열 및 광 처리 : 적정 발아온도에 놓기 전 30~35°C에서 7일간 처리하여 휴면을 타파할 수 있다.

⑤ 질산칼륨 : 물 1L에 질산칼륨(KNO_3) 2g을 녹인 0.2% 용액에 침지하여 휴면을 타파할 수 있다.

⑥ 지베렐린 : 0.02~1.0%의 지베렐린을 공급함으로써 휴면을 타파할 수 있다.

⑦ 층적법 : 습한 모래나 젖은 이끼를 종자와 엇갈려 층상으로 쌓아 올리고, 이것을 저온에 두어 저장하여 습윤저온처리를 함으로써 휴면을 타파할 수 있다.

(2) 종피의 불투성 제거

① 종피파상법
  ㉠ 자운영, 콩과 등 소립종자는 종자의 25~35%에 해당하는 고운 모래를 혼합하여 20~30분간 절구에 찧어서 종피에 가볍게 상처를 내어 휴면을 타파할 수 있다.
  ㉡ 종피의 일부를 가위로 잘라 내거나 송곳으로 구멍을 내어 상처를 낸다.

② **진한 황산처리** : 경실종자를 진한 황산에 넣고 일정 시간 교반하여 껍질의 일부를 침식시킨 다음 물에 씻어서 파종하면 휴면을 타파할 수 있다.

㉠ 적용 종자

- 고구마 종자 : 1시간
- 감자 종자 : 20분
- 레드클로버 : 15분
- 화이트클로버 : 30분
- 연 : 5시간
- 오크라 : 4시간
- 목화 : 5분
- 루핀 : 1.5시간

③ **온도처리**

㉠ 자운영 종자 : 17~30℃의 변온처리를 해준다.

㉡ 알팔파 종자 : 80℃의 건열에 1~2시간 동안 처리해준다.

㉢ 라디노클로버 : 40℃의 온탕에 5시간 또는 50℃의 온탕에 1시간 동안 처리해준다.

④ **질산처리** : 버펄로그래스의 경우 0.5%의 질산 용액에 24시간 종자를 침지하고, 5℃에 6주간 냉각시켜 휴면을 타파할 수 있다.

⑤ **강염기 이용** : 한국잔디의 종자는 수산화나트륨 또는 수산화칼륨과 같은 강염기를 20~30% 수용액으로 만들어 30분 정도 처리하면 휴면을 타파할 수 있다.

⑥ **효소 이용** : 셀룰라제나 펙티나제와 같은 효소를 처리하여 종피를 변질시키기도 한다.

(3) 발아촉진물질

발아촉진물질인 지베렐린과 사이토키닌, 발아억제물질인 ABA의 분포양상에 따라 종자의 발아와 휴면이 결정된다. 에틸렌, 옥신도 휴면타파에 효과가 있을 수 있다.

① **지베렐린 처리**

㉠ 감자 : 절단하여 2ppm 정도의 지베렐린 수용액에 30~60분간 침지한 후 파종하면 휴면을 타파할 수 있다.

㉡ 목초 종자 : 100ppm 정도의 지베렐린 수용액 처리하면 휴면을 타파할 수 있다.

㉢ 인삼 종자 : 25~100ppm 정도의 지베렐린 수용액 처리하면 휴면을 타파할 수 있다.

㉣ 양상추, 담배 종자 : 10~300ppm 정도의 지베렐린 수용액 처리하면 휴면을 타파할 수 있다.

㉤ 목초 종자 및 차조기에도 유효하다.

② 에스렐(에틸렌 일종) 처리 : 양상추 종자(100ppm), 땅콩 종자(3ppm), 딸기 종자(5,000ppm)에 에스렐 수용액 처리하면 휴면을 타파할 수 있다.
③ 질산염 처리 : 질산염은 화본과목초에서 발아를 촉진하다.
④ 사이토키닌 처리 : 양상추와 땅콩의 발아를 촉진한다.
⑤ 기타 발아촉진물질 : 푸시코신, 티오요소, 시아나이드, 과산화수소, 질산칼륨, NAA, IBA, 아세트알데히드 등

(4) 기타 휴면타파

① 화곡류 휴면타파
㉠ 벼 종자 : 40℃에 3주간 보존하여 발아억제물질 불활성화하면 휴면을 타파할 수 있다.
㉡ 맥류 종자 : 0.5~1%의 과산화수소액에 24시간 침지한 후, 5~10℃의 저온에 젖은 상태로 수일간 보전하여 휴면을 타파할 수 있다.
② 목초 종자 휴면타파
㉠ 질산염류 처리 : 화본과 목초 종자에 질산칼륨, 질산암모늄, 질산알루미늄, 질산소다, 질산망가니즈, 질산마그네슘을 수용액 처리하여 휴면을 타파할 수 있다.
㉡ 지베렐린 처리 : 브롬그래스, 휘트그래스 등의 목초 종자는 100ppm, 차조기는 100~500ppm의 지베렐린 수용액을 처리하여 휴면을 타파할 수 있다.

4. 저장성 향상을 위한 휴면 연장법

(1) 감자, 양파와 같은 작물은 맹아억제를 위해 휴면을 연장하여 저장성을 향상시키기도 한다.

(2) 방 법

① 온도조절 : 감자(0~4℃), 양파(1℃ 내외) 저온저장 함으로써 발아를 억제할 수 있다.
② 약제처리
㉠ 감자 : 수확 4~6주 전에 1,000~2,000ppm의 MH-30 수용액을 경엽에 살포하여 발아를 억제할 수 있다.
㉡ 양파 : 수확 15일쯤 전에 3,000ppm의 MH 수용액을 잎에 살포하여 발아를 억제할 수 있다.
③ 방사선 처리 : γ선을 조사함으로써 감자, 당근, 양파, 밤 등의 발아를 억제할 수 있다.

03 종자의 수명과 퇴화

1. 종자의 수명

종자가 발아력을 보유하고 있는 기간을 종자의 수명이라고 하며, 종류, 휴면성, 저장조건 등에 따라 달라진다. 건조 종자는 외적 환경에 대한 저항력이 커지면서 불량한 환경에서 오랜 기간 살아남을 수 있다.

(1) 실온에서 저장했을 때 종자의 수명

① 단명종자 : 수명이 1~2년인 종자이다.

예 상추, 양파, 파, 파슬리, 오크라, 들깨, 메밀, 부추, 땅콩, 단옥수수, 코스모스, 채송화, 팬지, 거베라, 베고니아, 카네이션, 피튜니아 등

② 상명종자(중명종자) : 수명이 3~4년인 종자이다.

예 시금치, 아스파라거스, 배추, 셀러리, 당근, 완두, 우엉, 양배추, 컬리플라워, 호박, 토마토, 무, 근대, 가지, 갓, 케일, 밀, 대두, 벼, 보리, 해바라기, 금어초 등

③ 장명종자 : 수명이 5년 이상인 종자이다.

예 오이, 멜론, 엔다이브, 참외, 수박, 녹두, 잠두, 수련, 칸나, 봉선화, 안개초, 나팔꽃, 백일홍, 데이지 등

(2) 종자가 발아력을 상실하는 이유

① 종자의 원형질을 구성하는 단백질의 응고나 변성으로 인해 발아력을 상실할 수 있다.

② 종자를 장기간 보관하면 저장 중 호흡으로 인해 저장물질이 소모되어 발아력을 상실할 수 있다.

③ 저장고 내의 종자가 수분함량이 적은 상태에서 호흡과 효소의 활성이 저하되면 종자의 발아력을 상실시키는 유해물질이 축적되어 발아력을 상실할 수 있다.

(3) 종자의 수명에 영향을 주는 요소

① 작물의 종류 및 품종, 채종지의 환경, 종자의 숙도, 수분함량, 수확 및 조제방법, 저장조건 등이 있다.

② 저장 중 종자 수명에 영향을 주는 요소 : 수분함량, 온도, 산소

㉠ 수분함량이 많을수록 종자의 수명이 단축된다.

㉡ 고온다습한 환경은 호흡속도를 빨라지게 하여 수명을 단축시킨다.

㉢ 산소가 충분한 경우에는 호흡이 촉진되어 수명이 단축될 수 있으며 산소가 없을 경우에는 무기호흡으로 인해 발아력이 상실될 수 있다.

③ 가장 바람직한 저장 조건 : 종자를 충분히 건조하여, 흡습을 방지하고, 저온 저장 및 산소를 적당량 제약한 환경이다.

2. 종자의 저장

(1) 종자 저장의 필요성

① 채종에 적합한 기후환경을 가진 해외채종 지역에서 종자채종이 진행되면서, 필요 이상의 종자 생산으로 판매 후 잔여 물량을 저장해야 하는 경우가 발생한다.
② 이상기후, 기상이변 등으로 인한 종자의 생산·공급이 불안정해짐에 따라 잔여 종자를 저장할 필요가 생겼다.
③ 수요예측의 오류로 인해 종자의 과잉 재고가 생길 수 있어 저장이 필요하다.

(2) 일반적인 장기저장 조건

0~5°C의 저온, 종자의 수분함량 5~7%, 상대습도 30~40%이다.

(3) 종자저장법

① 건조 저장
㉠ 종자의 수분함량을 12~14% 이하로 건조시켜 저장하는 방법이다.
㉡ 관계습도를 50% 내외로 유지시킨다.
㉢ 데시케이터에 건조제(실리카겔, 염화칼슘, 생석회, 짚재 등)를 넣어 이용하기도 한다.
② 저온 저장
㉠ 0~1°C에서 저장하는 방법이다.
㉡ 일반 화곡류에 효과가 높으며, 감자는 3°C에서 저장하면 저장력이 상승한다.
③ 밀폐 저장(밀봉 저장)
㉠ 용기 내에 질소 가스를 주입하여 저장하는 방법이다.
㉡ 종자 함수율은 5~8% 정도 유지되도록 저장한다.
㉢ 판매용 종자의 저장에 주로 이용한다.
④ 층적 저장
㉠ 과수류, 관상수의 종자 저장에 사용한다.
㉡ 젖은 모래나 톱밥을 종자와 층층으로 쌓아서 저장하는 방법이다.

(4) 종자의 안전저장을 위한 수분함량

[단위 : %]

품 목	안전저장	일반저장	한계저장	품 목	안전저장	일반저장	한계저장
가 지	6.3	8	9.8	시금치	7.8	9.9	11.9
갓	4.6	6.3	7.8	신토좌	5.6	7.4	9
고 추	6.8	7.7	8.6	아 욱	8.3	10	11.2
근 대	5.8	7.6	9.4	양 파	8	9.5	11.2
당 근	6.8	7.9	9.2	양배추	5.4	6.4	7.6
멜 론	5.7	7.2	8.8	오 이	5.6	7.1	8.4
무	5.1	6.8	8.3	옥수수	8.4	10.2	12.7
배 추	5.1	6.5	7.9	완 두	7	8.5	11
벼	7.9	9.8	11.8	잎들깨	7	7.5	8
보 리	8.4	10	12.1	참 박	6.5	7	7.5
부 추	8	9	11	참 외	5.7	7.2	8.8
상 추	5.1	5.9	7.1	토마토	5.7	7.8	9.2
수 박	5.1	6.3	7.4	호 박	5.6	7.4	9
수 수	8.6	10.5	12	흑 종	5.6	7.4	9
순 무	5.1	6.3	7.4				

※ 안전저장 : 상대습도 30%에서 종자 수분함량 평형
일반저장 : 상대습도 45%에서 종자 수분함량 평형
한계저장 : 상대습도 60%에서 종자 수분함량 평형

3. 종자의 퇴화

생산력이 우수하던 종자가 재배연수를 경과 하는 동안에 생산력이 감퇴하는 현상을 말하며, 유전적, 생리적, 병리적 퇴화가 있다.

(1) 유전적 퇴화

① 자연 교잡, 유전자형의 분리, 돌연변이, 이형종자의 혼입 등에 의해 종자가 유전적으로 순수하지 못해 퇴화하는 것을 말한다.

② 대 책

㉠ 옥수수, 호밀, 십자화과와 같이 자연교잡률이 높은 작물은 격리재배를 통해 방지할 수 있다.

㉡ 작물별 격리거리

- 상추 60m, 토마토 300m, 고추 500m
- 무, 배추, 양배추, 오이, 참외, 수박, 호박, 파, 양파, 당근, 시금치 1,000m

(2) 생리적 퇴화

① 기상이나 토양조건이 알맞지 않은 곳에서 채종된 종자가 유전성의 변화는 없어도 생리적으로 열등하여 종자의 생산력이 저하하는 것을 말한다.

② 생리적 퇴화 예시

㉠ 씨감자

- 평지에서 생산할 경우 생육기간이 짧고 생산 기온이 높아 충실한 씨감자 생산이 어려워 생리적 퇴화가 일어날 수 있다.
- 대책 : 생육기간이 길고 기온이 낮은 고랭지에서 생산하는 것이 생리적 퇴화를 방지할 수 있다.

㉡ 벼

- 결실기의 평균기온이 27℃ 이상의 고온조건에서는 임실비율이 떨어지고 종자 가치가 낮아진다.
- 대책 : 결실기에 어느 정도 일교차가 큰 지역에서 종자를 생산하는 것이 좋다.

㉢ 콩

- 따뜻한 남부에서 생산된 종자는 서늘한 지역에서 생산된 것보다 충실하지 못하다.
- 대책 : 서늘한 지역에서 종자를 생산하는 것이 좋다.

㉣ 무 : 온난지에서 생산한 무 종자를 봄에 파종하면 꽃대 발생이 많다.

(3) 병리적 퇴화

① 종자로 전염하는 병해가 만연할 때 병리적으로 퇴화하는 것을 말한다.

② 대책 : 무병지 채종, 종자 소독, 병해 방제, 이병주 제거, 종자 검정 등을 통해 방지할 수 있다.

CHAPTER

02 적중예상문제

01 발아의 정의를 쓰시오.

정답

종자에서 유아, 유근이 출현하는 것을 말한다.

02 맹아의 정의를 쓰시오.

정답

목본식물 지상부의 눈에서 새싹이 움트거나, 저장 중인 감자의 덩이줄기에서 싹이 나는 것 같은 지하부의 새싹이 지상부로 자라나는 현상 또는 새싹 자체를 말한다.

03 종자의 발아에 필수적인 조건 3가지를 쓰시오.

정답

수분, 산소, 온도

04 종자의 발아에서 수분의 역할 3가지를 쓰시오.

정답

- 종피를 연화시키고 배, 배유, 떡잎 등을 팽창시켜 배가 쉽게 종피를 빠져나오도록 한다.
- 종피의 가스투과성을 증대시켜 산소 공급과 이산화탄소 배출을 쉽게 한다.
- 종자 내 저장양분의 분해와 수송을 가능하게 하여 발아에 필요한 물질대사를 원활하게 한다.

05 벼, 밀, 콩 종자의 발아에 필요한 종자의 수분함량을 쓰시오.

정답

종자 무게에 대해 벼 23%, 밀 30%, 쌀보리 50%, 콩 100%이다.

06 [보기]의 종자를 수중에서 발아가 불가능한 종자와 수중에서 발아가 잘되는 종자로 분류하시오.

보기

콩, 양배추, 상추, 티머시, 호박, 당근

정답

- 수중에서 발아가 불가능한 종자 : 콩, 양배추, 호박
- 수중에서 발아가 잘되는 종자 : 상추, 티머시, 당근

07 변온상태에서 발아가 촉진되는 종자 3가지를 쓰시오.

정답

켄터키블루그래스, 호박, 목하, 가지, 토마토, 고추, 옥수수, 담배, 아주까리, 박하, 셀러리, 오처드그라스, 레드톱 등

08 [보기]의 종자를 광발아 종자와 암발아 종자로 분류하시오.

보기

상추, 오이, 보리, 옥수수, 맨드라미, 우엉, 벼

정답

- 광발아 종자 : 상추, 우엉
- 암발아 종자 : 오이, 맨드라미

09 광발아 종자 3가지를 쓰시오.

정답

상추, 우엉, 일일초, 피튜니아, 차조기, 금어초, 베고니아, 셀러리, 담배 등

10 암발아 종자 3가지를 쓰시오.

정답

오이, 호박, 수박, 맨드라미, 토마토, 가지, 파, 양파, 무 등

11 광무관 종자 3가지를 쓰시오.

정답

벼, 보리, 옥수수 등의 화곡류, 대부분의 콩과작물 등

12 [보기]의 종자를 지하발아형 종자와 지상발아로 종자를 구분하시오.

보기
벼, 메밀, 강낭콩, 완두, 옥수수, 양파

정답

- 지하발아형 종자 : 벼, 완두, 옥수수
- 지상발아형 종자 : 메밀, 강낭콩, 양파

13 종자가 종피를 쓰고 나오는 경우 3가지를 쓰시오.

정답

- 수분이 부족하거나 건조한 경우
- 복토가 얕은 경우
- 온도가 너무 낮은 경우
- 종피가 두껍거나 배가 약한 경우

14 종자가 종피를 쓰고 나오는 경우에 대한 대책을 쓰시오.

정답

30°C 정도의 따뜻한 물로 관수하거나 파종상의 온도를 높여준다.

15 유아 갈고리의 역할에 대해 설명하시오.

정답

식물이 안전하게 출아하는데 도움을 준다.

16 종자 소독의 필요성 3가지를 쓰시오.

정답

- 종자전염성 병에 대한 피해를 최대한 줄일 수 있다.
- 종자의 발아 과정이나 유묘가 자라는 과정에서 발생하는 해충 및 기타 다양한 토양 유해균 피해를 경감시킬 수 있다.
- 유묘에 대한 병원균이나 해충의 피해로부터 침투 보호 작용을 가능하게 해준다.

17 종자 고온 소독법에 대해 설명하시오.

정답

50°C의 뜨거운 물에 30분 동안 침지한 뒤 건조시키거나 바로 파종한다.

18 다음 빈칸에 들어갈 알맞은 말을 고르시오.

> 깜부기에 대한 종자소독법은 (15~18°C / 20~23°C)의 물에 2~3시간 처리한 후, (50~55°C / 70~75°C)에 5~10분 처리하고 냉수로 냉각한다.

정답

15~18°C, 50~55°C

19 종자 소독 중 건열처리의 일반적인 처리 방법에 대해 쓰시오.

정답

일반적으로 60~80°C에 1~7일간 처리한다.

20 다음 빈칸에 들어갈 알맞은 말을 고르시오.

> 탄저병 대한 종자소독법은 (35~65°C / 40~80°C)의 범위에서 3일간 단계별로 온도를 상승하고 (75°C / 90°C)에 48시간 처리한다.

정답

35~65°C, 75°C

21 다음 빈칸에 들어갈 알맞은 말을 고르시오.

> 시들음병 대한 종자소독법은 (35~65°C / 40~80°C)의 범위에서 5시간동안 단계별로 온도를 상승하고 (34°C / 74°C)에 48시간 처리한다.

정답

35~65°C, 74°C

22 온도를 이용한 종자소독법 3가지를 쓰시오.

정답

온탕처리, 냉수온탕침법, 건열처리, 태양열처리 등

23 종자 소독용 농약 3가지를 쓰시오.

정답

베노람 수화제, 지오람 수화제, 지오판리푸졸 수화제, 프로라츠 유제, 캡탄 분제, 카보람 분제 등이 있다.

24 다음 빈칸에 들어갈 알맞은 말을 고르시오.

> 제3인산소다를 활용한 종자소독법은 3인산소다 (5% / 10%)를 용기에 정량한 뒤 종자를 (20분 / 60분) 동안 침지하고 처리된 종자를 흐르는 물에 세척한다.

정답

10%, 20분

25 다음 빈칸에 들어갈 알맞은 말을 고르시오.

> 아세트산 용액을 활용한 종자소독법은 (0.3% / 1.3%) 아세트산 용액 10mL에 2g의 종자를 4시간 동안 침지한 뒤 깨끗한 물로 세척하고 (1.25% / 2.5%) 락스 용액에 침지한 뒤 흐르는 물에 15분 동안 세척한다.

정답

1.3%, 1.25%

26 종자처리약제의 구비 조건 3가지를 쓰시오.

정답

- 병균에 대해 효과적이어야 한다.
- 식물과 종자에 비교적 해롭지 않아야 한다.
- 인체에 해가 없어야 한다.
- 종자의 저장기간 중에 비교적 오랫동안 약효가 지속되어야 한다.
- 사용이 편리하고 경제성이 있어야 한다.

27 종자 침지처리의 정의를 쓰시오.

정답

파종 전 종자 발아를 촉진시키기 위해 종자를 액체에 일정시간 담그는 방법이다.

28 최아처리의 정의를 쓰시오.

정답

종자를 심기 전 인위적으로 싹을 틔우기 위해 종자를 물에 담가 두거나 지베렐린을 처리하는 것이다.

29 최아처리의 장점을 쓰시오.

정답

발아촉진 및 생육촉진 효과가 있다.

30 종자프라이밍의 정의를 쓰시오.

정답

불량환경에서 발아율과 발아의 균일성을 높이기 위해 종자를 PEG나 무기염류 같은 고삼투압 용액에 수일, 수주간 처리하는 방법이다.

31 종자프라이밍의 장점을 쓰시오.

정답

종자의 활력을 높여 발아속도, 발아세, 발아율이 향상된다.

32 종자코팅의 정의를 쓰시오.

정답

종자의 크기를 인위적으로 크고 균일하게 만들거나 종자의 병해를 예방하기 위해 종자에 색깔과 불활성 물질을 입히는 것이다.

33 종자코팅의 장점 3가지를 쓰시오.

정답

• 특수 처리를 통한 발아율 및 입묘율이 향상된다.
• 파종이 용이해 파종에 대한 노동력이 감소된다.
• 적량 파종이 가능하여 솎음 노력이 감소된다.
• 미세 종자나 가벼운 종자, 형태가 불균일한 종자의 파종이 유리해진다.
• 발아상 환경이 개선된다.

34 종자코팅의 단점 3가지를 쓰시오.

정답

• 종자의 경실화로 인해 발아가 지연될 수 있다.
• 종자코팅에 대한 비용이 든다.
• 종자코팅에 대한 특별한 기술, 기구 등이 필요하다.

35 펠릿종자의 정의를 쓰시오.

정답

소립종자 또는 부정형의 종자를 점토 등으로 피복하여 둥근 알약 형태로 만들어 기계 파종에 편리하게 만든 것을 말한다.

36 피막종자의 정의를 쓰시오.

정답

코팅종자와 펠릿종자의 중간 정도 코팅종자로 종자의 모양과 크기가 다소 원형에 가깝게 유지되고 중량이 약간 변할 정도로 코팅한 종자이다.

37 종자테이프의 정의를 쓰시오.

정답

수용성 또는 분해되는 종이 띠에 종자를 한 개에서 수 립씩 넣어 한 줄로 배치한 것이다.

38 종자테이프의 장점을 쓰시오.

정답

파종이 편리하고 파종량을 줄일 수 있다.

39 종자매트의 정의를 쓰시오.

정답

한쪽 면이 종자로 된 매트로 종자 유실방지, 종자의 발아와 정착에 바람직한 환경을 제공하기 위해 제작된 것을 말한다.

40 종자 휴면의 정의를 쓰시오.

정답

발아의 환경조건이 적당함에도 불구하고 종자가 발아하지 않는 현상을 말한다.

41 휴면의 의의 3가지를 쓰시오.

정답

- 휴면 중의 종자나 눈은 저온, 고온, 건조 등 열악한 환경에 대한 저항성이 극히 강해져 식물이 불리한 환경에 처했을 때 생명을 유지할 수 있는 수단이 된다.
- 벼나 맥류는 수확 전 이삭상태에서 일어나는 발아인 수발아를 억제할 수 있다.
- 근괴류의 저장성을 향상시킬 수 있다(감자, 마늘 등 맹아 억제).
- 잡초종자의 휴면성을 파악하면 잡초를 효율적으로 방제할 수 있다.

42 자발적 휴면의 원인을 쓰시오.

정답

환경조건이 적당함에도 종자 자체적인 문제에 의해 휴면한다.

43 타발적 휴면의 원인을 쓰시오.

정답

종자의 외적 조건이 부적당해서 일어난다.

44 배가 미숙하여 휴면하는 종자 3가지를 쓰시오.

정답

미나리아재비과 식물, 장미과 식물, 벚나무, 은행나무, 물푸레나무, 유럽소나무, 인삼 등

45 배 자체의 생리적 원인에 의해 휴면하는 종자 3가지를 쓰시오.

정답

보리, 밀, 귀리 등 벼과 식물, 사과, 복숭아, 배, 장미, 주목 등 장미과 식물의 종자

46 경실종자의 휴면 원인을 쓰시오.

정답

종피가 물을 투과시키지 못해 휴면한다.

47 경실종자에 해당하는 종자 3가지를 쓰시오.

정답

화이트클로버, 알팔파, 고구마, 연, 감자, 오크라, 나팔꽃 등

48 종피의 불투기성으로 인해 휴면하는 종자 3가지를 쓰시오.

정답

도꼬마리, 귀리, 보리 등

49 발아억제물질 3가지를 쓰시오.

정답

ABA, 쿠마린, 페놀산, 카테킨, 탄닌, 암모니아, 사이안화수소 등

50 배의 미숙으로 인한 휴면의 휴면타파법을 쓰시오.

정답

후숙과정을 통해 휴면을 타파할 수 있다.

51 다음 빈칸에 들어갈 알맞은 말을 고르시오.

> 배의 휴면으로 인해 휴면상태에 들어간 종자를 (0.1% / 0.2%) 질산칼륨의 용액에 침지하거나, (0.02~1.0% / 1.0~2.0%)의 지베렐린을 공급함으로써 휴면을 타파할 수 있다.

정답

0.1%, 0.02~1.0%

52 층적법에 대해 설명하시오.

정답

습한 모래나 젖은 이끼를 종자와 엇갈려 층상으로 쌓아 올리고, 이것을 저온에 두어 저장하는 방법으로 습윤저온처리를 통해 휴면을 타파할 수 있다.

53 종피의 불투성을 제거할 수 있는 방법 3가지를 쓰시오.

정답

종피파상법, 진한 황산처리, 온도처리, 질산처리, 강염기 이용, 효소 이용 등

54 종피파상법에 대해 설명하시오.

정답

고운 모래를 혼합하여 20~30분간 절구에 찧어 종피에 가볍게 상처를 내어서 휴면을 타파할 수 있다.

55 다음 빈칸에 들어갈 알맞은 말을 고르시오.

> 자운영종자는 (17~30°C / 20~37°C)의 변온처리를 해주고, 알팔파종자는 (50°C / 80°C)의 건열에 1~2시간 동안 처리해주면 휴면이 타파될 수 있다.

정답

17~30°C, 80°C

56 다음 빈칸에 들어갈 알맞은 말을 고르시오.

> 버펄로그래스의 경우 (0.5% / 1.0%)의 질산용액에 24시간 종자를 침지하고, (5°C / 15°C)에 6주간 냉각시킴으로써 휴면을 타파할 수 있다.

정답

0.5%, 5°C

57 다음 빈칸에 들어갈 알맞은 말을 고르시오.

> 감자는 절단하여 (2ppm / 20ppm) 정도의 지베렐린 수용액에 30~60분간 침지하여 파종하면, 알팔파종자는 (50°C / 80°C)의 건열에 1~2시간 동안 처리해주면 휴면이 타파될 수 있다.

정답

2ppm, 80°C

58 발아촉진물질을 3가지 쓰시오.

정답

지베렐린, 사이토키닌, 에스렐, 질산염, 푸시코신, 티오요소, 시아나이드, 과산화수소, 질산칼륨, NAA, IBA, 아세트알데하이드 등

59 다음 빈칸에 들어갈 알맞은 말을 고르시오.

> 감자는 (–5~–1°C / 0~4°C)의 저온에서, 양파는 (1°C / 7°C)의 저온에 저장함으로써 발아를 억제할 수 있다.

정답

0~4°C, 1°C

60 단명종자, 상명종자, 장명종자의 수명을 쓰시오.

정답

단명종자는 1~2년, 상명종자는 3~4, 장명종자는 5년 이상이다.

61 단명종자 3가지를 쓰시오.

정답

상추, 양파, 파, 파슬리, 오크라, 들깨, 메밀, 부추, 땅콩, 단옥수수, 코스모스, 채송화, 팬지, 거베라, 베고니아, 카네이션, 피튜니아 등

62 상명종자 3가지를 쓰시오.

정답

시금치, 아스파라거스, 배추, 셀러리, 당근, 완두, 우엉, 양배추, 컬리플라워, 호박, 토마토, 무, 근대, 가지, 갓, 케일, 밀, 대두, 벼, 보리, 해바라기, 금어초 등

63 장명종자 3가지를 쓰시오.

정답

오이, 멜론, 엔다이브, 참외, 수박, 녹두, 잠두, 수련, 칸나, 봉선화, 안개초, 나팔꽃, 백일홍, 데이지 등

64 종자가 발아력을 상실하는 원인 3가지를 쓰시오.

정답

- 종자의 원형질을 구성하는 단백질의 응고나 변성으로 인해 발아력을 상실할 수 있다.
- 종자를 장기간 보관하면 저장 중 호흡으로 인해 저장물질이 소모되어 발아력을 상실할 수 있다.
- 저장고 내의 종자가 수분함량이 적은 상태에서 호흡과 효소의 활성이 저하되면 종자의 발아력을 상실시키는 유해물질이 축적되어 발아력을 상실할 수 있다.

65 종자의 수명에 영향을 주는 요소 3가지를 쓰시오.

정답

작물의 종류 및 품종, 채종지의 환경, 종자의 숙도, 수분함량, 수확 및 조제방법, 저장조건 등이 있다.

66 종자 저장의 필요성 3가지를 쓰시오.

정답

- 채종에 적합한 기후환경을 가진 해외채종 지역에서 종자채종이 진행되면서, 필요 이상의 종자 생산으로 판매 후 잔여 물량을 저장해야 하는 경우가 발생한다.
- 이상기후, 기상이변 등으로 인한 종자의 생산·공급이 불안정해짐에 따라 잔여 종자를 저장할 필요가 생겼다.
- 수요예측의 오류로 인해 종자의 과잉 재고가 생길 수 있어 저장이 필요하다.

67 다음 빈칸에 들어갈 알맞은 말을 고르시오.

> 종자의 저장법 중 건조저장은 종자의 수분함량을 (12~14% / 25%) 이하로 건조시키고 관계습도는 (30% / 50%) 내외로 유지시킨다.

정답

12~14%, 50%

68 종자의 건조저장에서 데시케이터에 사용할 수 있는 건조제 3가지를 쓰시오.

정답

실리카겔, 염화칼슘, 생석회, 짚재 등

69 가지 종자의 안전저장을 위한 수분함량을 쓰시오.

정답

6.3%

70 고추 종자의 일반저장을 위한 수분함량을 6.8%, 7.7%, 8.6% 중에서 고르시오.

정답

7.7%

71 벼의 일반저장을 위한 수분함량을 7.9%, 9.8%, 11.8% 중에서 고르시오.

정답

9.8%

72 양파 종자의 일반저장을 위한 수분함량을 8%, 9.5%, 11.2% 중에서 고르시오.

정답

9.5%

73 종자의 퇴화에 대해 설명하시오.

정답

생산력이 우수하던 종자가 재배연수를 경과 하는 동안에 생산력이 감퇴하는 현상을 말하며, 유전적, 생리적, 병리적 퇴화가 있다.

74 종자의 유전적 퇴화의 원인에 대해 설명하시오.

정답

자연교잡, 유전자형의 분리, 돌연변이, 이형종자의 혼입 등에 의해 종자가 유전적으로 순수하지 못해 퇴화하는 것을 말한다.

75 종자의 유전적 퇴화에 대한 대책을 쓰시오.

정답

자연교잡률이 높은 작물은 격리재배를 통해 방지할 수 있다.

76 다음 빈칸에 들어갈 알맞은 말을 고르시오.

> 자연교잡률이 높은 작물은 격리재배를 통해 유전적 퇴화를 막을 수 있는데, 배추의 경우 (500m / 1,000m) 격리시키고 고추의 경우 (300m / 500m) 격리시킨다.

정답

1,000m, 500m

77 종자의 생리적 퇴화에 대해 서술하시오.

정답

기상이나 토양조건이 알맞지 않은 곳에서 채종된 종자가 유전성의 변화는 없어도 생리적으로 열등하여 종자의 생산력이 저하하는 것을 말한다.

78 종자의 병리적 퇴화에 대해 서술하시오.

정답

종자로 전염하는 병해가 만연할 때 병리적으로 퇴화하는 것을 말한다.

79 종자의 병리적 퇴화 대책 3가지를 쓰시오.

정답

무병지채종, 종자소독, 병해 방제, 이병주 제거, 종자 검정 등을 통해 방지할 수 있다.

CHAPTER

03 작 물

01 작물의 정의와 분류

1. 작물의 정의

식물 중에서 인간에 의해 재배되고 있는 식물을 재배식물이라 하고, 이를 작물이라 한다.

2. 작물의 분류

(1) **자연적 분류** : 문 – 강 – 목 – 과 – 속 – 종

① 문 : 선태식물, 양치식물, 나자식물, 피자식물의 4개 문으로 분류하고, 피자식물은 다시 외떡잎식물과 쌍떡잎식물로 분류한다.

<table>
<tr><th>선태식물</th><td colspan="2">• 최초로 육상생활에 적응한 식물군으로 흔히 이끼식물이라고 한다.
• 꽃이 피지 않으며 관다발 조직이 발달하지 않은 식물이다.
• 솔이끼, 우산이끼, 뿔이끼 등</td></tr>
<tr><th>양치식물</th><td colspan="2">• 관다발 조직을 가지는 육상 식물로 꽃과 종자 없이 포자로 번식하는 식물이다.
• 솔잎난, 석송, 속새, 고사리 등</td></tr>
<tr><th>나자식물
(겉씨식물)</th><td colspan="2">• 꽃이 피지 않으며, 밑씨가 씨방에 싸여있지 않고 밖으로 드러나 있는 식물이다.
• 소나무, 향나무, 주목, 은행나무 등</td></tr>
<tr><th rowspan="3">피자식물
(속씨식물)</th><td colspan="2">생식기관으로 꽃과 열매가 있는 종자식물 중 밑씨가 씨방 안에 들어 있는 식물이다.</td></tr>
<tr><td>외떡잎식물</td><td>벼, 보리, 옥수수, 마늘, 난 등</td></tr>
<tr><td>쌍떡잎식물</td><td>강낭콩, 호박, 토마토, 가지 등</td></tr>
</table>

② 강 : 외떡잎식물과 쌍떡잎식물로 분류한다.

㉠ 외떡잎식물 : 떡잎이 1개 발달하며 줄기의 관다발은 흩어져 분포하고 평행상 잎맥과 수염뿌리를 가지고 있다.

㉡ 쌍떡잎식물 : 떡잎이 2개 발달하며 줄기의 관다발이 환상으로 배열되어 있고 망상형 잎맥과 주근계 뿌리를 형성하고 있다.

③ 목 : 강은 다시 목으로 분류하며 외떡잎식물강은 벼목, 은행나무목, 소철목 등으로 쌍떡잎식물강은 가지목, 장미목, 진달래목, 박목 등으로 나뉜다.

④ **과 – 속 – 종** : 주로 과 – 속 – 종의 분류계급이 실용적으로 많이 쓰인다. 식물을 과명과 학명, 국명으로 소개하는 것이 일반적이다.

㉠ 과 : 백합과, 벼과(화본과), 가지과, 국화과, 명아주과, 박과, 배추과(십자화과), 아욱과, 장미과, 포도과, 콩과(협과) 등으로 분류된다.

- 백합과 : 양파, 파, 마늘, 아스파라거스, 알로에, 원추리, 옥잠화, 히아신스, 튤립 등
- 벼과(화본과) : 벼, 밀, 옥수수, 죽순 등
- 가지과 : 고추, 토마토, 가지, 감자, 담배, 피튜니아 등
- 국화과 : 우엉, 쑥갓, 상추, 데이지, 금잔화, 과꽃, 코스모스, 달리아, 국화, 거베라, 백일홍, 해바라기 등
- 명아주과 : 근대, 시금치 등
- 박과 : 수박, 참외, 오이, 호박, 박, 여주, 수세미 등
- 배추과(십자화과) : 배추, 순무, 양배추, 브로콜리, 무, 고추냉이 등
- 아욱과 : 아욱, 접시꽃, 부용, 무궁화, 당아욱 등
- 장미과 : 딸기, 모과, 사과, 자두, 복숭아, 배, 산딸기, 산사나무, 매화, 벚나무, 피라칸사, 장미, 해당화 등
- 포도과 : 포도, 머루, 담쟁이덩굴 등
- 콩과(협과) : 강낭콩, 완두, 자귀나무, 회화나무, 등나무 등

㉡ 종 : 분류계급에서 최하위의 분류군을 종이라고 부른다.

- 같은 종은 상호 간에 교잡이 가능하고 다른 종과는 생식적으로 격리되어 있다.
- 종의 명칭은 보통명, 학명, 종소명이 있다. 학명은 학술적인 명칭이며 스웨덴의 식물학자 린네가 창안한 것이다.

※ 학명의 주요 명명규정

- 린네의 이명법에 따라 속명과 종소명으로 구성된다.
- 라틴어를 사용하거나 라틴어화해야 한다.
- 속명은 명사이며 대문자로 시작하고 종소명은 형용사이고 소문자로 시작한다.

⑤ **식물학적 분류** 예 가지, 벼

문	강	목	과	속	종(학명)
피자식물문	쌍떡잎식물강	가지목	가지과	가지속	가지 *Solanum melongena*
피자식물문	외떡잎식물강	벼 목	벼과 (화본과)	벼 속	벼 *Oryza sativa*

(2) 농업상 용도에 의한 분류

① **식용작물**

㉠ 곡식류

- 화곡류 : 벼, 보리, 밀, 귀리, 호밀 등
- 잡곡류 : 조, 옥수수, 수수, 기장, 피, 메밀 등
- 두류 : 콩, 팥, 녹두, 완두, 땅콩 등

㉡ 서류 : 감자, 고구마 등

② **공예작물(특용작물)** : 생산물을 가공해 이용하는 작물이다.

㉠ 섬유작물 : 목화, 삼, 모시풀, 아마, 왕골, 수세미, 닥나무 등

㉡ 유료작물 : 참깨, 들깨, 아주까리, 유채, 해바라기, 땅콩, 콩 등

㉢ 전분작물 : 옥수수, 감자, 고구마 등

㉣ 약용작물 : 제충국, 인삼, 박하, 홉 등

㉤ 당료작물 : 사탕수수, 단수수 등

㉥ 기호작물 : 차, 담배 등

③ **사료작물** : 가축에게 먹이기 위해 재배되는 작물이다.

㉠ 벼과 : 옥수수, 귀리, 티머시, 오처드그라스, 라이그래스 등

㉡ 콩과(두류) : 알팔파, 화이트클로버 등

㉢ 기타 : 순무, 비트, 해바라기, 뚱딴지 등

④ **녹비작물** : 녹비로 쓰기 위해 가꾸는 작물이다.

㉠ 벼과 : 귀리, 호밀 등

㉡ 콩과(두류) : 자운영, 베치 등

⑤ **원예작물**

㉠ 채소의 분류(식용부위에 따른 분류)

- 엽경채류(잎줄기채소) : 잎, 꽃, 잎줄기를 식용하는 채소이다.
  - 엽채류 : 잎을 이용 목적으로 하는 채소이다.
    예 배추, 상추, 시금치, 쑥갓 등
  - 화채류 : 꽃봉오리, 꽃잎 등을 이용 목적으로 하는 채소이다.
    예 콜리플라워, 브로콜리 등
  - 경채류 : 줄기를 이용 목적으로 하는 채소이다.
    예 아스파라거스, 땅두릅 등
  - 인경채류 : 비늘줄기를 이용 대상으로 하는 채소이다.
    예 마늘, 양파, 파, 달래 등

• 근채류(뿌리채소) : 뿌리를 식용하는 채소이다.
- 직근류 : 비대한 원뿌리를 이용하는 채소이다.
  예 무, 당근, 우엉 등
- 괴근류 : 뿌리가 비대하여 덩이를 형성하는 부분을 이용하는 채소이다.
  예 고구마가 대표적이다.
- 괴경류 : 비대한 땅속줄기를 이용하는 채소이다.
  예 연근, 감자, 생강 등이 있다.

• 과채류(열매채소) : 채소의 종류 중에서 과실과 씨를 식용으로 하는 것이다.
- 콩과 채소 : 완두, 강낭콩, 녹두 등
- 박과 채소 : 오이, 수박, 호박, 참외, 멜론, 박 등
- 가지과 채소 : 가지, 토마토, 고추 등

ⓛ 과수의 분류

• 과실 구조 및 형질에 의한 분류
- 인과류 : 꽃받기의 피층이 발달하여 과육이 되는 과실이다.
  예 사과, 배, 비파 등
- 준인과류 : 씨방이 발달해 과육이 되는 과실이다.
  예 감귤, 감 등
- 핵과류 : 씨방의 중과피가 비대해 과육으로 발달하며, 과육 내부에 단단한 핵을 형성하는 과실이다.
  예 복숭아, 자두, 살구, 매실 등
- 장과류 : 씨방의 외과피가 비대해 과육이 발달하며 과즙이 많은 과실이다.
  예 포도, 무화과, 나무딸기, 참다래, 블루베리 등
- 견과류(각과류) : 다육질 과실과는 달리 과피가 밀착 건조하여 단단하게 발달하는 과실이다.
  예 밤, 호두, 개암 등

• 진과와 위과
- 진과 : 씨방이 비대하여 과실이 된 것이다.
  예 감, 포도, 복숭아, 감귤류, 매실, 자두 등
- 위과 : 씨방과 더불어 꽃받기가 발달하여 과실이 된 것이다.
  예 사과, 배 등

ⓒ 화훼의 분류 - 실용적 분류

• 일년초화 : 1년 안에 발아, 생장, 개화, 결실의 생육단계를 거쳐 일생을 마치는 초화이다.
  예 팬지, 피튜니아, 맨드라미, 봉선화, 해바라기, 메리골드, 나팔꽃, 금어초 등
• 숙근초화 : 여러 해 동안 살아가는 초화이다.
  예 국화, 카네이션, 베고니아, 제라늄, 거베라, 숙근안개초, 원추리, 작약 등

• 구근식물 : 알뿌리를 형성하는 식물이다.
  예 칸나, 달리아, 글라디올러스, 아이리스, 튤립, 나리, 수선화, 프리지어 등
• 관엽식물 : 식물의 잎을 감사하기 위한 식물이다.
  예 베고니아, 고무나무, 크로톤, 야자류, 군자란, 싱고니움, 산세비에리아 등
• 다육식물 : 건조한 환경에서 생존하기 위해 줄기, 잎, 뿌리에 많은 양의 수분을 저장할 수 있는 식물이다.
  예 게발선인장, 기둥선인장, 알로에, 꽃기린, 산세비에리아 등
• 난초류 : 난초목 난초과에 속하는 식물이다.
  예 춘란, 한란, 석곡, 심비디움, 카틀레야, 팔레놉시스, 덴팔레, 새우난초 등
• 화목류 : 꽃이 피는 나무를 말한다.
  예 장미, 무궁화, 진달래, 철쭉, 개나리, 명자나무, 라일락, 동백나무 등
• 관상수 : 관상식물 중 목본에 속하는 식물이다.
  예 단풍나무, 향나무, 소나무, 주목, 느티나무, 은행나무, 플라타너스 등

02 작물 재배기술

1. 작부체계

포장의 효율적 이용을 도모하고 노동력이 배분 등 합리적인 농업경영을 위하여 계획된 재배작물의 종류, 순서, 조합 또는 배열의 방식을 말한다.

(1) 작부체계의 변천

작부체계	방 법	
대전법	• 개간한 토지에서 몇 해 동안 작물을 연속적으로 재배하고, 그 후 지력이 소모되고 잡초발생이 증가하면 경지를 떠나 다른 토지를 개간하여 작물을 재배하는 경작방법이다. • 화전법은 가장 원시적인 대전법이다.	
주곡식 대전법	정착농업을 하면서 초지와 경지 전부를 주곡으로 재배하는 작부방식이다.	
휴한농법	정착농업 이후 지력감퇴를 방지하기 위하여 농경지의 일부를 몇 년에 한 번씩 휴한하는 방법이다.	
	3포식 농업	경지를 크게 세 부분으로 나누어 경지의 2/3에 춘파 또는 추파의 곡물을 재배하고, 1/3은 휴한하는 것을 순차로 교차하는 방법이다.
	개량삼포식농업	3포식 농업에서 1/3의 경지를 휴한지로 하되 그 토지에 클로버, 알팔파, 베치 등의 콩과작물을 재배하여 지력의 증진을 도모하는 방법이다.
노퍽식 윤작체계	순무-보리-클로버-밀 재배라는 4년 사이클의 윤작방식이다.	
자유식	채소, 청과물 등의 상품화가 고도화됨에 따라 작부방식도 윤작식처럼 장기간에 걸쳐 일정한 작부계획 하에 재배하지 않고 시장의 경기상황 또는 생산자재의 가격변동 등 기타 사정에 따라 적시 작부방식을 변경해 가는 방법이다.	

(2) 연작과 기지현상

① 연작(이어짓기) : 동일한 포장에 같은 종류의 작물을 계속해서 재배하는 것을 연작이라 한다. 보통 수익성과 수요량이 크고 기지현상이 별로 없는 작물(벼)은 연작을 실시한다.

② 기지현상(연작장해) : 연작하는 경우에 작물의 생육이 뚜렷하게 나빠지는 현상을 말한다.

㉠ 작물의 기지현상

- 연작의 해가 적은 작물 : 벼, 맥류, 조, 수수, 옥수수, 고구마, 삼, 담배, 무, 당근, 양파, 호박, 연, 순무, 뽕나무, 미나리, 딸기, 양배추 등
- 1년 휴작이 필요한 작물 : 콩, 시금치, 파, 쪽파, 생강 등
- 2년 휴작이 필요한 작물 : 감자, 땅콩, 잠두, 오이 등
- 3년 휴작이 필요한 작물 : 강낭콩, 참외, 토란, 쑥갓 등
- 5~7년 휴작이 필요한 작물 : 수박, 가지, 완두, 고추, 토마토, 레드클로버, 사탕무 등
- 10년 이상 휴작이 필요한 작물 : 아마, 인삼 등

㉡ 과수의 기지현상

- 기지현상이 문제가 되는 것 : 복숭아, 무화과, 감귤류, 앵두 등
- 기지현상이 보통인 것 : 감나무
- 기지현상이 문제가 되지 않는 것 : 사과나무, 포도나무, 자두나무, 살구나무 등

③ 기지현상의 원인과 대책

㉠ 기지현상의 원인

- 토양전염병의 해
  - 연작을 하면 토양 중의 특정 미생물이 번성하고 그중 병원균은 병해를 유발하여 작물의 생육이 나빠질 수 있다.
  - 토양전염병의 피해 : 토마토와 가지의 풋마름병, 인삼 뿌리썩음병, 강낭콩 탄저병, 수박 덩굴쪼김병, 완두 잘록병 등이 잘 알려진 피해이다.
- 토양선충의 번성
  - 연작을 하면 선충이 번성하여 직접적으로 피해를 끼치고, 2차적으로 병균의 침입을 조장하여 병해를 유발함으로써 기지의 원인이 된다.
  - 선충의 피해 : 밭벼, 콩, 땅콩, 감자, 인삼, 무, 호박, 토란, 감귤류, 복숭아나무 등은 연작에 의한 선충의 피해가 크다.
- 유독물질의 축적 : 작물의 찌꺼기나 뿌리의 분비물에 의한 유해 작용으로 생육이 나빠진다.
- 염류의 집적 : 시설재배에서는 용탈이 적으므로 거름을 많이 주고 연작을 하면 토양에 염류가 과잉 집적되어서 작물의 생육을 저해할 수 있다.

- 토양비료분의 소모 : 연작을 하면 특수한 비료성분만이 집중적으로 수탈되어 특정한 양분이 결핍되고 양분이 불균형해지기 쉽다.
  - 알팔파, 토란 등은 석회를 많이 흡수하여 토양에 석회가 부족해지기 쉽다.
  - 심근성 작물을 연작하는 경우에는 심층의 비료성분을 빼앗기게 된다.
- 토양물리성의 악화 : 화곡류와 같이 뿌리가 얕게 퍼지는 천근성 작물을 연작하면 하층 토양이 굳어져 물리성이 악화된다. 석회와 같은 성분이 집중적으로 부족해지면 토양반응도 악화될 수 있다.
- 잡초의 번성 : 잡초가 잘 발생되는 작물에서는 잡초가 번성하여 작물에 피해를 주며, 특정 잡초가 몹시 번성할 우려가 있다.

㉡ 기지현상의 대책

- 윤작(돌려짓기) : 연작을 하지 않고 윤작을 하면 기지현상을 막을 수 있고 지력이 증진된다.
- 담수 : 담수상태에서는 선충과 토양미생물이 감소하고, 유독물질의 용탈도 빠르다.
- 토양소독
  - 토양선충이 원인일 경우 : 살선충제로 토양을 소독한다.
    예 클로로피크린, DD, 베이팜, EDB, TMTD 등
  - 병원균이 원인일 경우 : 살균제로 토양을 소독한다.
    예 클로로피크린, 메틸브로마이드, 에틸렌디브로마이드, 황, CBP, 베이팜, 포르말린 등
  - 가열소토 또는 증기소독을 하기도 한다.
- 유독물질의 제거 : 알코올, 황산, 수산화칼륨, 계면활성제의 희석액이나 물로 유독물질을 씻어낼 수 있다.
- 부족 영양분의 보충 : 연작에 의해 일방적으로 많이 부족해진 양분을 비료로 보충하고 깊이갈이 및 퇴비다용을 통해 기지를 방지할 수 있다.
- 객토 및 환토 : 새 흙을 객토하여 섞어 넣으면 기지현상이 경감된다. 시설재배에서 염류가 과잉 집적되었을 때는 배양토를 바꾸도록 한다.
- 저항성 품종 이용 및 저항성 대목과의 접목 : 저항성 품종을 재배하거나 저항성 대목에 접목하면 기지현상을 경감시킬 수 있다.

(3) 윤작(돌려짓기)

① 한 경작지에 여러 가지 다른 농작물을 돌려가며 재배하는 경작법이다.

㉠ 윤작형식 결정 시 고려해야할 사항 : 기후, 농지의 성상 등 자연적 조건 및 기술의 진보나 제도, 정책 등 사회적 사정과 경영자 자신의 의도와 능력 등을 고려해야 한다.

㉡ 윤작의 방식 : 휴한법, 삼포식 농법, 개량 삼포식 농법, 노포크식 윤작법이 있다.

② 윤작의 효과

㉠ 지력의 유지 및 증진 : 콩과식물을 이용해 윤작하는 경우 콩과식물의 뿌리혹박테리아 질소고정 효과를 통해 지력을 증진시킬 수 있고 심근성 작물의 재배를 통해 토양 입단구조 형성을 촉진할 수 있다.

㉡ 토양보호 : 중경할 필요가 없는 비중경 작물이나 목초를 삽입한 윤작을 하면 토양침식을 억제할 수 있는데 특히 피복작물의 도입은 토양침식을 크게 경감시킨다.

㉢ 병충해 경감 : 윤작을 함으로써 선충의 피해 및 토양전염성 병원균이 줄어들어 병충해를 경감시킬 수 있다.

㉣ 기지현상 회피 : 연작으로 인해 생길 수 있는 기지현상을 윤작을 함으로써 회피할 수 있다.

㉤ 토지이용도 향상 : 연작을 하면 보통 1년 1작이 되는데 하작물과 동작물 또는 곡실작물과 청예작물을 결합시킴으로써 토지이용도를 높일 수 있다.

㉥ 수량 증대 : 윤작을 하면 지력 증가, 병충해 감소, 토지이용도의 향상 등의 효과가 있기 때문에 수량과 농업수익이 증대된다.

㉦ 노동배분의 합리화 : 각종 작물을 고루 재배하게 되면 계절적인 노력집중을 막을 수 있고 노력분배를 시기적으로 합리화할 수 있다.

㉧ 농업경영의 위험 분산효과 : 여러 가지 작물을 재배함으로써 자연재해나 시장변동에 의한 피해가 분산, 경감되어 농업 경영이 안정화될 수 있다.

㉨ 잡초의 감소 : 두과작물, 녹비, 사료작물, 호박 등은 엽면적지수가 커서 윤작 시 섞어 재배하면 잡초가 받을 광량이 줄어들어 잡초의 번성을 억제할 수 있다.

(4) 답전윤환

① 논 또는 밭을 논 상태와 밭 상태로 몇 해씩 돌려가면서 벼와 밭작물을 재배하는 방식이다.

② 답전윤환의 효과

㉠ 지력증진 : 밭기간 동안에는 논기간에 비해 토양의 입단화 및 건토효과가 나타나고, 미량요소의 용탈이 적어진다. 콩과목초를 재배함으로써 토양이 비옥해질 수 있고, 논기간이 길어질 때 발생할 수 있는 환원성 유해물질의 생성이 억제되어 지력이 높아진다.

※ 건토효과 : 논토양을 말렸다가 물을 대어 암모늄태 질소의 분량을 증가시키는 일이다. 건조 과정에서 일부 미생물이 토양 중의 유기물과 잠재하고 있던 비료분을 분해하여 암모늄태 질소가 생성되어 논토양의 비옥도가 높아진다.

㉡ 잡초의 감소 : 잡초의 건습 적응성 차이를 이용하여 잡초를 감소시키고 종자 수명을 단축시킬 수 있다.

㉢ 기지현상 회피 : 논상태에서 선충, 유독물질, 병원균 등이 감소되고 밭상태로 교체할 때 토성과 작물이 달라지기 때문에 기지현상을 회피할 수 있다.

㉣ 수량 증대 : 건토효과 또는 논 토양에 축적됐던 유기물이 왕성하게 분해되어 양분을 방출하게 되고 이를 통해 밭작물의 생육이 좋아지고 수량이 증대된다.

㉤ 노력의 절감 : 잡초 발생량이 줄어들기 때문에 제초 및 잡초 방제와 같은 작업의 노력이 절감된다.

(5) 혼파 및 혼작

① **혼파** : 두 종류 이상의 작물 종자를 함께 섞어서 파종하는 방식을 말한다.

㉠ 장 점

- 가축 영양상의 이점 : 화본과 목초와 콩과 목초를 섞어 재배하면 탄수화물과 단백질을 고루 갖춘 영양분과 기호성이 높은 양질의 사료를 생산할 수 있다.
- 비료성분의 합리적 이용 : 화본과 목초와 콩과 목초, 심근성 작물과 천근성 작물은 흡수하는 비료성분이 질적·양적 측면에서 다르며 토양의 흡수층에 차이가 있기 때문에 토양의 비료성분을 합리적으로 이용할 수 있다.
- 입지공간의 합리적 이용 : 키가 큰 작물과 낮은 작물, 심근성 작물과 천근성 작물을 혼파하면 공간을 효과적으로 활용하여 광, 수분, 양분의 이용성이 향상된다.
- 생산의 안정성 증대 : 여러 종류의 목초가 함께 생육하면 불량한 환경조건이나 각종 병충해에 대한 피해의 정도에만 차이가 있고, 어느 한 종류의 생육이 나쁘더라도 다른 작물의 생육이 그것을 보상하게 되므로 재배에 대한 안정성이 증대된다.
- 건초 및 사일리지 제조상의 이점 : 콩과 목초는 수분함량이 많아서 건초 제조가 불편하지만 화본과 목초가 섞이면 건초 제조가 쉬워진다.
- 잡초의 감소 : 혼파를 통해 토지의 빈 공간을 줄이고, 잡초의 발생이 감소된다.

㉡ 단 점

- 여러 작물을 함께 재배하면 병충해 방제가 어려울 수 있다.
- 다른 품종의 혼입 방지가 어려워 채종재배가 곤란하다.
- 작물들의 수확기가 일치하지 않는 경우 수확에 제한이 있다.

② **혼작** : 생육기가 비슷한 두 종류 이상의 작물을 주작물과 부작물의 구분 없이 동시에 같은 포장에 섞어 재배하는 방식을 말한다.

㉠ 조혼작(줄혼작) : 골을 파서 줄뿌림을 하되 줄마다 종자를 바꾸어 가며 혼작하는 방법이다.

㉡ 점혼작 : 본작물 내의 주간 군데군데에 다른 작물을 한 포기 또는 두 포기씩 점파하는 방법을 말한다.

㉢ 난혼작 : 군데군데에다 혼작물을 주단위로 재식하는 방법을 말한다.

(6) 간작(사이짓기)

① 한 종류의 작물이 생육하고 있는 이랑 사이 또는 포기 사이에다 한정된 기간 동안 다른 작물을 심어 재배하는 것을 말한다.

② 간작의 조합(주작물–간작물) : 맥류–콩 또는 팥, 맥류–조, 맥류–고구마, 맥류–채소류 등

③ 주작물과 간작물

㉠ 주작물(상작, 전작) : 포장에서 이미 생육하고 있는 작물을 말한다.

㉡ 간작물(하작, 후작) : 이랑 사이에 재배하는 작물을 말한다.

④ 간작의 목적 : 주작물에 큰 피해 없이 간작물을 재배, 생산하는 것이다.

⑤ 간작의 장단점

㉠ 장 점

- 포장을 적절히 사용하여 단작보다 토지이용률이 증대한다.
- 상작과 하작의 적절한 조합에 의해서 비료를 경제적으로 이용할 수 있고 녹비에 의해서 지력을 높일 수 있다.
- 상작은 하작에 대해여 불리한 기상조건과 병충해에 대하여 보호 역할을 한다.

㉡ 단 점

- 후작에 의해 작업이 복잡하며 기계화가 곤란하다.
- 후작의 생육장해가 심할 수 있다.
- 토양수분과 비료가 부족해질 수 있다.

(7) 기타 작부체계

① 교호작

㉠ 두 종류 이상의 작물을 일정한 이랑씩 교호 배열해서 재배하는 방식을 교호작이라고 한다. 주작물과 부작물의 구분이 뚜렷하지 않다.

㉡ 교호작의 조합 : 옥수수–콩, 수수–콩 등

② 주위작

㉠ 포장의 주위에 포장 내의 작물과 다른 작물을 재배하는 방식을 말한다.

㉡ 주위작 이용 작물 : 콩, 호박, 수박, 참외 등 포복성이거나 초장이 낮은 작물의 주위에 방풍 및 병충해 방지 등의 목적으로 옥수수, 수수와 같은 초장이 큰 작물을 재배할 수 있다.

③ 답리작 : 논에서 일 년 중 벼가 생육하지 않는 기간에 맥류나 감자 또는 채소를 재배하는 방법이다.

④ 답전작 : 논에서 벼를 심기 전에 다른 작물을 재배하는 것이다.

2. 종묘와 육묘

(1) 파 종

작물의 번식에 쓰이는 종자를 심는 것을 파종이라고 하며, 일반적으로 종자를 뿌려 심는 것을 의미한다. 파종을 할 때는 종자의 종류, 파종시기, 파종할 종자 수, 토양면적, 토양환경 등을 고려해야 한다.

① **파종시기 결정** : 작물의 파종시기는 작물의 생장과 생육상 전환(영양생장에서 생식생장으로의 전환)에 필요한 온도와 일장조건을 충족할 수 있어야 한다.

㉠ 파종 시기에 영향을 주는 요인

- 작물의 종류 및 품종 : 대부분의 월동작물은 추파를 하며 여름작물은 춘파를 한다.
- 재배지역 및 기후 : 같은 품종이라도 재배지역의 기후에 따라서 파종기를 달리한다. 재배지역이 평지인가 고랭지인가, 중부지방인가 남부지방인가에 따라 기온이 다르기 때문이다.
- 작부체계 : 벼를 단작으로 할 때에는 가능한 일찍 심는 것이 좋아 5월 상순~6월 상순에 이앙하지만, 맥류와 이모작을 할 때에는 6월 중순~7월 상순에 이앙한다.
- 토양조건 : 토양이 과습하면 정지 및 파종작업이 곤란하므로 파종기가 지연되고, 너무 건조하면 파종을 해도 발아하기 어려우므로 적당한 토양수분 상태가 되었을 때 파종한다.
- 출하기 : 생산물을 시장에 내는 출하기를 고려하여 파종기를 조절해야 한다.
- 재해의 회피 : 냉해, 풍해를 회피하기 위해서 벼를 일찍 심거나 수해를 피하기 위해 채소 종자의 파종을 홍수기 이후에 하는 등 재해를 회피할 수 있도록 파종기를 조절해야 한다.
- 노동력 사정 : 노동력 사정으로 파종기가 늦어지는 경우가 많다. 적기 파종을 위해 기계화 재배의 도입이 필요하다.

㉡ 작물별 발아적온 및 생육적온

작 물	발아적온	생육적온	비고
고 추	25~30°C	25~30°C	야간 16~20°C
토마토	25~30°C	20~30°C	야간 10~15°C
오 이	25~30°C	20~25°C	
수 박	25~30°C	25~30°C	
참 외	25~30°C	25~28°C	야간 18°C
호 박	25~30°C	20~25°C	야간 13~15°C
호박(대목)	25~30°C	20~25°C	야간 13~15°C
참 박	25~30°C	20~25°C	
양 파	20°C	20°C	
파	20°C	15~20°C	
상 추	15~20°C	20°C	
무	15~35°C	17~20°C	
배 추	18~22°C	18~21°C	
양배추	15~30°C	15~20°C	
당 근	15~25°C	18~21°C	

② 파종 방법

㉠ 뿌리는 장소에 따른 분류

- 직 파
  - 묘상에서 육묘하여 본포에 정식하는 것이 아니라 본포에 직접 종자를 뿌리는 것으로 이식을 하면 뿌리가 피해를 받는 작물, 종자 가격이 저렴하고 발아가 쉬운 경우에 적용한다.
  - 직파가 적합한 작물 : 맨드라미, 코스모스, 금잔화, 무, 당근, 열무, 쑥갓 등
- 상 파
  - 묘상에 파종하는 것으로 이식을 해도 좋은 품종에 흔히 이용한다.
  - 장점 : 포장 관리가 쉽고 효율적인 본밭 이용이 가능하다.
- 분파 : 모종을 가꾸기 위해 화분이나 종이분 같은 분에 직접 종자를 뿌리는 것으로 종자가 소량이거나 미세 종자 또는 귀중하고 값져 집약적인 관리를 필요로 하는 종자의 경우 이용한다.

㉡ 뿌리는 방법에 따른 분류

- 흩어뿌림(산파) : 포장 전면에 종자를 흩어 뿌리는 방법으로 미세 종자에 적합하다.
  - 장점 : 노력이 적게 든다.
  - 단점 : 종자 소요량이 많아지고, 통기 및 투광이 나빠지며, 제초 및 병해충 방제 등 관리 작업이 어렵다.

- 줄뿌림(조파) : 이랑을 만들어 종자를 줄지어 뿌리는 방법으로 보통종자가 적합하며, 10a당 2~4L의 씨가 소요된다. 이랑 사이가 비어 있기 때문에 수분 및 양분의 공급이 좋고, 통풍과 투광도 잘되며, 관리 작업에도 편리하여 생육이 좋다.
- 점뿌림(점파) : 일정한 간격을 두고 하나에서 수개의 종자를 띄엄띄엄 파종하는 방법이다.
  - 장점 : 종자 소요량이 적고, 통풍 및 투광이 좋아 균일한 생육을 한다.
  - 단점 : 노력이 많이 든다.
  - 적용종자 : 두류, 감자와 같은 대립종자에 이용한다.
- 적파 : 점파와 비슷한 방식으로, 점파할 때 한곳에 여러 개의 종자를 파종하는 방법이다. 수분, 비료분, 수광, 통풍 등의 환경조건이 좋아 생육이 건실하고 양호하다.
- 미세 종자 파종
  - 방법 : 파종상자에 망사를 깐 뒤, 왕모래를 1/5 정도 채우고 파종 상토를 4/5 정도 채운다. 그 위에 미세 종자와 모래를 1 : 20의 비율로 섞어 고르게 파종한다. 복토는 하지 않거나 신문지 등으로 덮고 저면 관수하여 마무리 한다.
  - 파종상자에 망사를 까는 이유 : 육묘상자의 구멍으로 모래나 상토가 빠져나가는 것을 방지하기 위함이다.
  - 저면 관수 : 모세 관수에 의하여 작물이 밑으로부터 물을 흡수하도록 하는 방법으로, 물통에 물을 받고 그 위에 파종상자를 놓아 관수한다.
  - 저면 관수를 하는 이유 : 물을 위로 뿌리게 되면 종자가 한쪽으로 쏠리거나 흘러갈 수 있어 이를 방지하기 위해 저면 관수를 이용한다.
  - 적용 종자 : 피튜니아, 글록시니아, 금어초, 베고니아, 담배 등의 미세 종자

③ **파종량** : 재배면적에 따른 결주율, 종자소요량, 발아율 등을 감안하여 목표량 보다 10~20% 이상 넉넉히 파종할 수 있도록 계획한다.

㉠ 파종량 결정 시 고려 사항

- 작물의 종류 및 품종 : 작물의 종류에 따라 종자의 크기와 재식밀도가 다르기 때문에 파종량을 다르게 한다.
- 기후 : 추운지역은 대체로 발아율이 낮고 생육이 억제되므로 파종량을 늘려야하며 난지에서는 반대로 파종량을 줄인다.
- 토질 및 시비량 : 땅이 척박하거나 시비량이 적을 때에는 파종량을 늘려야 한다.
- 종자의 발아력 : 발아력이 낮은 것은 파종량을 늘려야 한다.
- 파종기 : 파종기가 늦어질수록 일반적으로 개체의 발육이 나빠지므로 파종량을 늘린다. 저온기에 일찍 파종하여 발아조건이 나쁜 경우에도 파종량을 늘린다.
- 재배조건 : 토양이 건조한 경우나 발아기 전후 병해충 발생 우려가 큰 경우 파종량을 늘린다. 산파의 경우 조파나 점파보다 종자량이 많이 소요되며, 무, 상추와 같이 생육기간 중 솎아 내며 재배하는 경우도 파종량을 늘린다.

㉡ 파종량에 따른 생육 변화

- 파종량 적을 경우
  - 생육이 감소되어 잡초 발생 증가한다.
  - 토양 수분과 비료분의 이용도가 하락한다.
  - 벼, 보리 등은 성숙이 지연된다.
- 파종량 많을 경우
  - 작물이 과번무해서 수광태세가 나빠진다.
  - 식물체 연약해져 도복의 우려가 있다.
  - 병충해 발생 증가하여 수량 및 품질이 하락한다.

㉢ 종자 소요량 $= \dfrac{\text{전체면적}}{\text{포기간격} \times \text{줄간격}} \times$ 발아율의 역수

④ **복토** : 파종 후 종자가 노출되지 않도록 묘상을 흙으로 덮어주는 일을 말한다. 보통 종자 크기의 2~3배 정도 덮어 주는 것이 좋다.

㉠ 복토의 효과

- 파종상의 습도와 온도를 유지할 수 있다.
- 관수 시 종자의 쏠림 및 비산을 방지하고, 토양 미생물의 피해를 줄일 수 있다.
- 잡초발생을 억제할 수 있다.
- 대파 연백부 증가를 통한 품질 향상이 가능하다.
- 땅콩 씨방자루 생장이 향상되고 수량이 증가된다.
- 감자의 덩이줄기 발육이 향상된다.
- 콩 뿌리 발생이 향상되고 도복이 경감된다.

㉡ 복토 깊이 결정 시 고려 사항

- 파종법 : 물못자리에 볍씨를 파종하는 경우 복토를 하지 않는다.
- 종자의 크기 : 소립 종자는 얕게, 대립 종자는 깊게 복토한다.
- 발아습성 : 호광성 종자는 파종 후 복토를 하지 않거나 아주 얕게 복토한다.
- 토질 : 토양이 습윤한 경우 얕게 하고 건조한 경우 깊게 한다.
- 온도 : 저온이나 고온에서는 복토를 깊게 하고 적온에서는 얕게 한다.

㉢ 작물별 복토 깊이

- 종자가 보이지 않을 정도만(얕게) : 상추, 파, 양파, 당근, 담배 등
- 0.5~1cm : 토마토, 고추, 양배추, 가지, 오이 등
- 2.5~3cm : 호밀, 밀, 보리, 귀리 등
- 5.0~9cm : 생강, 감자, 토란 등
- 10cm 이상 : 수선화, 튤립, 나리, 히아신스 등

(2) 육 묘

재배하고 있는 농작물로서 번식용으로 이용되는 어린모를 묘상 또는 못자리에서 기르는 일을 말한다.

① 육묘의 장점

㉠ 딸기, 고구마, 과수 등 직파가 불리한 경우 사용할 수 있다.
㉡ 생육 촉진과 수확기간 연장을 통한 증수가 가능하다.
㉢ 가온 육묘을 하면 조기 육묘가 가능해 조기 수확을 할 수 있다.
㉣ 토지이용도의 증대를 통해 단위면적당 수량 및 수익이 증대된다.
㉤ 직파하는 것보다 집약관리가 쉬워 병충해, 한해, 냉해, 도복 등 재해를 방지할 수 있다.
㉥ 벼를 육묘 재배할 경우 못자리에 사용될 용수가 줄어들어 용수 절약이 가능하다.
㉦ 중경제초 등에 소요되는 노력을 절감할 수 있다.
㉧ 가온 육묘를 하면 저온감응에 따른 추대 및 결구하지 못하는 현상을 방지할 수 있다.
㉨ 발아율 향상으로 종자 절약이 가능하여 귀한 종자의 경우 유리하다.

② 육묘 재료

㉠ 육묘용 상토 : 크게 토양상토와 경량혼합상토로 구분된다.

- 상토의 구비조건
  - 배수성, 보수성, 통기성 등의 물리성이 우수해야 한다.
  - 적절한 pH를 유지해야 하고, 각종 무기양분을 적정 수준으로 함유해야 한다.
  - 병원균, 해충, 잡초종자가 없어야 한다.
  - 사용 중 유해가스가 발생하지 않아야 한다.
  - 저렴한 가격으로 쉽게 구할 수 있어야 한다.
- 상토의 종류
  - 토양 상토 : 주재료인 토양에 퇴비, 비료 등을 섞어 만든 상토로 반드시 소독한 다음 사용하는 것이 안전하다. 소독 방법으로는 소토법, 증기소독법, 약제소독법이 있다.
  - 경량 혼합 상토 : 피트모스, 코코넛 더스트 등의 유기물 재료와 펄라이트, 버미큘라이트, 지오라이트 등의 무기물 재료를 혼합하여 만든 상토로 플러그묘에서 주로 사용한다.
  - 성형배지 : 배지의 형태가 고정되어 있어 묘의 뿌리 돌림이 충분하지 않아도 이식이 가능하여 회전율을 높일 수 있는 장점이 있다.

㉡ 용기 : 플러그트레이, 포트 등이 있다.

- 플러그트레이
  - 셀 트레이라고도 부르는 육묘용 트레이는 모양, 크기가 다양하다. 표준규격은 28×56cm인데 이는 자동화를 위한 자동파종기 사용의 용이성과 공정육묘장의 베드 규격 등에 맞추기 위함이다.
  - 플러그트레이 선정 요인 : 트레이와 파종기의 관계, 트레이 하부에 있는 배수구 및 상표면에 있는 통기구 구멍의 크기와 균일성, 재질, 형태, 내구성, 운반성, 가격, 공급의 안전성 및 자동정식기에의 적용 가능성, 모양, 색깔, 크기, 깊이, 두께, 가스·수분투과성, 광·열 전도성, 재사용 횟수 등을 고려해야 한다.
- 포트 : 육묘포트에는 지피포트, 연질 및 경질 폴리에틸렌, 성형포트 등이 있다.

㉢ 육묘용 비료

- 육묘 시 상토의 양분만으로 부족할 경우 육묘용 비료를 시비함으로써 건장한 생육을 촉진할 수 있다.
- 육묘용 비료의 조건
  - 토양의 물리적 성질(통기성, 배수성, 보수성)이 좋아야 한다.
  - 비료 내에 병충해가 없어야 한다.
  - 비료 내에 잡초종자가 없어야 한다.
  - 토양의 산도(pH)에 알맞아야 한다.

㉣ 기타재료 및 장치 : 삽, 장갑, 종자, 상토혼합기, 상토충진기, 파종기, 복토기 등

③ 육묘 기간와 묘의 크기

㉠ 육묘 기간에 영향을 미치는 요인 : 작물의 종류, 품종, 육묘방법, 재배방식, 시비량, 트레이 셀 수, 용기의 크기, 이식여부, 육묘시기, 작물의 재배시기, 이용자의 요구, 육묘장의 온도, 광, 습도 등의 재배환경 등에 영향을 받는다.

㉡ 육묘 기간이 길어 묘가 큰 경우 : 수확은 빠르지만 정식 후에 식상이 심하고 활착이 더디다.

㉢ 육묘 기간이 짧아 묘가 어린 경우 : 발근력이 강하고 흡비·흡수가 왕성하여 정식 후 환경조건이 다소 나쁘더라도 활착이 빠르다.

㉣ 작물별, 작형별 적정 육묘일수와 묘의 크기

작 물	작형별 육묘기간(일)				묘 크기(본엽수)	묘의 상태
	촉 성	반촉성	억 제	조 숙		
참외, 수박	35~40	35~40	25~30	25~35	3~5매	
토마토	50~60	65~75	30~40	60~70	8~9매	첫 화방 출현~약 10% 개화
고 추	60~70	90~100	30~40	70~80	10~13매	첫 꽃 출현~개화
호 박	25~35	35~40	25~30	25~35	5~6매	자엽 부근에서 구부러짐
오 이	35~40	35~40	25~30	25~35	4~5매	묘의 약 10%가 덩굴손 출현

③ 묘상의 종류와 설치

㉠ 종 류

• 지면의 높낮이에 따른 분류
 – 지상(저설상) : 지면을 파서 설치하며, 보온 효과가 커서 저온기 육묘에 적당하다. 배수가 좋은 곳에 설치한다.
 – 평상 : 지면과 같은 높이로 설치한다.
 – 양상(고설상) : 지면보다 높이 위치에 설치하며, 온도에 무관한 경우, 배수가 나쁜 곳, 비가 많이 오는 시기에 설치한다.

• 보온양식에 의한 분류
 – 냉상 : 태양열을 이용하는 방법으로 무, 배추와 같은 종자 춘화형 작물에 적합하다.
 – 노지상 : 자연 포장상태 그대로 이용하는 방법이다.
 – 온상 : 호온성 작물에 적합하다.

<table>
<tr><th rowspan="2">양열온상</th><td colspan="2">인공가온재료인 낙엽, 짚, 퇴비, 쌀겨 등을 열원으로 하여 설치한 온상이다.</td></tr>
<tr><td>가온
재료</td><td>• 주재료 : 볏짚, 건초, 두엄 등 탄질률이 높은 것(탄수화물 풍부)
• 보조재료 : 겨, 깻묵, 닭똥, 뒷거름, 요소 등 탄질률이 낮은 것(질소분 풍부)
• 탄질비 : 20~30 정도일 때 발열률 제일 좋다.</td></tr>
<tr><th>전열온상</th><td colspan="2">• 땅속에 전열선을 부설하고 전류를 통하여 발생하는 열을 열원으로 이용하는 온상이다.
• 장점 : 설비가 비교적 간단하고 여러 가지 작물의 모를 동시에 키울 수 있다.
• 단점 : 모판흙이 건조해지기 쉽다.</td></tr>
</table>

㉡ 설치 장소 고려조건

• 본포에서 가까운 곳이어야 한다.
• 관개수를 얻기 쉽고 집에서 멀지 않아 관리가 편리한 곳이어야 한다.
• 저온기의 육묘는 양지바르고 따뜻하며, 강한 바람을 막도록 방풍이 가능한 곳이어야 한다.
• 온상의 설치는 배수가 잘되는 곳, 못자리는 오수와 냉수가 침입하지 않는 곳이어야 한다.
• 인축, 동물, 병충해 등의 피해 염려가 없는 곳이어야 한다.

(3) 플러그육묘(공정육묘)

① 여러 개의 작은 용기가 연결된 플러그트레이라고 불리는 육묘 전용 용기를 이용하여 묘를 키우는 것을 말한다. 공장에서 공산품을 생산하는 것처럼 파종부터 육묘의 전 과정을 공정화하여 우수하고 균일한 품질의 모를 생산할 수 있다.

② 장 점

㉠ 자동화된 공정을 통해 대량생산되므로 육묘 비용이 절감된다.

㉡ 재배시기에 관계없이 연중 육묘가 가능하다.

㉢ 계획영농이 가능하고 시설 활용도를 높일 수 있다.

㉣ 플러그트레이에 모종을 기르기 때문에 운반과 정식이 쉽고 노동력이 크게 절감된다.
㉤ 육묘를 전문으로 하는 농가 또는 업체의 육묘 전용시설에서 육묘하므로 모종이 균일하고 건실하다.
㉥ 일반 포트모종과 달리 작고 규격화되어 있어 취급 및 수송이 쉽다.
㉦ 육묘 중 옮겨 심지 않아 뿌리에 상처를 받지 않기 때문에 정식 후 활착이 빠르고 초기 생육이 왕성하다.
㉧ 뿌리가 잘 형성되어 있고 규격화되어 있어 자동정식기 등 정식의 기계화가 가능하다.

③ **단점** : 기계나 시설 등의 설치비용 많이 든다.

(4) 묘상관리

① **환경관리**

㉠ 온 도

- 낮에는 적온의 범위 내에서 상온을 높여 광합성을 촉진하고, 밤에는 온도를 낮추어 호흡작용에 의한 탄수화물의 소모를 줄여 웃자람을 방지하고 화아분화 등의 발육을 유도한다.
- 주야간의 온도조절(DIF) : 주야간 온도 차이를 이용하여 절간장의 조절이 가능하다.
  - 주야간 온도차가 −(음)일 경우 : 묘의 절간장이 감소된다.
  - 주야간 온도차가 0일 경우 : 묘의 절간장의 변화가 없다.
  - 주야간 온도차가 +(양)일 경우 : 묘의 절간장이 증가된다.

㉡ 광도 : 저온기 육묘는 광도를 높여 주고, 한여름 육묘 시에는 차광이 필요하다.

- 가지과 작물 : 형광등, 고압나트륨등, LED등으로 보광해 광량을 높이고, 일장을 연장해주면 좋다.
- 박과 작물 : 일장이 길면 암꽃의 발생을 불량하게 할 수 있으므로 단일처리하고, 온도를 15°C 이하로 낮추어 관리해야 암꽃의 착생이 빨라진다.

㉢ 습도

- 일반적으로 토양습도는 다소 높게 하고, 상대습도는 60~80%가 되도록 하는 것이 병 발생의 억제 및 광합성 증가에 유리하다.
- 관수법 : 육묘상은 발아 후에는 관수량과 관수횟수를 줄여 육묘상 내를 약간 건조한 상태로 유지하는 것이 바람직하며, 이식상은 이식 전에 충분히 관수하고 이식 후에 가볍게 관수하는 것이 좋다. 관수를 오후 늦게 하면 야간 습도가 높아져 웃자라고 병 발생이 많아지므로 가능한 오전 중에 관수를 종료한다.

㉣ 비배관리 : 육묘 후기 적정농도의 요소나 4종 복비를 관주하면 좋다. 박과 작물의 경우 암꽃 착생률이 낮아지지 않도록 질소시비에 유의해야 한다.

㉤ 이산화탄소 시비 : 밀폐된 육묘장인 경우 오전 중에 이산화탄소를 1,000~1,500ppm의 농도로 2~3시간 시용하면 효과적이다.

② 묘의 순화(경화)

㉠ 고온과 약광의 온상 환경에서 약하게 자란 묘를 정식 전에 재배포장의 환경에 잘 견딜 수 있도록 적응시키는 과정을 말한다.

㉡ 정식 1주 전부터 서서히 직사광선을 쪼이면서 온상 내 온도를 정식포장의 온도와 비슷하게 맞추고, 관수량을 줄여 상토를 다소 건조하게 관리한다.

㉢ 장 점

• 건물량 증가하고, 엽육이 두꺼워지고, 조직이 단단해지며 큐티클이 잘 발달한다.

• 지하부 생육이 촉진되어 옮김몸살이 감소하고, 불량환경에 대한 저항성이 증가한다.

(5) 이식과 정식

① 이식 : 묘상이나 못자리에서 모를 키워 본포에 옮겨 심거나, 작물이 현재 자라고 있는 곳에서 다른 장소로 옮겨 심는 일을 말한다.

㉠ 장단점

• 장 점

- 단근이 되면 새로운 세근의 밀생이 촉진되고 뿌리 발생이 충실해져 정식 시 활착이 빠르다.
- 지하부 생육에 적당한 스트레스를 주어 경엽의 도장을 억제한다.
- 숙기를 빠르게 하고 양배추, 상추의 결구 촉진한다.
- 보온 육묘를 할 경우 초기 생육이 촉진되어 조기 수확이 가능하며, 생육 기간을 늘려 수량이 증대된다.

• 단 점

- 당근, 무와 같이 직근을 가진 작물은 어릴 때 이식으로 뿌리가 손상되면 근계 발육에 나쁜 영향 미친다.
- 수박, 참외, 결구배추, 목화 등은 뿌리가 절단되는 것이 해롭다.

㉡ 이식 방법

• 조식 : 골에 줄지어 이식하는 방법으로 파, 맥류 등에 이용한다.

• 점식 : 포기를 일정한 간격을 두고 띄어서 이식하는 방법으로 콩, 수수, 조 등에 이용한다.

• 혈식 : 그루 사이를 많이 떼어 구덩이를 파고 이식하는 방법으로 과수의 묘목, 수목, 화목 등과 양배추, 토마토, 오이, 수박, 호박 등의 채소에 이용한다.

• 난식 : 일정한 질서 없이 점점이 이식하는 방법으로 들깨, 조 등에 이용한다.

② 가식 : 정식할 때까지 잠시 이식해 두는 것이다.

③ 정식(아주심기)

㉠ 모를 키워서 본포에 옮겨 심는 것을 말한다. 정식 방법은 이식 방법과 동일하다.

㉡ 정식 시기

- 콩 : 초생엽이 완전하게 펴진 후부터 2번째 본엽이 나오기까지 기간이 적당하다.
- 감 자
  - 봄감자 : 중부지방은 3월 하순부터 4월 상순, 남부지방은 3월 상순부터 중순경까지이다.
  - 가을감자 : 중부지방은 8월 상순부터 중순, 남부지방은 8월 중순부터 하순까지이다.
- 수수 : 초장이 20cm 정도 되었을 때가 적당하다.
- 옥수수 : 육묘일수 15~20일 정도로 2~3번째 본엽이 나올 때가 적당하다.
- 조, 기장 : 육묘일수 15~20일 정도로 초장이 10~15cm 정도 되었을 때가 적당하다.
- 참깨 : 육묘일수 25~30일 정도로 2~3번째 본엽이 나올 때가 적당하다.
- 고추, 토마토 : 첫 화방이 나오는 시기가 적당하다.
- 배추, 상추 : 3~4번째 본엽이 나올 때가 적당하다.
- 박과 채소 : 3~5번째 본엽이 나올 때가 적당하다.

㉢ 정식 환경

- 정식 당일의 날씨는 흐리고 바람이 없는 날이나 비가 오기 전날이 좋다.
- 맑은 날 오전에 심으면 강한 햇빛으로 인해 뿌리가 활착되지 않은 상태에서 증산작용이 촉진되어 줄기가 시들게 되며 심하면 말라죽는다.
- 딸기를 제외한 대부분의 과채류는 지온이 10°C 이상일 때, 야간온도가 7~8°C 이상일 때 정식한다.

㉣ 우량한 정식 모종 선택 기준

- 잎 색깔이 뚜렷하고 윤기가 나는 것
- 마디 사이가 너무 길거나 짧지 않은 것
- 병이나 해충이 없는 것
- 트레이에서 너무 오랫동안 육묘하지 않은 것
- 떡잎의 색깔이 뚜렷한 것
- 과채류의 경우 정식 후 원활하게 화방이 출현하여 생산이 가능한 것
- 접목묘의 경우 접목부위가 잘 융합되어 있는 것
- 뿌리가 죽었거나 갈변되지 않고 하얀색 뿌리가 많은 것

3. 재배관리

(1) 경운과 정지

① **경운** : 토양을 갈아엎는 작업을 말한다.

㉠ 경운의 효과

- 토양물리적 성질 개선 : 토양을 부드럽게 하며 파종이나 정식작업을 용이하게 하고, 투수성 및 투기성을 좋게 하여 지하부의 발달을 좋게 한다.
- 토양화학적 성질 개선 : 통기성을 좋게 하여 토양 중의 유기물 분해를 촉진시키고, 유효태 비료성분이 증대된다.
- 잡초 발생 억제 : 잡초의 종자나 어린 잡초가 땅속에 묻히게 되어 잡초의 발아와 생육을 억제한다.
- 해충의 경감 : 땅속에 있는 해충의 유충이나 번데기를 노출시켜 죽게 한다.

㉡ 경운작업 분류

- 경운 : 굳어진 흙을 반전, 절삭하여 큰덩어리로 부수는 작업이다. 1차 경운으로 쟁기나 플라우를 이용한다.
- 쇄토 : 1차 경운으로 부순 흙을 다시 작은 알갱이로 부수는 작업이다. 2차 경운으로 로터리를 이용한다.
- 심토파쇄 : 굳어진 심토를 부수는 작업이다.

② **정지** : 파종과 정식에 좋은 상태를 만들기 위하여 경운 후 흙덩이 부수기, 고르기, 이랑 만들기 등과 같은 작업을 정지라 한다.

③ **작휴** : 농작물을 심어 가꿀 수 있도록 이랑을 만드는 일을 말한다. 작물재배 시 일정한 간격으로 길게 선을 긋고 그 선을 중심으로 땅을 돋우어 솟아오르게 만든 부위를 이랑이라 하고, 솟은 부분 사이로 움푹 패인 부분을 고랑이라 한다.

㉠ 평휴법 : 경지를 경운하여 흙덩이를 부수고 판판하게 골라 이랑을 평평하게 하여 이랑과 고랑의 높이를 같게 하는 방식으로, 건조해와 습해가 동시에 완화될 수 있다.

㉡ 휴립법

휴립구파법	휴립휴파법
• 이랑을 세우고 낮은 골에 파종하는 방식이다. • 건조해와 동해를 방지할 수 있다. • 감자에서는 발아를 촉진할 수 있다.	• 이랑을 세우고 이랑 위에 파종하는 방식이다. • 토양배수와 통기가 좋아진다.

㉢ 성휴법 : 이랑을 보통보다 넓고 크게 만드는 방식으로, 파종이 편리하고 생육 초기 건조해와 장마철 습해를 막을 수 있다.

(2) 멀칭과 중경

① **멀칭** : 작물이 생육하고 있는 포장의 지표면을 짚이나 건초 혹은 비닐로 덮어주는 것을 말한다.

㉠ 멀칭 종류

비닐 멀칭	투명비닐, 흑색비닐, 백색비닐, 녹색비닐 등 목적에 따라 다양한 비닐이 사용된다.
짚, 건초 멀칭	짚이나 건초를 덮어 토양을 보호하는 멀칭법이다.
토양 멀칭	토양의 표면을 얕게 갈아 하층과 표면의 모관수가 단절되게 하여 표면에 건조한 토층이 생겨 멀칭과 같은 효과를 내는 것을 말한다.
스터블 멀칭	앞 작물의 그루터기를 그대로 남겨 풍식과 수식을 경감시키는 멀칭법이다.

㉡ 멀칭의 효과

- 지온 조절 : 여름에는 지온이 비교적 낮아지고 겨울에는 지온이 비교적 높게 유지된다.
  - 투명비닐 : 복사열을 충분히 받아들이고 발산을 방지하여 지온을 높일 수 있다.
  - 검정비닐 : 지면으로부터의 복사가 억제되어 지온이 낮아진다.
  - 볏짚 : 여름철 지온 상승을 억제하는 데 효과적이다.
- 토양 건조 방지 : 멀칭을 함으로써 증발이 억제되어 토양수분 보유가 좋아진다.
- 토양 침식 방지 : 멀칭에 사용되는 짚 등은 보수력이 크고 빗방울이 직접 땅에 떨어지는 것을 막아 토양의 구조를 그대로 보존한다.
- 잡초 발생 억제 : 잡초 종자는 대부분 호광성 종자로 흑색비닐이나 녹색비닐로 멀칭하면 잡초 종자의 발아를 억제할 수 있다. 발아한 잡초도 광량을 제한하므로 생육이 억제된다.

② **중경** : 이랑 사이를 갈아주는 작업으로 작물이 생육하고 있는 포장의 표토를 갈거나, 작물 개체 사이의 흙을 갈거나 쪼아서 부드럽게 하는 일을 말한다.

㉠ 중경의 효과

- 토양 물리성 개선 : 토양이 부드러워져 통기성, 배수성 등이 좋아지고 토양 중의 유해물질 방출을 촉진한다.
- 제초 효과 : 표토에 있던 잡초 종자의 발아를 억제하고 어린 잡초가 제거된다.
- 뿌리 절단의 효과 : 중경에 의한 단근은 일시적으로 생육을 억제하여 도장을 방지하고, 세근 밀생을 촉진한다.
- 배토 : 작물이 생육하고 있는 기간 중에 골 사이나 포기 사이의 흙을 그루 밑에 긁어모아 주는 것을 말한다. 배토를 통해 잡초 억제, 뿌리 발생 촉진, 도복 경감의 효과를 얻을 수 있다.
- 흙넣기 : 이랑 사이의 흙을 곱게 부수어서 작물이 자라는 골 속에 넣어주는 작업이다.
- 답압 : 종자를 파종한 후 밟아주는 작업으로 수분 증발을 억제하여 토양 건조 방지 등의 효과가 있다.

㉡ 중경의 단점

- 뿌리 잘림 : 뿌리의 일부가 끊기면서 일시적으로 생육이 억제된다. 많은 양·수분을 필요로 하는 생식생장기에의 중경으로 인한 뿌리 잘림은 피해가 크다.
- 침식의 조장 : 비가 많은 지역에서 수식을 조장하거나, 표층 토양이 빠르게 건조하여 바람이 심한 지역에서는 풍식을 조장할 수 있다.
- 동상해 조장 : 토양 중의 온열이 지표까지 상승하는 것이 경감되어 발아 직후의 어린 식물이 서리나 냉온을 만났을 때 그 피해가 조장된다.

(3) 작물 재배관리

① **정지** : 줄기의 수평 또는 수직방향 생장조절과 수량을 높이기 위한 절단 작업을 정지라고 한다.

㉠ 정지의 목적

- 불필요한 착과 또는 줄기신장에 따른 양분의 소모를 막고, 목적하는 생산물의 비대 및 발육을 촉진하기 위함이다.
- 과도하게 생장된 잎과 줄기에 의하여 광이 차단되거나 통기성이 저하되지 않도록 하여 건전한 생육을 도모하고, 병해충을 방지하기 위함이다.

㉡ 정지의 종류

- 전 정
  - 불필요한 줄기나 덩굴의 길이 또는 수를 제한하는 것으로, 작물의 관리 및 수확작업이 용이해지고 양분의 균형분배가 가능해진다.
  - 전정할 가지 : 웃자란 가지, 병해충을 입은 가지, 서로 얽히거나 겹쳐진 가지, 안쪽으로 뻗은 가지, 바닥에서 나온 가지, 가지의 수가 너무 많아 잎이 서로 겹쳐있는 경우의 가지 등이다.
- 적심(순자르기) : 수직 방향으로 새로운 가지가 자라나지 않도록 맨 끝 생장점 부분을 제거하는 것을 말한다. 더 이상 새로운 착과 및 생장을 유도하지 않고 기존 착과된 과실까지 수확하기 위한 목적으로 행하는 작업이다. 남아 있는 잎이 크고 두꺼워지며 빛깔이 진해지고 개화와 결실이 좋아진다.
- 적아 : 곁순을 따주는 것으로 원줄기와 잎 사이 겨드랑이에서 발생하는 어린 측지 또는 눈을 제거하는 것이다. 본가지의 생장에 충실하게 되는 효과가 있다.
- 적엽 : 노화된 잎, 필요 없는 잎 등을 적절하게 떼어내는 것이다. 대체로 광합성 능력이 떨어지는 하엽, 병이 발생한 잎 등을 제거한다. 수광 효율을 높이고 통풍을 좋게 하여 병발생을 줄임으로써 작물의 생산성과 품질을 높인다.

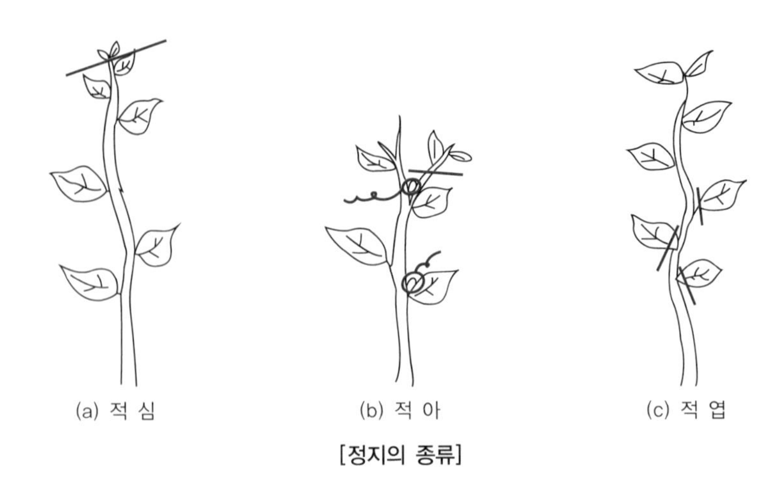

[정지의 종류]

② 유 인

㉠ 작물의 생장특성 및 수량과 품질을 최대로 높이기 위하여 수평 또는 수직방향으로 적절하게 생장하도록 만들어주는 절차를 유인이라고 한다. 일반적으로 정지작업과 동시에 작업이 이루어진다.

㉡ 효 과

- 잎이 겹치는 것을 막아 수광량을 늘려 광합성을 촉진한다.
- 통기를 원활하게 하여 생산성과 품질이 향상된다.

③ **적과** : 과실의 착생 수가 과다할 때 알맞은 양의 과실만 남기고 여분의 것을 어릴 때 제거하는 것이다.

㉠ 효과 : 해거리를 방제하고 올바른 모양의 과실을 수확할 수 있다.

㉡ 해거리 : 과실의 수량이 많았던 해의 이듬해에 수량이 현저히 줄어드는 현상으로 과수나무에서 주로 나타난다.

※ 해거리 방제법 : 충분히 시비하기, 정지·전정을 통해 나무세력을 근절, 적과, 병충해 방제 철저

(4) 시비하기

① **필수원소와 비료**

㉠ 필수원소 : 작물의 생육에 꼭 필요한 원소를 말한다.

- 다량원소
  - 체내 분포량이 높아 많은 양을 필요로 하는 원소이다.
  - C(탄소), H(수소), O(산소), N(질소), P(인), K(칼륨), Ca(칼슘), Mg(마그네슘), S(황)

- 미량원소
  - 체내 분포량이 낮아 비교적 적은 양을 필요로 하는 원소이다.
  - Cl(염소), Fe(철), B(붕소), Mn(망가니즈), Zn(아연), Cu(구리), Ni(니켈), Mo(몰리브덴)

㉡ 식물체를 구성하는 원소
- 단백질 : C, H, O, N, S
- 핵산 : C, H, O, N, P
- 엽록소 : C, H, O, N, Mg

㉢ 흡수형태
- C, H, O : 기공을 통해 들어오는 이산화탄소와 뿌리에서 흡수하는 물에서 얻는다.
- 나머지 원소 : 토양에서 물과 함께 뿌리를 통해 흡수된다.

② 시비량

㉠ 시비의 이론적 배경
- 최소양분율 법칙 : 작물의 수확량은 가장 부족한 양분량에 지배된다는 이론으로, 10개 중 9개의 조건이 충족해도 1개의 조건이 충족하지 못하면 그 조건에 따라 생육이 결정된다는 법칙이다.
- 수량점감의 법칙 : 비료요소가 적은 한계 내에서는 일정 시용량에 따른 수량의 증가량이 크지만, 시용량이 많아질수록 증가량이 점차 감소하여 수량이 증가하지 못하고, 어느 한계에서는 오히려 감소하는 것을 수량점감의 법칙이라고 한다.

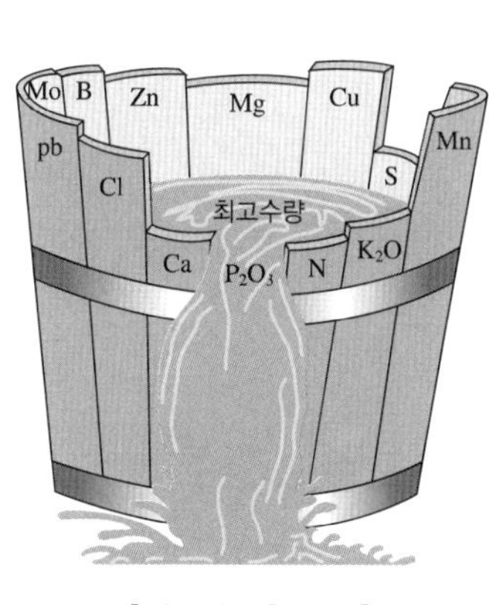

[최소양분율 법칙]

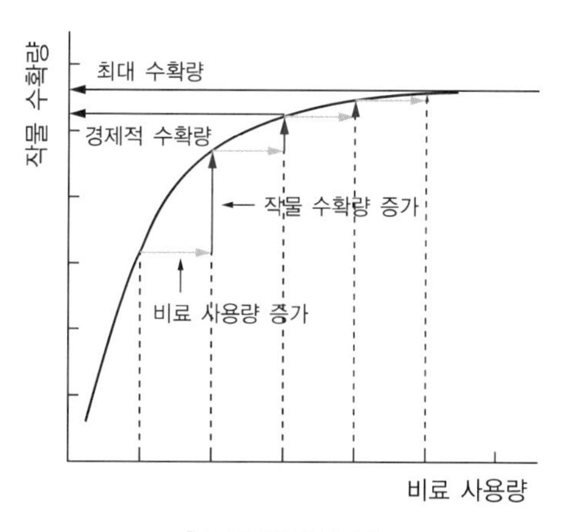

[수량점감의 법칙]

㉡ 시비량 구하기
- 시비량에 영향을 주는 요인 : 시비량은 작물의 종류 및 품종, 지력의 정도, 기후조건, 재배방식에 영향을 받는다.
- 시비량 = $\frac{\text{비료요소의 흡수량} - \text{천연공급량}}{\text{비료요소의 흡수율}}$

③ 시비의 효과

㉠ 질소질 비료

- 세포의 분열, 증식 및 생장에 필수적인 원소이다.
- 뿌리, 잎, 줄기의 생육을 촉진시킨다.
- 양분의 흡수와 동화작용을 왕성하게 한다.
- 결핍 증상
  - 작물의 발육이 부진하고 황색이나 적갈색으로 엽색이 변하게 되며, 결국 황색으로 변하면서 말라죽게 된다(황백화 현상).
  - 줄기, 잎, 열매 등을 기형으로 만든다.
- 종류 : 황산암모늄, 석회질소, 질산암모늄, 요소 등

㉡ 인산질 비료

- 인은 광합성, 호흡, 당 합성 등에 관여하고 핵산, 각종 효소의 구성성분이다.
- 뿌리의 발육을 촉진시키고 발아력을 왕성하게 한다.
- 과실을 많게 하고 잘 맺히게 하며 품질을 향상시킨다.
- 가지 수나 뿌리, 줄기, 잎의 수를 증가시킨다.
- 추위에 견디는 힘을 증가시킨다.
- 결핍 증상
  - 뿌리, 줄기, 가지 수가 감소하고 발육이 나빠진다.
  - 개화, 결실이 늦어진다.
  - 열매의 품질이나 수량이 감소한다.
  - 잎이 암녹색으로 변하고 검은 점이 생기며 심하면 황변한다.
- 종류 : 과인산석회, 용성인비 등

㉢ 칼륨질 비료

- 식물체 속에서 탄수화물이나 당분, 단백질의 생성 등에 관여한다.
- 수분의 증산작용을 조절한다.
- 뿌리의 발육과 개화, 결실을 촉진시킨다.
- 결핍 증상 : 잎이 오그라들고 암녹색이 되며, 잎 가장자리와 끝 부위가 황색으로 변해 말라 들어간다.
- 종류 : 염화칼륨, 황산칼륨 등

㉣ 칼슘질 비료(석회질 비료)

- 식물 세포막과 세포벽의 구성성분이다.
- 유기산 등 유해물질을 생체 내에서 중화시킨다.
- 엽록소의 생성이나 탄수화물의 전이에 필요하다.
- 뿌리의 발육을 촉진시키고 식물체의 조직을 강화하여 병해 등에 대한 저항력을 높인다.

• 중금속에 의한 유해 작용을 감소시킨다.
• 산성토양을 중성화시킨다.
• 토양의 떼알구조 형성을 촉진하여 물리성을 좋게 한다.
• 결핍 증상
  – 생장점 부위가 황화되고, 열매나 잎의 맨 끝 부위가 함몰한다(배꼽썩음병).
  – 전반적인 식물의 생육이 저하된다.
• 종류 : 고토석회, 생석회, 소석회

④ 시비 시기

㉠ 일반작물
• 밑거름(기비)
  – 파종 또는 이식할 때 주는 비료이다.
  – 주로 인산, 칼리, 석회질 비료는 밑거름으로 준다.
• 덧거름(추비, 보비) : 작물의 생육 도중에 주는 비료이다.
• 지비 : 작물을 재배할 때 마지막에 주는 추비를 말한다.

㉡ 화곡류
• 밑거름 : 모내기 때 준다.
• 새끼칠거름 : 가지치기를 할 때 분얼수를 증가시키기 위하여 준다.
• 이삭거름 : 배동받이(유수형성기) 때 이삭의 충실한 발육을 위하여 준다.
• 알거름 : 출수기 전후에 충실한 이삭을 위하여 준다.

⑤ 시비 방법

㉠ 시비 방법에 따른 분류
• 전면 시비 : 거름이나 비료를 밭의 전면에 골고루 뿌려 주는 토양시비 방법으로 주로 과수원에서 이용한다.
• 부분시비 : 작물을 심을 때 비료를 집중적으로 특정 위치에 공급해 주는 방법으로 시비구를 파고 비료를 넣어준다.
• 관비 : 농축된 액비를 희석하여 관수를 겸해 시비하는 방법이다.

㉡ 토양시비 위치에 따른 분류
• 표층시비 : 토양 표면의 가장 위층인 표토층에 비료를 주는 일이다.
• 심층시비 : 작토의 하부에 시비하는 방법이다.
• 전층시비 : 비료를 살포한 후 갈아엎는 방법이다.

㉢ 엽면시비 : 액체비료를 식물의 잎에 직접 공급하는 방법으로 잎의 표면보다 이면에서 흡수를 더 잘한다.
• 장점 : 토양시비보다 비료 성분의 흡수가 쉽고 빠르다.

• 이용하는 경우
  - 작물에 특정 양분의 결핍증이 나타났을 경우 : 토양에 주는 것보다 엽면시비를 하는 것이 효과가 더 빠르고 경제적이다.
  - 작물의 영양상태를 급속히 회복시켜야 할 경우 : 자연재해로 인해 동상해, 풍수해, 병충해 등의 해를 받아 생육이 쇠퇴한 경우 엽면시비를 통해 빠른 효과를 볼 수 있다.
  - 작물이 양분을 뿌리로 흡수하기 어려울 때 : 뿌리의 문제로 토양으로부터 양분을 흡수할 수 없을 때 엽면시비를 통해 피해를 경감시킬 수 있다.
  - 토양시비가 곤란한 경우 : 수박, 참외 등의 덩굴이 지상에 포복 만연하여 추비하기 곤란한 경우거나 과수원에서 초생재배를 하여 토양 시비가 곤란한 경우 엽면시비를 하면 좋다.
  - 특수한 목적이 있을 경우 : 품질의 향상과 같은 목적이 있을 경우 엽면시비를 사용할 수 있다.

(5) 수분과 관수

① 수분과 요수량

㉠ 식물체 내 수분의 역할
- 식물체 세포 내 원형질의 구성성분으로 각 조직의 형태를 유지할 수 있게 한다.
- 다른 성분들과 함께 식물체의 구성 물질을 형성하는데 필요하다.
- 토양 속 양분들의 용매 역할을 하여 식물이 무기양분을 흡수할 수 있도록 한다.
- 증산 작용을 통해 체온 조절을 한다.
- 광합성과 호흡작용의 필수성분이다.

㉡ 작물의 요수량
- 요수량
  - 작물의 건물 1g을 생산하는 데 소비되는 수분량(g)을 요수량이라고 한다.
  - 흰명아주, 알팔파, 호박과 오이 등의 과채류는 요수량이 높은 편이고, 옥수수, 수수, 기장과 같은 작물은 요수량이 낮은 편이다.
- 증산계수
  - 작물의 건물 1g을 생산하는 데 필요한 증산량(g)을 증산계수라고 한다.
  - 대체로 요수량, 증산계수가 적은 작물이 건조한 토양과 한발에 대한 저항성이 강하다.

② 관수하기

㉠ 관수의 정의 : 작물이 재배되고 있는 토양이나 배지에 물을 공급하는 일을 말한다.

㉡ 관수의 효과
- 건조해를 방지할 수 있다.
- 생육이 조장되고, 수량과 품질이 향상된다.

- 관개를 통해 온도 조절을 하여 고온장해 및 저온장해를 방지할 수 있다.
- 토양이 가볍고 건조한 지역에서는 관수를 통해 풍식을 방지할 수 있다.
- 토양의 비료성분 이용 효율이 높아진다.

㉢ 관수량 결정요인

- 요수량 : 요수량이 큰 작물은 많은 양의 물을 필요로 한다.
- 생육기별 수분 요구도 : 영양생장기, 개화기 및 착과기, 성숙기에 따라서 요구도가 다르다. 영양생장기에는 수분 요구도가 크다.
- 토양 조건 : 사질토양은 점질토양에 비해 물 빠짐이 좋기 때문에 관수횟수를 늘리는 등의 차이가 있다.
- 기후 조건 : 여름철은 겨울철보다 수분 요구도가 많고, 건기가 우기보다 수분 요구도가 많다.
- 재배방식 : 시설재배는 노지재배에 비해 상대적으로 물 요구도가 적다.

㉣ 관수방법

- 전면관수 : 작물 재배포장의 전 표면에 관수하는 방법으로 물이 풍부하고 지표의 높낮이가 없는 지역에 적합하다.
  - 단점 : 관수 후 지표가 굳어질 염려가 있으며 토양 전염성병을 초래할 수 있다.
- 이랑관수 : 경작지에 이랑을 만들어 흐르는 방식으로 관수하는 방법이다.
  - 장점 : 토양의 표면이 굳어지는 일이 없다.
  - 단점 : 지표의 기울기가 크면 물을 고르게 유입시킬 수 없고 이랑의 중앙 부분까지 수분을 침투시킬 수 없다. 그리고 토양전염성 병원균의 이동을 용이하게 하여 병이 단기간에 포장 전체로 확산될 수 있다.
- 분수관수 : 플라스틱 파이프나 튜브에 일정한 거리와 각도로 구멍을 뚫고 압력이 가해진 물을 분출시켜 공급하는 방법이다. 재료비가 적게 들고 시공이 용이하다.
- 살수관수 : 공중에서 물을 뿌려 공급하는 방식으로, 스프링클러를 이용하는 방법이 대표적이다.
  - 장점 : 노동력을 절감할 수 있다.
  - 단점 : 식물체의 표면이 젖어 있는 시간이 길어 병해를 쉽게 입을 수 있다.
- 점적관수
  - 플라스틱파이프나 튜브에 가는 구멍을 뚫어 물이 방울방울 흘러나와 천천히 뿌리 주위의 토양을 집중적으로 관수하는 방식이다. 물이 부족한 건조지대의 수분절약형 관수방법이다.
  - 장점 : 표토가 굳어지지 않고 토양 유실이 없으며 넓은 면적을 균일하게 관수할 수 있다. 수분을 가장 효율적으로 이용하는 관수방법이다.
- 저면관수
  - 작물의 근권이 분포되어 있는 토양 중에 직접 물을 공급해 주는 관수 방법으로 지중에 매설된 급수파이프로부터 물이 토양 중으로 스며 나오게 한다.

– 장점 : 토양의 유실, 표토의 경화, 토양전염성병 전파 방지 및 지상부가 항상 건조 상태이기 때문에 병해 발생이 감소될 수 있는 환경을 조성한다. 가장 균일한 관수가 가능하다.

(6) 작물 수확과 저장

① 수확 : 이용 부위인 종실, 줄기, 잎, 뿌리 등을 수확물로 거두어들이는 것으로 작물 재배의 목적이다.

㉠ 수확시기 결정 요인

- 작물의 발육정도 : 보통 외형, 색깔 및 크기, 성분함량 등이 수확적기의 기준으로 적용된다.
- 재배조건과 기상조건 : 이모작 등의 작부체계에서는 파종 시기나 노동력 공급의 용이성 등 전후작 관계를 고려해야하며, 강우 등 기상조건에 따라 변경될 수 있다.
- 시장여건 등 기타 조건 : 유리한 시장가격을 추구하여 조기수확, 조기출하를 할 수 있으며, 다년생 뿌리 작물의 경우 수확연수를 조정할 수 있다. 수확 후 정선, 건조, 저장 등 수확 후 관리여건을 고려하여 시기를 결정하여야 한다.
- 작물별 수확지표

분 류	작물명	성숙지표
완숙과형	수 박	• 착과 후 적산온도 800~1,000°C • 접지부 과피색이 황색 • 착과절위 덩굴손 1/3 위조 • 과병의 털이 없어짐
	참 외	• 과피색의 변화 • 착과 후 35일 내외
	멜 론	• 교배 후 일수 : 네트멜론 50~60일, 무네트멜론 40~50일 • 수확 전 당도나 육질 시험조사
	호 박	• 쥬키니, 애호박, 풋호박 : 개화 후 10일 내외 • 완숙과 : 개화 후 50일 내외
	고 추	• 풋고추 : 개화 후 20~30일 • 홍고추 : 개화 후 50일 이상
	토마토	• 과피색 : 녹숙기에서 완숙기 사이 • 착과 후 적산온도 1,000~1,500°C • 수정 후 40일 내외
	가 지	• 개화 후 15~40일 내외 • 100g~200g 정도의 것
	단옥수수	• 70~110일의 무상일수 • 수염출현 후 약 3주 • 수염 상태로 판단
	딸 기	• 과피색으로 판단 • 개화 후 적산온도 300~400°C • 저온촉성재배 시 : 개화 후 50~60일

분 류	작물명	성숙지표
완숙과형	콩과식물	• 풋콩 : 꼬투리가 급속히 비대 • 완두 : 개화 후 14~25일 • 강낭콩 : 개화 후 12~14일
미숙과형	오 이	• 크기 : 20~25cm • 개화 후 7~10일
땅속채소	무	• 20일무 : 파종 3~4주 • 알타리무 : 5~6주 • 일반무 : 8~24주
	당 근	발아 후 60~90일 최성기
	감 자	• 괴경비대 후 생장정지 • 잎이 마르기 시작할 때
	고구마	정식 후 90~50일
	생 강	파종 후 200일 내외
잎줄기	배 추	구가 단단해졌을 때 수확
채 소	양배추	엽구가 완전히 형성될 때 수확
	상 추	• 적산온도 1,400~1,700°C • 정식 후 30일경부터 수확 가능
	시금치	초장의 길이가 27~30cm
	마 늘	지상부 잎이 50~70% 누렇게 변할 때
	양 파	기존의 잎 도복
기 타	싹채소	• 종자싹 : 0.5~1.0cm • 유묘싹 : 5~8cm • 콩싹, 땅콩싹 : 10~15cm
	베이비 채소	• 파종 후 20일 내외 • 엽채류 : 7~10cm • 근채, 과채, 화채류 : 2~3cm

㉡ 수량구성요소 : 작물의 수량을 구성하는 작물학적 요소를 수량구성요소라 한다.

- 벼의 수량 : 단위면적당 이삭수(수수), 이삭당 평균 벼알수(영화수), 등숙비율, 벼알 평균 무게(천립중) 등의 4가지 수량구성요소를 곱하여 나온 값이 수량이 된다.
- 수량 = 단위면적당 이삭수 × 이상당 평균벼알수 × 등숙비율 × 천립중

㉢ 성숙 : 수량이 많아지고 품질이 가장 높아져 수확의 최적 상태에 도달하는 것을 말한다. 소비자의 기호나 이용형태에 따라 수확시기가 달라지는 작물이 있다.

- 원예적 성숙
  - 작물의 생장에 기준을 둔 것이 아니라 인간의 이용적 측면을 기준으로 하여 인간이 이용하기에 알맞은 성숙 상태를 말한다.
  - 원예적 성숙 시기 수확 작물 : 오이, 애호박, 풋고추 등
- 생리적 성숙
  - 과실의 크기가 최대에 이르고, 색소, 경도, 성분 등이 이용 가능한 상태로 익은 상태를 말한다.
  - 생리적 성숙 시기 수확 작물 : 참외, 수박, 딸기, 토마토, 사과 등

② 수확 후 관리

㉠ 예건 : 저장 유통 전 수확물의 수분 중 일부를 말리는 작업을 말한다. 작물의 증산작용으로 실내습도가 상승하여 미생물 증식이 활발해지지 않도록 수분을 제거하는 작업이 필요하다.

- 적용 작물 : 마늘, 양파, 배추, 양배추 등(수분 손실로 신선도가 떨어져 보이는 엽채류 등은 실시하지 않는다).

㉡ 큐어링 : 수확 과정에서 발생한 상처 조직에 유합 조직이 형성될 수 있도록 관리하는 일을 말한다.

- 효과 : 상처의 치유를 통해 병원균의 침입 통로를 없애고, 상처로 인한 호흡량 증가를 억제함으로써 저장성과 품질을 증대시킬 수 있다.
- 적용 작물 : 감자, 고구마, 생강, 마늘, 양파 등
- 큐어링 방법
  - 고구마 : 온도 30°C, 90% 이상의 상대습도에서 4~7일 동안 큐어링을 실시한다.
  - 감자 : 온도 20°C, 80~100%의 상대습도에서 1주일 이상 큐어링을 실시한다.

㉢ 다듬기, 세척, 살균 등의 신선편이 처리를 하여 상품가치를 높일 수 있다.

㉣ 에틸렌 작용 억제제 처리 : 작물의 성숙과 노화를 유도하는 에틸렌 가스의 합성 저해, 발생한 에틸렌 제거, 에틸렌 작용 억제는 저장성 향상을 위한 전처리 방법이다. 대표적으로 1-MCP가 있다.

㉤ 예랭 : 작물의 품질저하를 막기 위해 수확 후 가능한 빠른 시간 내에 품온을 낮춰주는 일을 말한다.

- 효과 : 호흡, 증산 등 생리작용을 저하시켜 저장성이 증대된다.
- 예랭 방법 : 공랭식, 강제송풍식, 차압통풍식, 진공예랭식, 수랭식, 빙랭식 등이 있다.

③ 저 장

㉠ 일반저장

- 움저장 : 배수가 잘되는 위치에 수확물을 쌓아두고 짚으로 덮어 동해나 직사광선을 막는 방법이다.
- 지하저장 : 월동을 위한 고전적 저장방법으로 수확물을 넣기 전에 지하굴 내부로 찬공기를 유입시켜 놓고 수확물을 넣은 후 입구를 막는 방법이다.
- 환기저장 : 외부의 찬공기를 저장고 안으로 유입하여 일정 온도를 유지시키는 방식으로 외기온도보다 낮은 온도로 조절할 수 없다.

㉡ 저온저장 : 수확한 농산물은 품온이 높을수록 생리활동이 왕성해져 품질저하가 빨라지기 때문에 저온은 농산물 저장에 가장 효과적인 방법이다. 저온의 기준은 작물에 따라 달라지는데 0~13°C까지 다양하다.

㉢ CA저장 : 수확한 농산물의 대사활동을 억제하기 위해 대기의 가스조성을 인공적으로 조절하여 저산소 고이산화탄소 조건(산소 : 21%, 이산화탄소 : 0.03%)으로 만든 저온고에서 농산물을 저장하여 품질 보전 효과를 높이는 저장법이다.
- 장점 : 농산물의 호흡을 억제시킴으로써 장기 저장이 가능하다.
- 단점 : 설치 및 관리와 유지비용 높고 고가의 장비가 필요하다.

㉣ MA저장 : 수확한 농산물을 이산화탄소와 산소에 대해 약간의 투과도를 가진 포장재(주로 0.05mm 두께의 폴리에틸렌필름 봉지)로 포장하여 생산물의 호흡에 따라 자연적으로 가스 농도가 변화하는 것을 이용한 저장법이다. 농산물이 호흡함에 따라 고이산화탄소, 저산소로 변화한다.
- 장점 : 적은 비용으로 간편히 저장할 수 있고, 호흡 및 증산작용을 억제하여 저장성이 향상된다.
- 단점 : 즉각적으로 포장 내 대기조성을 바꿀 수 없고, 필름의 투과도가 맞지 않을 경우 혐기호흡 상태에 따지거나 호흡 억제 효과가 없을 수도 있다.

㉤ 품목별 저장법
- 양파 : 0°C의 저온, 70~75%의 상대습도에서 저장하는 것이 적당하다.
- 마늘 : −1~0°C의 저온, 60~70%의 상대습도에서 저장하는 것이 적당하다.
- 감자 : 3.3~4.4°C의 저온, 90~95%의 상대습도에서 저장하는 것이 적당하다.
- 딸기 : 0°C의 저온, 90~95%의 상대습도에서 저장하는 것이 적당하다.
- 가지 : 7.2~12.2°C의 저온, 90~95%의 상대습도에서 저장하는 것이 적당하다.
- 고추 : 7.2~10°C의 저온, 90~95%의 상대습도에서 저장하는 것이 적당하다.
- 수박 : 10~15.6°C의 저온, 90%의 상대습도에서 저장하는 것이 적당하다.
- 고구마 : 12.8°C의 저온, 90%의 상대습도에서 저장하는 것이 적당하다.
- 배추, 양배추 : 0.0°C의 저온, 98~100%의 상대습도에서 저장하는 것이 적당하다.
- 아스파라거스 : 2.2C의 저온, 95~100%의 상대습도에서 저장하는 것이 적당하다.
- 브로콜리, 잎상추 : 0°C의 저온, 95~00%의 상대습도에서 저장하는 것이 적당하다.
- 단옥수수 : 0°C의 저온, 95~98%의 상대습도에서 저장하는 것이 적당하다.

(7) 식물생장조절제의 이용

① 식물생장호르몬과 식물생장조절제

㉠ 식물생장호르몬 : 생장이 활발한 줄기 끝이나 뿌리 끝의 정단부 또는 어린잎에서 극미량으로 생성된 후 다른 조직으로 이동하여 식물체의 생장과 발육에 영향을 미치는 화학 물질이다.

㉡ 식물생장조절제 : 식물체 내에서 생성되는 호르몬 외에도 미량으로 식물의 생장과 발육에 영향을 주는 물질이 식물체 내에서 발견되거나 인공적으로 합성되는데 이를 통틀어서 식물생장조절제라고 한다.

② 식물생장호르몬의 종류

㉠ 옥신(Auxin) : 세포신장에 관여하여 식물의 생장을 촉진하는 호르몬이다.

- 역 할
  - 줄기생장 촉진 : 액포 팽창 등을 통한 세포신장 및 줄기신장, 유관속 분화, 줄기와 뿌리 비대 생장을 한다.
  - 발근 촉진 : 옥신을 처리하면 뿌리생장이 촉진된다.
  - 잎의 생장 촉진 : 옥신은 잎의 길이생장과 엽맥생장을 촉진한다.
  - 정아우세 : 옥신은 측아생장을 억제하여 식물을 위쪽으로 곧게 자라게 한다.
  - 개화조절 : 옥신은 개화를 촉진하기도, 억제하기도 한다.
- 종류 : IAA, IBA, IBA, NAA, 2,4-D, 토마토톤(4-CPA), 루톤분제
- 이 용
  - 토마토톤 : 토마토, 멜론 등의 착과를 촉진한다.
  - 항옥신제(MH 등) : 체내 옥신 생성을 억제하여 맹아 억제에 이용할 수 있다(감자, 양파 등 저장성 향상).

㉡ 지베렐린(Gibberellin) : 흔히 GA라고 하며 생장 촉진, 착과 촉진제로 많이 이용된다.

- 역 할
  - 생장 촉진 : 줄기신장을 촉진한다.
  - 휴면타파 : 휴면 중인 종자나 눈의 휴면타파 효과가 있다.
  - 개화 촉진 : 오이 수꽃 형성을 촉진하며, 개화 및 무종자화(단위결과)를 촉진한다.
  - 숙기 촉진 : 과실의 숙기 촉진에 영향을 준다.
- 이 용
  - 씨 없는 델라웨어 포도 : 2회에 걸쳐 지베렐린 처리하여 무종자화시킬 수 있다. 1회 처리 시기는 개화 전 14일이며, 2회 처리 시기는 개화 후 10일 째이다.
  - 씨 없는 거봉포도 : 지베렐린 20ppm을 1차는 만개 시에, 2차는 만개 후 10~15일경에 꽃송이 째 용액에 침지 처리한다.
  - 항지베렐린제 : 체내 지베렐린 생성을 억제하여 생육을 억제한다.
    예 메피쿼트, TE, CCC, B-9(신장억제 및 왜화)

㉢ 사이토키닌(Cytokinin) : 세포분열을 촉진하는 식물호르몬이다.

- 역 할
  - 세포분열 촉진 : 어린 조직과 근단부에서 합성되어 식물 전체로 이동하여 세포분열을 촉진한다.
  - 세포확장 : 잎 조직세포의 확장 촉진, 줄기나 뿌리의 수직적 생장 억제, 비대생장을 촉진한다.
  - 노화 방지 : 식물체의 노화를 방지하는 역할을 한다.
  - 휴면타파 : 휴면 중인 종자나 눈의 휴면타파 효과가 있다.

- 개화 촉진 : 새로운 눈의 분화와 뿌리 형성을 유도하는 기능이 있다.
- 종류 : 지아틴, IPA, 키네틴, BA
- 이용 : 조직배양에 많이 이용되며, 옥신과 함께 존재해야 그 효력을 발휘할 수 있다.

㉣ ABA(아브시스산) : 천연의 생장억제호르몬이다.

- 역 할
  - 휴면유도 : 종자 휴면을 유도하고 발아를 억제한다.
  - 낙엽 촉진 : 잎의 노화를 촉진하여 낙엽이 되도록 한다.
  - 뿌리생장 억제 : 때로는 부정근과 측근 형성을 촉진하기도 한다.
  - 기공 개폐 : 수분스트레스를 받으면 ABA의 작용으로 인해 공변세포의 팽압이 낮아져 기공이 폐쇄된다.

㉤ 에틸렌(Ethylene) : 기체상태의 식물호르몬으로 노화, 성숙에 관여한다.

- 역 할
  - 착색 촉진 : 과실의 착색을 촉진한다.
  - 숙성 촉진 : 과실의 과육 연화, 세포벽 분해효소 유도 등 성숙 촉진에 관여한다.
  - 기관 탈리 : 이층 형성 및 세포벽 분해효소 유도를 통해 기관 탈리를 촉진한다.
  - 휴면타파 : 각종 구근류 등 구경의 눈 휴면을 타파한다.
  - 개화 촉진 : 사과에서 개화를 촉진하고 오이 암꽃 형성을 촉진한다.
  - 노화 : 엽록소 분해 및 가수분해 효소의 활성이 증가된다.
- 종 류
  - 1-MCP : 에틸렌 작용 억제제로 저장성 향상 효과가 있다.
  - 에세폰 : 산성 용액에서 안정(액체형태)하나 식물체에 흡수되면 pH의 변화에 따라 분해되어 에틸렌(기체형태)을 생성하는 물질이다.

㉥ 기타 생장억제제 : 페놀물질, 클로르프로팜(CIPC), 포스폰-D, AMO-1618 등이 있다.

② 화훼에서의 이용

㉠ 휴면타파

- GA : 종자, 숙근초의 흡지, 화목류, 구근류 저온 대체 효과를 통해 휴면을 타파한다.
- BA : 글라디올러스, 프리지어, 구근 휴면타파에 이용한다.

㉡ 발근촉진 : 옥신 처리를 통해 뿌리 발생을 촉진시킬 수 있다.

㉢ 측아생장 촉진 : 사이토키닌은 조직배양 시 부정아를 유도한다.

㉣ 식물생장 억제 : B-9, CCC, 안시미돌

㉤ 개화 촉진 : B-9, CCC(철쭉), GA(피튜니아), 에틸렌(아나나스), BA(숙근 안개초)

㉥ 절화품질유지 : 사이토키닌, 옥신, 지베렐린, ABA, 생장억제제

㉦ 화아분화 억제 : IAA, NAA, 2,4-D(옥신계)

적중예상문제

01 작물의 정의를 쓰시오.

정답

식물 중에서 인간에 의해 재배되고 있는 식물을 재배식물이라 하고, 이를 작물이라 한다.

02 작물의 자연적 분류에 들어갈 알맞은 말을 쓰시오.

문 – (①) – (②) – (③) – (④) – 종

정답

① 강, ② 목, ③ 과, ④ 속

03 다음 빈칸에 들어갈 알맞은 말을 고르시오.

외떡잎식물은 (떡잎에 / 배유에) 양분을 저장하며 줄기의 관다발은 (흩어져 / 규칙적으로) 분포하고, (망상형 / 평행상) 잎맥과 (주근계뿌리 / 수염뿌리)를 가지고 있다.

정답

배유에, 흩어져, 평행상, 수염뿌리

04 백합과 작물 3가지를 쓰시오.

정답

양파, 파, 마늘, 아스파라거스, 알로에, 원추리, 옥잠화, 히아신스, 튤립 등

05 벼, 밀, 옥수수 등이 속하는 과 명칭을 쓰시오.

정답

벼과(화본과)

06 가지과 작물 3가지를 쓰시오.

정답

고추, 토마토, 가지, 감자, 담배, 피튜니아 등

07 우엉, 쑥갓, 상추 등이 속하는 과 명칭을 쓰시오.

정답

국화과

08 수박, 오이, 호박 등이 속하는 과 명칭을 쓰시오.

정답

박 과

09 십자화과 채소 3가지를 쓰시오.

[정답]

배추, 순무, 양배추, 브로콜리, 무 등

10 다음 중 잡곡류를 있는 대로 고르시오.

귀리, 보리, 옥수수, 조, 호밀, 메밀

[정답]

옥수수, 조, 메밀

11 다음 중 섬유작물을 있는 대로 고르시오.

홉, 목화, 아마, 박하, 수세미, 아주까리

[정답]

목화, 아마, 수세미

12 유료작물 3가지를 쓰시오.

[정답]

참깨, 들깨, 아주까리, 유채, 해바라기, 땅콩, 콩 등

13 녹비작물 3가지를 쓰시오.

정답

귀리, 호밀, 자운영, 베치 등

14 엽채류 3가지를 쓰시오.

정답

배추, 상추, 시금치, 쑥갓, 콜리플라워, 브로콜리, 아스파라거스, 땅두릅 등

15 직근류 채소 3가지를 쓰시오.

정답

당근, 무, 우엉 등

16 다음 빈칸에 들어갈 알맞은 말을 고르시오.

괴근류 채소는 뿌리가 비대하여 덩이를 형성하는 부분을 이용하는 채소로 (연근 / 고구마)이(가) 대표적이고 괴경류 채소는 비대한 (땅속줄기 / 뿌리줄기)를 이용하는 채소로 감자가 대표적이다.

정답

고구마, 땅속줄기

17 다음 빈칸에 들어갈 알맞은 말을 고르시오.

인과류는 (꽃받기의 피층 / 씨방)이 발달하여 과육이 되는 과실이고, 핵과류는 씨방의 (중과피 / 외과피)가 발달하여 과육이 되는 과실이다.

정답

꽃받기의 피층, 중과피

18 핵과류 과수 3가지를 쓰시오.

정답

복숭아, 매실, 자두, 살구 등

19 장과류 과수 3가지를 쓰시오.

정답

포도, 무화과, 나무딸기, 참다래, 블루베리 등

20 감, 감귤 등이 속하며 씨방이 발달해 과육이 되는 과실 분류을 쓰시오.

정답

준인과류

21 다음 중 진과를 있는 대로 고르시오.

사과, 배, 감, 포도, 자두, 딸기

정답

감, 포도, 자두

22 관엽식물 3가지를 쓰시오.

정답

베고니아, 고무나무, 크로톤, 야자류, 군자란, 싱고니움, 산세베리아 등

23 다육식물에 대해 설명하시오.

정답

건조한 환경에서 생존하기 위해 줄기, 잎, 뿌리에 많은 양의 수분을 저장할 수 있는 식물이다.

24 화목류 3가지를 쓰시오.

정답

장미, 무궁화, 진달래, 철쭉, 개나리, 명자나무, 라일락, 동백나무 등

25 작부체계의 정의를 쓰시오.

정답

포장의 효율적 이용을 도모하고 노동력이 배분 등 합리적인 농업경영을 위하여 계획된 재배작물의 종류, 순서, 조합 또는 배열의 방식을 말한다.

26 3포식 농업에 대해 서술하시오.

정답

경지를 크게 세 부분으로 나누어 경지의 2/3에 춘파 또는 추파의 곡물을 재배하고, 1/3은 휴한하는 것을 순차로 교차하는 방법이다.

27 기지현상의 정의를 쓰시오.

정답

연작하는 경우에 작물의 생육이 뚜렷하게 나빠지는 현상을 말한다.

28 연작의 해가 적은 작물 3가지를 쓰시오.

정답

벼, 맥류, 조, 수수, 옥수수, 고구마, 삼, 담배, 무, 당근, 양파, 호박, 연, 순무, 뽕나무, 미나리, 딸기, 양배추 등

29 10년 이상 휴작이 필요한 작물을 쓰시오.

정답

아마, 인삼

30 기지현상의 원인 3가지를 쓰시오.

정답

토양전염병의 해, 토양선충의 번성, 유독물질의 축척, 염류의 집적, 토양비료분의 소모, 토양물리성의 악화, 잡초의 번성 등

31 기지현상의 대책 3가지를 쓰시오.

정답

윤작, 담수, 토양소독, 유독물질의 제거, 부족 영양분의 보충, 객토 및 환토, 저항성 품종 이용 및 저항성 대목과의 접목

32 토양소독법 3가지를 쓰시오.

정답

살균제를 이용한 소독, 가열소토법, 증기소독법 등

33 윤작의 정의를 쓰시오.

정답

한 경작지에 여러 가지 다른 농작물을 돌려가며 재배하는 경작법이다.

34 윤작형식 결정 시 고려해야할 사항 3가지를 쓰시오.

정답

기후, 농지의 성상 등 자연적 조건 및 기술의 진보나 제도, 정책 등 사회적 사정과 경영자 자신의 의도와 능력 등을 고려해야 한다.

35 윤작의 방식 3가지를 쓰시오.

정답

휴한법, 삼포식 농법, 개량 삼포식 농법, 노포크식 윤작법이 있다.

36 윤작의 효과 3가지를 쓰시오.

정답

지력의 유지 및 증진, 토양보호, 병충해 경감, 기지현상 회피, 토지이용도 향상, 수량 증대, 노동배분의 합리화, 농업경영의 위험 분산효과, 잡초의 감소

37 답전윤환의 정의를 쓰시오.

정답

논 또는 밭을 논 상태와 밭 상태로 몇 해씩 돌려가면서 벼와 밭작물을 재배하는 방식이다.

38 답전윤환의 효과 3가지를 쓰시오.

정답

지력증진, 잡초의 감소, 기지현상 회피, 수량 증대, 노력의 절감 등

39 논토양을 말렸다가 물을 대어 질소 비료분의 양을 증가시키는 것이 무엇인지 쓰시오.

정답

건토효과

40 혼파의 정의를 쓰시오.

정답

두 종류 이상의 작물 종자를 함께 섞어서 파종하는 방식을 말한다.

41 혼파의 장점 3가지를 쓰시오.

정답

가축 영양상의 이점, 비료성분의 합리적 이용, 입지공간의 합리적 이용, 생산의 안정성 증대, 건초 및 사일리지 제조상의 이점, 잡초의 감소

42 혼파의 단점 3가지를 쓰시오.

정답

- 여러 작물을 함께 재배하면 병충해 방제가 어려울 수 있다.
- 다른 품종의 혼입 방지가 어려워 채종재배가 곤란하다.
- 작물들의 수확기가 일치하지 않는 경우 수확에 제한이 있다.

43 혼작의 정의를 쓰시오.

정답

생육기가 비슷한 두 종류 이상의 작물을 주작물과 부작물의 구분 없이 동시에 같은 포장에 섞어 재배하는 방식을 말한다.

44 조혼작에 대해 서술하시오.

정답

골을 파서 줄뿌림을 하되 줄마다 종자를 바꾸어 가며 혼작하는 방법이다.

45 점혼작에 대해 서술하시오.

정답

본작물 내의 주간 군데군데에 다른 작물을 한 포기 또는 두 포기씩 점파하는 방법을 말한다.

46 난혼작에 대해 서술하시오.

정답

군데군데에다 혼작물을 주단위로 재식하는 방법을 말한다.

47 간작의 정의를 쓰시오.

정답

한 종류의 작물이 생육하고 있는 이랑 사이 또는 포기 사이에다 한정된 기간 동안 다른 작물을 심어 재배하는 것을 말한다.

48 간작의 장점 3가지를 쓰시오.

정답

- 포장을 적절히 사용하여 단작보다 토지이용률이 증대한다.
- 상작과 하작의 적절한 조합에 의해서 비료를 경제적으로 이용할 수 있고 녹비에 의해서 지력을 높일 수 있다.
- 상작은 하작에 대해여 불리한 기상조건과 병충해에 대하여 보호 역할을 한다.

49 간작의 단점 3가지를 쓰시오.

정답

- 후작에 의해 작업이 복잡하며 기계화가 곤란하다.
- 후작의 생육장해가 심할 수 있다.
- 토양수분과 비료가 부족해질 수 있다.

50 다음 빈칸에 들어갈 알맞은 말을 쓰시오.

> 두 종류 이상의 작물을 일정한 이랑씩 번갈아 배열하여 재배하는 방식을 (①)이라고 하고, 포장 주변에 포장 내의 작물과 다른 작물을 재배하는 방식을 (②)이라고 한다.

정답

① 교호작, ② 주위작

51 파종의 정의를 쓰시오.

정답

작물의 번식에 쓰이는 종자를 심는 것을 파종이라고 하며, 일반적으로 종자를 뿌려 심는 것을 의미한다.

52 파종시기에 영향을 주는 요인 3가지를 쓰시오.

정답

작물의 종류 및 품종, 재배지역 및 기후, 작부체계, 토양조건, 출하기, 재해의 회피, 노동력 사정 등

53 직파를 하는 경우 3가지를 쓰시오.

정답

이식을 하면 뿌리가 피해를 받는 작물일 때, 종자 가격이 저렴한 경우, 발아가 쉬운 경우 이용한다.

54 직파를 이용하여 파종하는 것이 적당한 작물 3가지를 쓰시오.

정답

맨드라미, 코스모스, 금잔화, 무, 당근, 열무, 쑥갓 등

55 상파의 장점을 쓰시오.

정답

포장 관리가 쉽고 효율적인 본밭 이용이 가능하다.

56 분파를 이용하는 경우를 쓰시오.

정답

종자가 소량이거나 미세 종자 또는 귀중하고 값져 집약적인 관리를 필요로 하는 종자의 경우 이용한다.

57 흩어뿌림, 줄뿌림, 점뿌림의 정의를 서술하시오.

정답

- 흩어뿌림 : 포장 전면에 종자를 흩어 뿌리는 방법이다.
- 줄뿌림 : 이랑을 만들어 종자를 줄지어 뿌리는 방법이다.
- 점뿌림 : 일정한 간격을 두고 하나에서 수개의 종자를 띄엄띄엄 파종하는 방법이다.

58 흩어뿌림의 장점과 단점에 대해 서술하시오.

정답

- 장점 : 노력이 적게 든다.
- 단점 : 종자 소요량이 많아지고, 통기 및 투광이 나빠지며, 제초 및 병해충 방제 등 관리 작업이 어렵다.

59 다음 종자에 가장 적합한 파종방법을 연결하시오.

㉠ 대립종자	ⓐ 산 파
㉡ 보통종자	ⓑ 점 파
㉢ 미세 종자	ⓒ 조 파

정답

㉠ 대립종자 – ⓑ 점파
㉡ 보통종자 – ⓒ 조파
㉢ 미세 종자 – ⓐ 산파

60 점뿌림의 장점과 단점에 대해 서술하시오.

정답

- 장점 : 종자 소요량이 적고, 통풍 및 투광이 좋아 균일한 생육을 한다.
- 단점 : 노력이 많이 든다.

61 적파의 정의를 쓰시오.

정답

점파와 비슷한 방식으로, 점파할 때 한곳에 여러 개의 종자를 파종하는 방법이다.

62 적파의 장점을 쓰시오.

정답

수분, 비료분, 수광, 통풍 등의 환경조건이 좋아 생육이 건실하고 양호하다.

63 다음 빈칸에 들어갈 알맞은 말을 쓰시오.

> 파종상자에 망사를 깐 뒤, 왕모래를 (①) 정도 채우고 파종 상토를 (②) 정도 채운다. 그 위에 미세 종자와 모래를 (③)의 비율로 섞어 고르게 파종한다.

정답

① 1/5

② 4/5

③ 1 : 20

64 미세 종자 파종을 할 때 관수법과 복토법에 대해 서술하시오.

정답

물통에 물을 받고 그 위에 파종상자를 넣어 물을 밑으로부터 흡수하도록 하는 저면 관수를 실시하고 복토는 하지 않거나 신문지 등으로 덮어준다.

65 미세 종자 파종을 할 때 저면 관수를 이용하는 이유에 대해 서술하시오.

정답

물을 위로 뿌리게 되면 종자가 한쪽으로 쏠리거나 흘러갈 수 있어 이를 방지하기 위해 저면 관수를 이용한다.

66 미세 종자 파종을 할 때 파종상자에 망사를 까는 이유에 대해 서술하시오.

정답

육묘상자의 구멍으로 모래나 상토가 빠져나가는 것을 방지하기 위함이다.

67 미세 종자 파종법을 이용하여 파종하는 것이 적당한 종자 3가지를 쓰시오.

정답

피튜니아, 글록시니아, 금어초, 베고니아, 담배 등의 미세 종자

68 파종량 결정 시 고려해야하는 사항 3가지를 쓰시오.

정답

작물의 종류 및 품종, 기후, 토질 및 시비량, 종자의 발아력, 파종기, 재배조건 등

69 발아율이 90%인 상추종자를 전체면적 270m²에 포기간격 20cm, 줄간격 30cm로 파종하고자 할 때의 종자 소요량을 구하고 구하는 계산식을 쓰시오.

정답

5,000개, 종자 소요량 $= \frac{2,700,000}{20 \times 30} \times \frac{100}{90}$

70 다음 빈칸에 알맞은 말을 고르시오.

> 파종량이 적을 경우 벼, 보리 등은 성숙이 (촉진 / 지연)되며 토양 수분과 비료분의 이용도가 (증가 / 하락)한다.

정답

지연, 하락

71 다음 빈칸에 알맞은 말을 고르시오.

> 재배면적에 따른 결주율, 발아율 등을 감안하여 목표량 보다 (10~20% / 20~30%) 이상 넉넉히 파종할 수 있도록 계획하며 땅이 척박하거나 시비량이 적을 때에는 파종량을 (줄여야 / 늘려야) 한다.

정답

10~20%, 늘려야

72 복토의 효과 3가지를 쓰시오.

정답

- 파종상의 습도와 온도를 유지할 수 있다.
- 관수 시 종자의 쏠림 및 비산을 방지하고, 토양 미생물의 피해를 줄일 수 있다.
- 잡초발생을 억제할 수 있다.
- 대파 연백부 증가를 통한 품질 향상이 가능하다.
- 땅콩 씨방자루 생장이 향상되고 수량이 증가된다.
- 감자의 덩이줄기 발육이 향상된다.
- 콩 뿌리 발생이 향상되고 도복이 경감된다.

73 복토 깊이를 결정할 때 고려해야할 사항 3가지를 쓰시오.

정답

파종법, 종자의 크기, 발아습성, 토질, 온도 등

74 다음 빈칸에 알맞은 말을 고르시오.

> 복토는 보통 종자 크기의 (1.5배 / 2~3배) 덮어 주는 것이 좋으며 파, 양파, 당근 종자는 복토를 (깊게 / 얕게) 해야 한다.

정답

2~3배, 얕게

75 복토를 10cm 이상 해야하는 종자 3가지를 쓰시오.

정답

수선화, 튤립, 나리, 히아신스 등

76 다음 빈칸에 알맞은 말을 고르시오.

토마토, 고추, 양배추 종자는 (0.5~1 / 2.5~3 / 5~9)cm 정도 복토하며 호밀, 밀, 보리 종자는 (0.5~1 / 2.5~3 / 5~9)cm 정도 복토한다.

정답

0.5~1, 2.5~3

77 육묘의 정의를 쓰시오.

정답

재배하고 있는 농작물로서 번식용으로 이용되는 어린모를 묘상 또는 못자리에서 기르는 일을 말한다.

78 육묘의 장점 3가지를 쓰시오.

정답

- 딸기, 고구마, 과수 등 직파가 불리한 경우 사용할 수 있다.
- 생육 촉진과 수확기간 연장을 통한 증수가 가능하다.
- 가온 육묘을 하면 조기 육묘가 가능해 조기 수확을 할 수 있다.
- 토지이용도의 증대를 통해 단위면적당 수량 및 수익이 증대된다.
- 직파하는 것보다 집약관리가 쉬워 병충해, 한해, 냉해, 도복 등 재해를 방지할 수 있다.
- 벼를 육묘 재배할 경우 못자리에 사용될 용수가 줄어들어 용수 절약이 가능하다.
- 중경제초 등에 소요되는 노력을 절감할 수 있다.
- 가온 육묘를 하면 저온감응에 따른 추대 및 결구하지 못하는 현상을 방지할 수 있다.
- 발아율 향상으로 종자 절약이 가능하여 귀한 종자의 경우 유리하다.

79 육묘를 할 때 필요한 재료 3가지를 쓰시오.

정답

육묘용 상토, 육묘용기, 삽, 장갑, 종자, 상토혼합기, 상토충진기 등이 있다.

80 육묘용 상토의 구비조건 3가지를 쓰시오.

정답

- 배수성, 보수성, 통기성 등의 물리성이 우수해야 한다.
- 적절한 pH를 유지해야 하고, 각종 무기양분을 적정 수준으로 함유해야 한다.
- 병원균, 해충, 잡초종자가 없어야 한다.
- 사용 중 유해가스가 발생하지 않아야 한다.
- 저렴한 가격으로 쉽게 구할 수 있어야 한다.

81 육묘배지 중 성형배지에 대해 서술하시오.

정답

배지의 형태가 고정되어 있는 배지로 묘의 뿌리 돌림이 충분하지 않아도 이식이 가능하여 회전율을 높일 수 있는 장점이 있다.

82 토양상토 소독법 3가지를 쓰시오.

정답

소토법, 증기소독법, 약제소독법

83 육묘 기간에 영향을 미치는 요인 3가지를 쓰시오.

정답

작물의 종류, 품종, 육묘방법, 재배방식, 시비량, 트레이 셀 수, 용기의 크기, 이식여부, 육묘시기, 작물의 재배시기, 이용자의 요구, 육묘장의 온도, 광, 습도 등의 재배환경 등에 영향을 받는다.

84 육묘 기간이 길어 묘가 큰 경우 장점과 단점을 쓰시오.

정답

- 장점 : 수확이 빠르다.
- 단점 : 식상이 심하고 활착이 더디다.

85 육묘 기간이 짧아 묘가 어린 경우 장점을 쓰시오.

정답

발근력이 강하고 흡비·흡수가 왕성하여 정식 후 환경조건이 다소 나쁘더라도 활착이 빠르다.

86 다음 빈칸에 알맞은 말을 고르시오.

> 수박의 적정 육묘 기간은 묘에 본엽이 (3~5매 / 5~6매) 출현했을 때이며, 토마토는 묘에 본엽이 (5~7매 / 8~9매) 출현했을 때이다.

정답

3~5매, 8~9매

87 오이의 정식에 적합한 묘의 크기 및 묘의 상태를 쓰시오.

정답

묘에 본엽이 4~5매 출현하고 묘의 약 10%에 덩굴손이 출현했을 때이다.

88 다음 빈칸에 알맞은 말을 고르시오.

> 보온 효과가 커 저온기 육묘에 적당하며 배수가 좋은 곳에 설치하는 묘상은 (지상 / 양상 / 평상)이며, 온도에 무관할 경우나 배수가 나쁜 곳에 설치하는 묘상은 (지상 / 양상 / 평상)이다.

정답

지상, 양상

89 양열온상에 대해 설명하시오.

정답

인공가온재료인 낙엽, 짚, 퇴비, 쌀겨 등을 열원으로 하여 설치한 온상이다.

90 양열온상에 쓰일 수 있는 가온재료를 주재료와 보조재료로 분류하여 쓰시오.

정답

- 주재료 : 볏짚, 건초, 두엄 등 탄질률이 높은 것
- 보조재료 : 겨, 깻묵, 닭똥, 뒷거름, 요소 등 탄질률이 낮은 것

91 다음 빈칸에 알맞은 말을 고르시오.

> • 양열온상의 가온 재료 중 주재료는 탄질률이 (낮은 / 높은) 볏짚 같은 것이 사용되며, 부재료는 탄질률이 (낮은 / 높은) 깻묵 같은 것이 사용된다.
> • 발열률은 탄질비가 (10~20 / 20~30) 정도인 것이 가장 좋다.

정답

높은, 낮은, 20~30

92 다음 빈칸에 알맞은 말을 고르시오.

> 태양열을 이용하는 방법으로 무, 배추와 같은 종자 춘화형 작물에 적합한 묘상은 (냉상 / 온상 / 노지상)이며, 자연 포장상태 그대로 이용하는 묘상은 (냉상 / 온상 / 노지상)이다.

정답

냉상, 노지상

93 묘상의 설치 장소 고려조건 3가지를 쓰시오.

정답

• 본포에서 가까운 곳이어야 한다.
• 관개수를 얻기 쉽고 집에서 멀지 않아 관리가 편리한 곳이어야 한다.
• 저온기의 육묘는 양지바르고 따뜻하며, 강한 바람을 막도록 방풍이 가능한 곳이어야 한다.
• 온상의 설치는 배수가 잘되는 곳, 못자리는 오수와 냉수가 침입하지 않는 곳이어야 한다.
• 인축, 동물, 병충해 등의 피해 염려가 없는 곳이어야 한다.

94 플러그육묘의 정의를 쓰시오.

[정답]

여러 개의 작은 용기가 연결된 플러그 트레이라고 불리는 육묘 전용 용기를 이용하여 묘를 키우는 것을 말한다. 공장에서 공산품을 생산하는 것처럼 파종부터 육묘의 전 과정을 공정화하여 우수하고 균일한 품질의 모를 생산할 수 있다.

95 일반 관행육묘와 비교했을 때 플러그육묘의 장점 3가지를 쓰시오.

[정답]

- 자동화된 공정을 통해 대량생산되므로 육묘 비용이 절감된다.
- 재배시기에 관계없이 연중 육묘가 가능하다.
- 계획 영농이 가능하고 시설활용도를 높일 수 있다.
- 플러그 트레이에 모종을 기르기 때문에 운반과 정식이 쉽고 노동력이 크게 절감된다.
- 육묘를 전문으로 하는 농가 또는 업체의 육묘 전용시설에서 육묘하므로 모종이 균일하고 건실하다.
- 일반 포트모종과 달리 작고 규격화되어 있어 취급 및 수송이 쉽다.
- 육묘 중 옮겨 심지 않아 뿌리에 상처를 받지 않기 때문에 정식 후 활착이 빠르고 초기 생육이 왕성하다.
- 뿌리가 잘 형성되어 있고 규격화되어 있어 자동정식기 등 정식의 기계화가 가능하다.

96 다음 빈칸에 알맞은 말을 고르시오.

> 주야간의 온도 차이를 이용하여 절간장의 조절이 가능한데, 주야간의 온도차가 음일 경우 묘의 절간장이 (감소되며 / 그대로이며 / 증가되며), 양일 경우에는 묘의 절간장이 (감소된다. / 그대로이다. / 증가된다.)

[정답]

감소되며, 증가된다.

97 묘의 순화 정의를 쓰시오.

정답

고온과 약광의 온상 환경에서 약하게 자란 묘를 정식 전에 재배포장의 환경에 잘 견딜 수 있도록 적응시키는 과정을 말한다.

98 묘를 순화했을 때의 장점을 쓰시오.

정답

- 건물량 증가하고, 엽육이 두꺼워지고, 조직이 단단해지며 큐티클이 잘 발달한다.
- 지하부 생육이 촉진되어 옮김몸살이 감소하고 불량환경에 대한 저항성이 증가한다.

99 이식의 정의를 쓰시오.

정답

묘상이나 못자리에서 모를 키워 본포에 옮겨 심거나 작물이 현재 자라고 있는 곳에서 다른 장소로 옮겨 심는 일을 말한다.

100 이식의 장점 3가지를 쓰시오.

정답

- 단근이 되면 새로운 세근의 밀생이 촉진되고 뿌리 발생이 충실해져, 정식 시 활착이 빠르다.
- 지하부 생육에 적당한 스트레스를 주어 경엽의 도장을 억제한다.
- 숙기를 빠르게 하고 양배추, 상추의 결구 촉진한다.
- 보온 육묘를 할 경우 초기 생육이 촉진되어 조기 수확이 가능하며 생육 기간을 늘려 수량이 증대된다.

101 이식의 단점을 쓰시오.

정답

- 당근, 무와 같이 직근을 가진 작물은 어릴 때 이식으로 뿌리가 손상되면 근계 발육에 나쁜 영향 미친다.
- 수박, 참외, 결구배추, 목화 등은 뿌리가 절단되는 것이 해롭다.

102 이식 방법 중 조식, 점식, 혈식에 대해 서술하시오.

정답

- 조식 : 골에 줄지어 이식하는 방법이다.
- 점식 : 포기를 일정한 간격을 두고 띄어서 이식하는 방법이다.
- 혈식 : 그루 사이를 많이 떼어 구덩이를 파고 이식하는 방법이다.

103 이식을 할 때 점식을 이용하는 작물 3가지를 쓰시오.

정답

콩, 수수, 조 등

104 이식을 할 때 혈식을 이용하는 작물 3가지를 쓰시오.

정답

과수의 묘목, 수목, 화목 등과 양배추, 토마토, 오이, 수박, 호박 등의 채소

105 이식 방법 중 난식에 대해 서술하시오.

정답

일정한 질서 없이 점점이 이식하는 방법으로 들깨, 조 등에 이용한다.

106 가식의 정의를 쓰시오.

정답

정식할 때까지 잠시 이식해 두는 것이다.

107 정식의 정의를 쓰시오.

정답

모를 키워서 본포에 옮겨 심는 것을 말한다.

108 다음 빈칸에 알맞은 말을 고르시오.

옥수수의 정식 시기는 육묘일수 (15~20일 / 20~25일 / 25~30일) 정도로 (1~2번째 / 2~3번째 / 3~4번째) 본엽이 나올 때가 적당하다.

정답

15~20일, 2~3번째

109 다음 빈칸에 알맞은 말을 고르시오.

참깨의 정식 시기는 육묘일수 (15~20일 / 20~25일 / 25~30일) 정도로 (1~2번째 / 2~3번째 / 3~4번째) 본엽이 나올 때가 적당하다.

정답

25~30일, 2~3번째

110 배추의 적당한 정식 때의 묘의 크기를 쓰시오.

정답

3~4번째 본엽이 나올 때이다.

111 박과채소의 적당한 정식 때의 묘의 크기를 쓰시오.

정답

3~5번째 본엽이 나올 때이다.

112 우량한 정식 모종 선택 기준 3가지를 쓰시오.

정답

- 잎 색깔이 뚜렷하고 윤기가 나는 것
- 마디 사이가 너무 길거나 짧지 않은 것
- 병이나 해충이 없는 것
- 트레이에서 너무 오랫동안 육묘하지 않은 것
- 떡잎의 색깔이 뚜렷한 것
- 과채류의 경우 정식 후 원활하게 화방이 출현하여 생산이 가능한 것
- 접목묘의 경우 접목부위가 잘 융합되어 있는 것
- 뿌리가 죽었거나 갈변되지 않고 하얀색 뿌리가 많은 것

113 경운의 효과 3가지를 쓰시오.

정답

토양물리적 성질 개선, 토양화학적 성질 개선, 잡초발생 억제, 해충의 경감 등

114 다음 빈칸에 알맞은 말을 고르시오.

> 굳어진 흙을 반전, 절삭하여 큰덩어리로 부수는 작업을 (파쇄작업 / 경운작업 / 심토파쇄작업) 이라하며, 굳어진 심토를 부수는 작업을 (파쇄작업 / 경운작업 / 심토파쇄작업)이라 한다.

정답

경운작업, 심토파쇄작업

115 정지의 정의를 쓰시오.

정답

파종과 정식에 좋은 상태를 만들기 위하여 경운 후 흙덩이 부수기, 고르기, 이랑 만들기 등과 같은 작업을 정지라 한다.

116 이랑과 고랑을 설명하시오.

정답

- 이랑 : 작물재배 시 일정한 간격으로 길게 선을 긋고 그 선을 중심으로 땅을 돋우어 솟아오르게 만든 부위를 말한다.
- 고랑 : 솟아오른 부분 사이로 움푹 패인 부분을 말한다.

117 평휴법과 성휴법을 설명하시오.

정답

- 평휴법 : 경지를 경운하여 흙덩이를 부수고 판판하게 골라 이랑을 평평하게 하여 이랑과 고랑의 높이를 같게 하는 방식이다.
- 성휴법 : 이랑을 보통보다 넓고 크게 만드는 방식이다.

118 평휴법의 장점을 쓰시오.

정답

건조해와 습해가 동시에 완화될 수 있다.

119 성휴법의 장점을 쓰시오.

정답

파종이 편리하고 생육 초기 건조해와 장마철 습해를 막을 수 있다.

120 휴립구파법에 대해 설명하고 장점을 쓰시오.

정답

휴립구파법은 이랑을 세우고 낮은 골에 파종하는 방식으로, 건조해와 동해를 방지할 수 있고, 감자에서는 발아를 촉진할 수 있다는 장점이 있다.

121 휴립휴파법에 대해 설명하고 장점을 쓰시오.

정답

휴립휴파법은 이랑을 세우고 이랑 위에 파종하는 방식으로, 토양배수와 통기가 좋아진다는 장점이 있다.

122 멀칭의 정의를 쓰시오.

정답

작물이 생육하고 있는 포장의 지표면을 짚이나 건초 혹은 비닐로 덮어주는 것을 말한다.

123 멀칭의 효과 3가지를 쓰시오.

정답

지온 조절, 토양 건조 방지, 토양 침식 방지, 잡초 발생 억제 등

124 흑색필름 멀칭의 장점을 쓰시오.

정답

여름철 지온 상승을 억제하여 온도를 조절할 수 있고 잡초 발생을 감소시킨다.

125 다음 빈칸에 알맞은 말을 고르시오.

> 멀칭을 통해 지온을 높이기 위해서 (투명비닐 / 볏짚) 멀칭을 할 수 있고, 잡초발생 억제를 위해 (흑색비닐 / 백색비닐) 멀칭을 하는 것이 가장 효과적이다.

정답

투명비닐, 흑색비닐

126 중경의 정의를 쓰시오.

정답

이랑 사이를 갈아주는 작업으로 작물이 생육하고 있는 포장의 표토를 갈거나, 작물 개체 사이의 흙을 갈거나 쪼아서 부드럽게 하는 일을 말한다.

127 중경의 효과 3가지를 쓰시오.

정답

토양 물리성 개선, 제초 효과, 단근을 통한 세근 밀생 촉진, 배토를 통한 도복 경감 효과, 답압을 통한 수분 증발 억제 효과 등

128 중경의 단점 3가지를 쓰시오.

정답

- 뿌리가 잘려 일시적으로 생육이 억제된다.
- 수식이나 풍식을 조장할 수 있다.
- 토양 중의 온열이 지표까지 상승하는 것이 경감되어 동상해가 조장될 수 있다.

129 정지의 목적을 쓰시오.

정답

- 불필요한 착과 또는 줄기신장에 따른 양분의 소모를 막고 목적하는 생산물의 비대 및 발육을 촉진하기 위함이다.
- 과도하게 생장된 잎과 줄기에 의하여 광이 차단되거나 통기성이 저하되지 않도록 하여 건전한 생육을 도모하고, 병해충을 방지하기 위함이다.

130 전정의 정의와 효과를 쓰시오.

정답

전정이란 불필요한 줄기나 덩굴의 길이 또는 수를 제한하는 것으로, 작물의 관리 밀 수확작업이 용이해지고 양분의 균형분배가 가능해지는 효과가 있다.

131 적심의 정의와 목적을 쓰시오.

정답

수직 방향으로 새로운 가지가 자라나지 않도록 맨 끝 생장점 부분을 제거하는 것을 말한다. 더 이상 새로운 착과 및 생장을 유도하지 않고 기존 착과된 과실까지 수확하기 위한 목적으로 행하는 작업이다.

132 적아와 적엽에 대해 서술하시오.

정답

- 적아 : 곁순을 따주는 것으로 원줄기와 잎 사이 겨드랑이에서 발생하는 어린 측지 또는 눈을 제거하는 것이다.
- 적엽 : 노화된 잎, 필요 없는 잎 등을 적절하게 떼어내는 것이다.

133 적엽의 효과에 대해 서술하시오.

정답

수광 효율을 높이고 통풍을 좋게 하여 병발생을 줄임으로써 작물의 생산성과 품질을 높인다.

134 다음 그림을 보고 빈칸에 알맞은 정지법을 쓰시오.

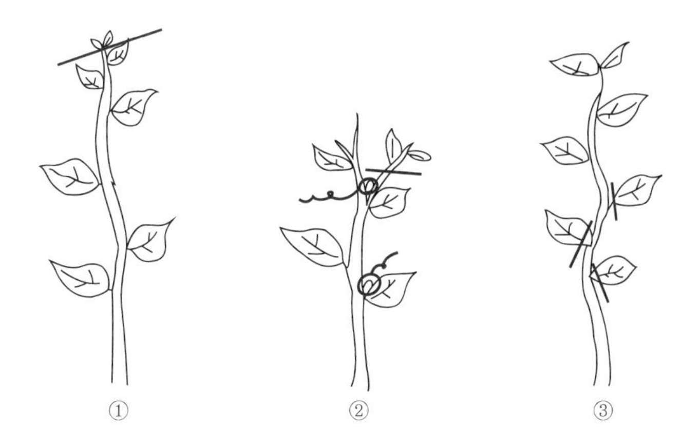

정답

① 적심, ② 적아, ③ 적엽

135 유인의 효과를 쓰시오.

정답

- 잎이 겹치는 것을 막아 수광량을 늘려 광합성을 촉진한다.
- 통기를 원활하게 하여 생산성과 품질이 향상된다.

136 다음에서 다량원소와 미량원소를 구분하시오.

질소, 염소, 철, 칼륨, 구리, 황

정답

- 다량원소 : 질소, 칼륨, 황
- 미량원소 : 염소, 철, 구리

137 식물체가 탄소, 수소, 산소를 얻는 방법을 쓰시오.

정답

기공을 통해 들어오는 이산화탄소와 뿌리에서 흡수하는 물에서 얻는다.

138 최소양분율 법칙에 대해 서술하시오.

정답

작물의 수확량은 가장 부족한 양분량에 지배된다는 이론으로, 10개 중 9개의 조건이 충족해도 1개의 조건이 충족하지 못하면 그 조건에 따라 생육이 결정된다는 법칙이다.

139 수량점감의 법칙에 대해 서술하시오.

정답

비료요소가 적은 한계 내에서는 일정 시용량에 따른 수량의 증가량이 크지만, 시용량이 많아질수록 증가량이 점차 감소하여 수량이 증가하지 못하고, 어느 한계에서는 오히려 감소하는 것을 수량점감의 법칙이라고 한다.

140 시비량에 영향을 주는 요인 3가지를 쓰시오.

정답

시비량은 작물의 종류 및 품종, 지력의 정도, 기후조건, 재배방식에 영향을 받는다.

141 시비량을 구하는 공식을 쓰시오.

정답

$$\text{시비량} = \frac{\text{비료요소의 흡수량} - \text{천연공급량}}{\text{비료요소의 흡수율}}$$

142 다음 빈칸에 들어갈 알맞은 필수원소를 쓰시오.

> 필수원소 중 (①)(이)가 부족할 경우 줄기, 잎, 열매 등을 기형으로 만들고 황백화 현상이 나타난다. (②)(은)는 수분의 증산작용을 조절하며 대표적인 비료로는 염화칼륨이 있다.

정답

① 질소(N), ② 칼륨(K)

143 칼슘질(석회질) 비료의 역할 3가지를 쓰시오.

정답

- 식물 세포막과 세포벽의 구성성분이다.
- 유기산 등 유해물질을 생체 내에서 중화시킨다.
- 엽록소의 생성이나 탄수화물의 전이에 필요하다.
- 뿌리의 발육을 촉진시키고 식물체의 조직을 강화하여 병해 등에 대한 저항력을 높인다.
- 중금속에 의한 유해 작용을 감소시킨다.
- 산성토양을 중성화시킨다.
- 토양의 떼알구조 형성을 촉진하여 물리성을 좋게 한다.

144 칼슘 결핍증상을 쓰시오.

정답

- 생장점 부위가 황화되고, 열매나 잎의 맨 끝 부위가 함몰한다(배꼽썩음병).
- 전반적인 식물의 생육이 저하된다.

145 밑거름과 덧거름의 정의를 쓰시오.

정답

- 밑거름 : 파종 또는 이식할 때 주는 비료이다.
- 덧거름 : 작물의 생육 도중에 주는 비료이다.

146 화곡류에서 새끼칠거름의 목적을 쓰시오.

정답

가지치기를 할 때 분얼수를 증가시키기 위하여 준다.

147 화곡류에서 알거름의 목적을 쓰시오.

정답

출수기 전후에 충실한 이삭을 위하여 준다.

148 전면시비를 하는 방법을 쓰시오

정답

거름이나 비료를 밭의 전면에 골고루 뿌려 주는 토양 시비 방법으로 주로 과수원에서 이용한다.

149 부분시비를 하는 방법을 쓰시오.

정답

작물을 심을 때 비료를 집중적으로 특정 위치에 공급해 주는 방법으로 시비구를 파고 비료를 넣어준다.

150 다음 빈칸에 들어갈 알맞은 시비방법을 쓰시오.

> 작물을 심을 때 비료를 집중적으로 특정 위치에 공급해 주는 방법으로 시비구를 파고 비료를 넣어주는 것을 (①)라 하며, 농축된 액비를 희석하여 관수를 겸해 시비하는 방법을 (②)라고 한다.

정답

① 부분시비, ② 관비

151 다음 빈칸에 들어갈 알맞은 시비방법을 고르시오.

> 작토의 하부에 시비하는 방법을 (표층 / 심층 / 전층)시비라 하며, 비료를 살포한 후 갈아엎는 방식의 시비 방법을 (표층 / 심층 / 전층)시비라고 한다.

정답

심층, 전층

152 엽면시비의 정의를 쓰시오.

정답

액체비료를 식물의 잎에 직접 공급하는 방법이다.

153 엽면시비의 장점을 쓰시오.

정답

토양시비보다 비료 성분의 흡수가 쉽고 빠르다.

154 엽면시비를 이용하는 경우 3가지를 쓰시오.

정답

- 작물에 특정 양분의 결핍증이 나타났을 경우
- 작물의 영양상태를 급속히 회복시켜야 할 경우
- 작물이 양분을 뿌리로 흡수하기 어려운 경우
- 토양시비가 곤란한 경우
- 품질향상 등의 특수한 목적이 있는 경우

155 식물체 내 수분의 역할 3가지를 쓰시오.

정답

- 식물체 세포 내 원형질의 구성성분으로 각 조직의 형태를 유지할 수 있게 한다.
- 다른 성분들과 함께 식물체의 구성 물질을 형성하는데 필요하다.
- 토양 속 양분들의 용매 역할을 하여 식물이 무기양분을 흡수할 수 있도록 한다.
- 증산 작용을 통해 체온 조절을 한다.
- 광합성과 호흡작용의 필수성분이다.

156 작물 요수량의 정의를 쓰시오.

정답

작물의 건물 1g을 생산하는데 소비되는 수분량(g)을 요수량이라고 한다.

157 관수의 효과 3가지를 쓰시오.

정답

- 건조해를 방지할 수 있다.
- 생육이 조장되고, 수량과 품질이 향상된다.
- 관개를 통해 온도 조절을 하여 고온장해 및 저온장해를 방지할 수 있다.
- 토양이 가볍고 건조한 지역에서는 관수를 통해 풍식을 방지할 수 있다.
- 토양의 비료성분 이용 효율이 높아진다.

158 관수량 결정요인 3가지를 쓰시오.

정답

요수량, 생육기별 수분 요구도, 토양 조건, 기후 조건, 재배방식 등

159 전면관수의 단점을 쓰시오.

정답

관수 후 지표가 굳어질 염려가 있으며 토양전염성병을 초래할 수 있다.

160 살수관수의 장점과 단점을 쓰시오.

정답

- 장점 : 노동력을 절감할 수 있다.
- 단점 : 식물체 표면이 젖어 있는 시간이 길어 병해를 쉽게 입을 수 있다.

161 점적관수의 장점을 쓰시오.

정답

- 표토가 굳어지지 않고 토양 유실이 없으며 넓은 면적을 균일하게 관수할 수 있다.
- 수분을 가장 효율적으로 이용하는 관수방법이다.

162 점적관수에 대해 서술하시오.

정답

플라스틱파이프나 튜브에 가는 구멍을 뚫어 물이 방울방울 흘러나와 천천히 뿌리 주위의 토양을 집중적으로 관수하는 방식이다. 물이 부족한 건조지대의 수분절약형 관수방법이다.

163 저면관수의 장점을 쓰시오.

정답

토양의 유실, 표토의 경화, 토양전염성병 전파 방지 및 지상부가 항상 건조 상태이기 때문에 병해 발생이 감소될 수 있는 환경을 조성한다. 가장 균일한 관수가 가능하다.

164 수확의 정의를 쓰시오.

정답

이용 부위인 종실, 줄기, 잎, 뿌리 등을 수확물로 거두어들이는 것으로 작물 재배의 목적이다.

165 수확시기 결정 요인 3가지를 쓰시오.

정답

작물의 발육정도, 재배조건과 기상조건, 시장여건 등 기타 조건, 작물별 수확지표

166 감자의 수확시기를 쓰시오.

정답

지상부 잎이 마르기 시작할 때 수확한다.

167 단옥수수의 수확일을 쓰시오.

정답

70~110일의 무상일수 경과, 수염출현 후 약 3주 후

168 토마토 및 참외의 수확일을 고르시오.

토마토는 착과 후 적산온도 (600~800°C / 800~1,000°C / 1,000~1,500°C)일 때 수확하고, 참외는 착과 후 (20~30일 / 35일 내외 / 30~40일)에 수확한다.

정답

1,000~1,500°C, 35일 내외

169 수박 및 풋고추의 수확일을 고르시오.

> 수박은 착과 후 적산온도 (600~800°C / 800~1,000°C / 1,000~1,200°C)일 때 수확한다.
> 풋고추는 개화 후 (20~30일 / 35일 내외 / 30~40일)에 수확한다.

정답

800~1,000°C, 20~30일

170 벼의 수량구성요소 4가지를 쓰시오.

정답

단위면적당 이삭수(수수), 이삭당 평균 벼알수(영화수), 등숙비율, 벼알 평균 무게(천립중)

171 벼의 수량을 구하는 식을 쓰시오.

정답

수량 = 단위면적당 이삭수 × 이상당 평균벼알수 × 등숙비율 × 천립중

172 원예적 성숙의 뜻과 원예적 성숙 때 수확하는 작물 3가지를 쓰시오.

정답

- 원예적 성숙이란 작물의 생장에 기준을 둔 것이 아니라 인간의 이용적 측면을 기준으로 하여 인간이 이용하기에 알맞은 성숙 상태를 말한다.
- 원예적 성숙 시기 수확 작물 : 오이, 애호박, 풋고추 등

173 생리적 성숙의 뜻과 생리적 성숙 때 수확하는 작물 3가지를 쓰시오.

정답

- 생리적 성숙이란 과실의 크기가 최대에 이르고, 색소, 경도, 성분 등이 이용 가능한 상태로 익은 상태를 말한다.
- 생리적 성숙 시기 수확 : 참외, 수박, 딸기, 토마토, 사과 등

174 예건에 대해 서술하시오.

정답

저장 유통 전 수확물의 수분 중 일부를 말리는 작업을 말한다.

175 큐어링에 대해 서술하시오.

정답

수확 과정에서 발생한 상처 조직에 유합 조직이 형성될 수 있도록 관리하는 일을 말한다.

176 큐어링의 효과를 쓰시오.

정답

상처의 치유를 통해 병원균의 침입 통로를 없애고, 상처로 인한 호흡량 증가를 억제함으로써 저장성과 품질을 증대시킬 수 있다.

177 고구마의 큐어링 방법으로 올바른 것을 고르시오.

고구마는 온도 (20°C / 30°C / 40°C) 및 (70% / 80% / 90%) 이상의 상대습도에서 4~7일간 큐어링을 실시한다.

정답

30°C, 90%

178 예랭에 대해 서술하시오.

정답

작물의 품질저하를 막기 위해 수확 후 가능한 빠른 시간 내에 품온을 낮춰주는 일을 말한다.

179 예랭의 효과를 쓰시오.

정답

호흡, 증산 등 생리작용을 저하시켜 저장성이 증대된다.

180 고추의 저장법으로 가장 적당한 것을 고르시오.

고추는 온도 (0~3.5°C / 4.8~7°C / 7.2~10°C)의 저온과 (85~90% / 90~95% / 95~100%) 의 상대습도에서 저장한다.

정답

7.2~10°C, 90~95%

181 단옥수수의 저장법으로 가장 적당한 것을 고르시오.

단옥수수는 온도 (0°C / 4°C / 7°C)의 저온과 (85~90% / 95~98% / 100%)의 상대습도에서 저장한다.

정답

0°C, 95~98%

182 고구마의 저장법으로 가장 적당한 것을 고르시오.

고구마는 온도 (3.2°C / 5~7°C / 12.8°C)의 저온과 (85% / 90% / 95%)의 상대습도에서 저장한다.

정답

12.8°C, 90%

183 감자의 저장법으로 가장 적당한 것을 고르시오.

감자는 온도 (0~2.3°C / 2.3~3.3°C / 3.3~4.4°C)의 저온과 (85~90% / 90~95% / 95~100%)의 상대습도에서 저장한다.

정답

3.3~4.4°C, 90~95%

184 CA저장법에 대해 설명하시오.

정답

수확한 농산물의 대사활동을 억제하기 위해 대기의 가스조성을 인공적으로 조절하여 저산소 고이산화탄소 조건(산소 : 21%, 이산화탄소 : 0.03%)으로 만든 저온고에서 농산물을 저장하여 품질 보전 효과를 높이는 저장법이다.

185 CA저장법의 장점과 단점을 쓰시오.

정답

- 장점 : 농산물의 호흡을 억제시킴으로써 장기 저장이 가능하다.
- 단점 : 설치 및 관리와 유지비용 높고 고가의 장비가 필요하다.

186 빈칸에 들어갈 알맞은 말을 고르시오.

> MA저장이란 수확한 농산물을 주로 (0.05mm / 0.1mm) 두께의 폴리에틸렌필름 봉지로 포장하여 (장치를 이용하여 / 자연적인 호흡에 의해) 가스 농도가 변화하게 하는 것을 이용한 저장법으로 대기상태를 (고이산화탄소, 저산소 / 저이산화탄소, 고산소)로 만드는 방법이다.

정답

0.05mm, 자연적인 호흡에 의해, 고이산화탄소, 저산소

187 MA저장법의 장점과 단점을 쓰시오.

정답

- 장점 : 적은 비용으로 간편히 저장할 수 있고, 호흡 및 증산작용을 억제하여 저장성이 향상된다.
- 단점 : 즉각적으로 포장 내 대기조성을 바꿀 수 없고, 필름의 투과도가 맞지 않을 경우 혐기호흡 상태에 따지거나 호흡 억제 효과가 없을 수도 있다.

188 MA저장법을 CA저장법에 비교하여 설명하시오.

정답

MA저장법은 CA저장법과 같이 인위적인 공기 조성이 아닌 농산물을 포장하여 생산물의 호흡에 따라 자연적으로 가스 농도가 변화하는 것을 이용한 저장법이다.

189 빈칸에 들어갈 알맞은 말을 고르시오.

> 식물생장호르몬 중 천연의 생장억제호르몬으로 휴면 유도, 낙엽 촉진 등에 관여하는 호르몬을 (지베렐린 / ABA)(이)라 하며 세포분열에 관여하여 조직배양에 많이 이용되고 휴면 타파, 노화 방지 등의 역할을 하는 호르몬을 (옥신 / 사이토키닌)이라 한다.

정답

ABA, 사이토키닌

190 빈칸에 들어갈 알맞은 말을 고르시오.

> 식물생장호르몬 중 세포신장에 관여하며 발근 촉진 및 정아우세에 관여하는 호르몬을 (옥신 / 사이토키닌) 이라 하며 노화, 성숙에 관여하는 기체 상태의 식물생장호르몬을 (ABA / 에틸렌)(이)라 한다.

정답

옥신, 에틸렌

191 식물생장호르몬 중 옥신의 역할 3가지를 쓰시오.

정답

줄기생장 촉진, 발근 촉진, 잎의 생장 촉진, 정아우세현상 관여, 개화조절 등

192 식물생장호르몬 중 지베렐린의 역할 3가지를 쓰시오.

정답

줄기신장 촉진, 휴면타파, 개화 촉진, 숙기 촉진, 과실의 무종자화 등

193 씨 없는 포도를 만들 때 지베렐린 2차 처리시기를 쓰시오.

정답

개화 후 10일 째이다.

194 빈칸에 들어갈 알맞은 말을 고르시오.

> 씨 없는 거봉포도는 (에틸렌 / 지베렐린) 20ppm을 침지 처리하여 만들 수 있으며, 1차 처리는 만개 시에 2차 처리는 만개 후 (10~15일경 / 15~20일경)에 꽃송이째 침지 처리한다.

정답

지베렐린, 10~15일경

195 식물생장호르몬 중 사이토키닌의 역할 3가지를 쓰시오.

정답

세포분열 촉진, 세포확장, 노화 방지, 휴면타파, 개화 촉진 등

196 식물생장호르몬 중 ABA의 역할 3가지를 쓰시오.

정답

휴면유도, 낙엽 촉진, 뿌리 생장 억제, 기공 개폐 등

197 식물생장호르몬 중 에틸렌의 역할 3가지를 쓰시오.

정답

착색 촉진, 숙성 촉진, 기관 탈리, 휴면 타파, 개화 촉진, 노화 작용 등

198 에틸렌의 종류 중 하나로 산성 용액에서는 액체 상태이나 식물체에 흡수되면 pH의 변화에 따라 분해되어 기체상태의 에틸렌을 생성하는 물질의 명칭을 쓰시오.

정답

에세폰

199 화훼작물의 개화를 촉진시키는 식물생장조절제를 쓰시오.

정답

B-9, CCC(철쭉), GA(피튜니아), 에틸렌(아나나스), BA(숙근안개초)

200 종자 휴면타파를 할 수 있는 식물생장호르몬 3가지를 쓰시오.

정답

지베렐린, 사이토키닌, 에틸렌

201 적과의 정의를 쓰시오.

정답

과실의 착생수가 과다할 때 여분의 것을 어릴 때 제거하는 것을 말한다.

202 사과나무에서 적과의 효과를 쓰시오.

정답

해거리를 방지하고 올바른 모양의 과실을 수확할 수 있다.

203 해거리 방제법 3가지를 쓰시오.

정답

충분히 시비하기, 정지・전정을 통해 나무세력을 근절, 적과, 병충해 방제 철저

CHAPTER

04 번식 작업하기

01 종자번식

1. 종자번식의 의의와 장단점

(1) 종자번식

종자를 수단으로 하여 개체를 증식하는 것을 말하며 암수의 수정으로 이루어지기 때문에 유성번식이라고도 한다.

(2) 종자번식의 의의

① 개체증식 및 생태적으로 대를 이어주는 역할을 한다.
② 종자 휴면을 통한 불량환경 극복 수단이 된다.
③ 교잡을 통한 유전적 변이를 형성하여 유전적 다양성을 높이며, 새로운 품종을 만들어 낼 수 있다.
④ 식물의 이동 수단이 되어 영역확장을 할 수 있다.
⑤ 종자는 식량이며 에너지원이다.
⑥ 농업생산의 중요한 수단이며, 재배 수단이다.

(3) 종자번식의 장단점

① 장 점
㉠ 대량채종과 대량번식이 가능하다.
㉡ 취급이 간편하고, 수송과 저장이 용이하다.
② 단 점
㉠ 유전적 변이로 인해 양친의 형질이 그대로 전달되지 않는다.
㉡ 개화결실에 이르는 기간이 길어질 수 있다.

2. 종자번식의 종류

(1) 자가수정번식

자기 꽃가루를 이용하여 번식하는 것으로 벼, 밀, 보리, 귀리, 가지, 고추 등이 있다.

(2) 타가수정번식

자기 꽃가루가 아닌 다른 개체로부터 날아온 꽃가루에 의해 종자가 생기는 것으로 옥수수, 호밀, 감자, 배추, 무, 파, 양파 등이 있다.

(3) 불임성

① 자가불화합성

㉠ 화분과 암술의 기능이 정상임에도 불구하고 자가수분으로 종자를 형성하지 못하는 것을 말한다.

㉡ 타파법

- 뇌수분 : 꽃이 피기 전 꽃봉오리 상태에서 수분하는 것이다.
- 노화수분 : 개화 후 2~4일의 노화일 때 수분하는 것이다.
- 말기수분 : 개화 말기의 늙은 꽃에 수분하는 것이다.
- 기타 방법 : 고온처리, 전기자극, 고농도 CO_2 처리 등

㉢ 해당작물 : 가지과, 화본과, 클로버, 배추과, 국화과, 사탕무 등

② 웅성불임성

㉠ 화분을 형성하지 못하거나 화분이 제대로 발육하지 못해 수정 능력이 없는 경우 불임을 나타내는 것을 말한다.

㉡ 해당작물 : 양파, 사탕무, 아마, 옥수수, 보리, 수수, 토마토 등

③ 이용 : 1대잡종 종자 채종, 집단개량 등 육종적으로 이용할 수 있다.

02 영양번식

1. 영양번식의 정의와 원리

(1) 영양번식의 정의

식물의 잎, 줄기, 뿌리와 같은 영양기관을 직접 번식에 이용하는 것을 영양번식이라 한다. 삽목, 접목, 분주, 분구, 취목 등이 해당된다.

(2) 영양번식의 의의

종자에 의존하지 않고 개체 증식이 가능하다.

(3) 영양번식의 원리

식물은 뿌리, 줄기, 잎, 생식기관 등 다양한 식물조직세포에서 완전한 식물체를 재생시킬 수 있는 능력인 전형성능이 있어 영양번식이 가능하다.

2. 영양번식의 장단점

(1) 영양번식의 장점

① 고구마, 마늘, 감자, 딸기와 같이 채종이 곤란하거나 종자번식이 어려운 작물의 번식 방법이 될 수 있다.
② 모계의 우량한 성질을 그대로 유지시키면서 번식할 수 있다.
③ 육묘기간이 짧아 수확기간을 단축할 수 있고, 수량을 높일 수 있다.
④ 접목의 경우 수세 조절, 적응성 증대, 저항성 증대, 결과 촉진, 품질 향상, 수세회복 등의 효과를 기대할 수 있다.

(2) 영양번식의 단점

① 바이러스 감염 시 제거하기가 어렵고 전체에 만연하기 쉽다.
② 번식에 특정한 기술 또는 지식이 필요하다.
③ 종자번식을 할 때보다 보관과 이동이 어렵고 대량증식이 어렵다.

3. 영양번식 종류

(1) 삽목(꺾꽂이)

① 정의 : 모체에서 분리해 낸 잎, 줄기, 뿌리와 같은 영양체의 일부에 적합한 환경을 제공하여 뿌리가 내리도록 한 뒤 독립된 개체로 번식시키는 것을 삽목이라 한다. 분리해 낸 삽수의 부위에 따라 엽삽, 경삽, 근삽으로 나눌 수 있다.

※ 삽수 : 삽목에 쓰이는 줄기, 뿌리, 잎을 말한다.

② 삽목의 장단점

장 점	단 점
• 짧은 기간에 모본 형질과 동일한 개체를 생산할 수 있다. • 우수한 특성을 지닌 개체를 골라서 번식하는 것이 가능하다. • 종자번식에 비하여 개화와 결실이 빠르다. • 접붙이기 등 다른 영양번식보다 비교적 쉽게 번식시킬 수 있다.	• 온도와 습도 등의 환경을 적절히 조절해주어야 한다. • 일반적으로 종자 번식보다 뿌리 및 줄기 등의 생장이 약해진다.

③ 삽목의 종류

㉠ 엽삽(잎꽂이) : 잎을 잘라내어 실시하는 삽목을 말한다.

- 엽병삽(잎자루꽂이) : 아프리칸바이올렛, 베고니아, 오갈피나무 등에서 이용한다.
- 엽편삽(잎사귀꽂이) : 산세비에리아, 알로에, 칼랑코에 등에서 이용한다.
- 엽아삽(잎눈꽂이) : 고무나무, 수국, 동백나무 등에서 이용한다.

㉡ 경삽(줄기꽂이) : 삽목 중에서 가장 많이 사용하며 줄기를 이용하는 삽목을 말한다. 줄기의 숙도에 따라 신초삽, 녹지삽, 숙지삽, 휴면지삽으로 나뉜다.

- 신초삽 : 연한 새순을 이용하는 방법이다.
  - 적용 작물 : 국화, 카네이션, 제라늄, 베고니아, 포인세티아, 고구마 등
- 녹지삽 : 해당 연도에 생장하고 있는 유연한 가지를 이용하는 방법이다.
  - 적용 작물 : 카네이션, 라일락, 개나리, 회양목, 단풍나무, 동백나무, 목련, 복숭아, 배나무, 사철나무 등
- 숙지삽 : 여름이 지나 생육이 중지된 약간 굳어진 상태의 가지를 이용하는 방법이다.
  - 적용 작물 : 포도나무, 무화과, 장미, 매실나무, 호랑가시나무, 은행나무, 무궁화, 철쭉류 등
- 휴면지삽 : 휴면 중인 가지를 이용하는 방법이다.
  - 적용 작물 : 장미, 찔레, 능소화, 포도, 블루베리, 모과나무 등

㉢ 근삽(뿌리꽂이) : 뿌리를 잘라내어 실시하는 삽목으로, 국화, 능소화, 감나무, 복숭아, 자두, 버드나무, 모란, 조팝나무, 명자나무, 등나무, 나무딸기 등에서 이용한다.

④ 삽목 시기와 방법

㉠ 시 기

- 초본성 작물 : 삽목 환경과 삽수의 크기가 적당하면 어느 시기든 가능하다.
- 목본성 작물
  - 상록침엽수 : 4월 중순에 실시한다.
  - 상록활엽수 : 6월 하순 ~ 7월 상순 사이의 장마철에 실시한다.
  - 낙엽과수 : 3월 중순경 눈이 트기 전에 실시한다.

㉡ 방법(작업순서)

- 삽수 준비 : 삽수는 병이 없고 충실한 개체로부터 채취한다.
- 삽목용 상토 준비 : 거름기가 없고, 산도가 알맞고, 보수력과 통기성이 좋으며, 병해충에 감염되지 않은 상토를 준비한다. 과거 강모래를 많이 사용했으나 현재는 질석, 펄라이트, 피트모스 등이 많이 사용된다.
- 발근촉진제 처리 : 삽목의 발근이 잘되도록 삽수의 아랫부분에 발근촉진제를 처리하기도 한다. 옥신류의 생장 조절제(IBA, NAA, IAA)를 혼합한 물에 삽수 하단부를 담궈 처리한다.
- 삽목 : 적절한 방법으로 삽목을 실시한다.
- 온도와 습도 조절 : 일반적으로 생육적온보다 약간 낮은 20~25°C가 좋으며, 건조하면 말라죽기 때문에 공중습도 90% 이상으로 유지하고 증산 방지를 위해 차광이 필요하다.
- 이식 : 삽수에 뿌리가 발생하고 독립적인 개체가 되면 본 포장으로 옮겨 심는다.

(2) 접목(접붙이기)

① **정의** : 번식시키려는 식물의 가지나 눈을 채취하여 다른 나무에 붙여서 키우는 번식법이다.

㉠ 접수(접순) : 접을 붙여 키우고자 하는 가지로 접목의 위쪽이다.

㉡ 대목 : 뿌리가 되거나 접수의 밑부분이 되는 나무를 대목이라 한다.

※ 대목의 조건

- 접수와 접목친화성이 높을 것
- 병에 강할 것
- 생육이 왕성할 것

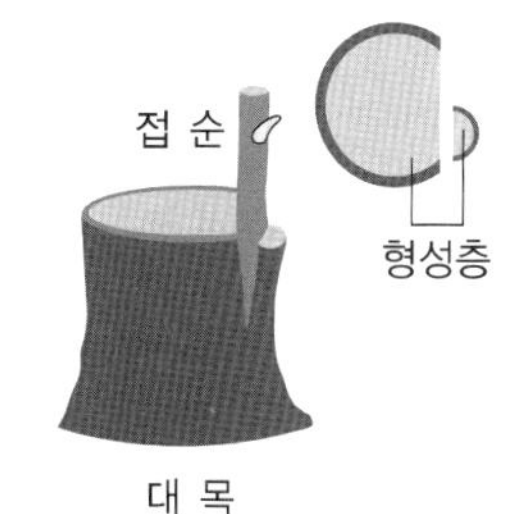

[접목(접붙이기)]

② 접목의 원리

㉠ 대목과 접수를 조직적으로 접착시키는 번식법이기 때문에 대목과 접수의 형성층을 잘 접합해야 한다.

㉡ 접목 활착 : 대목과 접수의 형성층 접합이 잘 되어 접목에 성공하는 것을 말한다.

㉢ 접목친화성 : 접수와 대목이 생리적으로 일치하여 결합이 잘 되는 성질을 말하며 접목 활착률은 대목과 접수 간에 친화성이 있어야 높아진다.

③ 접목의 장단점

장 점	단 점
• 새 품종을 빠르게 증식할 수 있다. • 결과연령을 단축시킬 수 있다. • 병해충저항성을 증진시킬 수 있다. • 토양, 환경적응성을 증진시킬 수 있다. • 과수의 왜성화를 통해 생육관리를 편하게 할 수 있다. • 늙은 과수를 새 품종으로 갱신할 수 있다.	• 대목 종자의 비용을 고려해야 한다. • 종자번식에 비해 접목묘의 육성률이 낮을 수 있다. • 접목기술이 필요하다. • 올바른 대목 선정에 어려움이 있을 수 있다. • 접목 및 활착 과정 중 병 발생이 증가할 수 있다. • 묘 소질이 저하될 수 있다.

④ 접목 후 환경 관리

㉠ 접목 후 온도 관리

- 접목 당일과 접목 후 1~2일 : 수분 및 온도유지, 바람의 유입방지 비닐로 밀폐하여 활착을 촉진시킨다.
- 접목 후 3일 정도 : 최고온도가 30°C가 넘지 않도록 하고, 최저온도는 25°C 이하가 되지 않도록 관리한다.
- 접목 후 4~7일 : 온도를 약간 낮추어서 묘의 도장을 막는다.
- 그 이후 일반적인 관리방법으로 묘를 튼튼하게 키운다.

㉡ 접목 후 습도 관리

- 접목 후 2~3일 : 삽접일 경우 접목상 내부가 거의 포화상태가 되어야 하고, 맞접일 경우 상대습도가 80~90% 정도 유지되어야 한다.
- 접목 후 3~5일 : 공중습도가 너무 많으면 과습으로 인하여 대목의 줄기에 병이 발생될 수 있어 터널의 피복재를 조금씩 열어 관리할 필요가 있다.

㉢ 접목 후 광 관리

- 접목 후 1~2일 : 햇볕을 받으면 잎의 증산량 증가로 시들게 될 수 있어 접목상의 비닐 터널 위를 차광망으로 덮어 직사광선을 받지 않도록 차광을 해준다.
- 접목 후 3~5일 : 아침에 30~40분 정도 약광을 받도록 차광망 등의 피복재를 걷어 주었다가 다시 닫는다.
- 그 이후 점차 광선을 길게 받도록 하여 7일부터는 햇볕을 잘 받을 수 있도록 관리한다.

⑤ 접목의 종류

㉠ 절접(깎기접)

- 방법 : 대목은 지상 5~6cm 높이에서 수평으로 절단하고 접붙일 쪽의 끝을 약간 깎아낸 다음 깎아낸 부분부터 위에서 아래쪽으로 2.5cm 정도 수직으로 목질부와 함께 깎아낸다. 접수는 2~3개 정도의 눈이 붙여 5~6cm 정도로 자르고 대목의 절단 부위에 형성층이 잘 맞도록 끼운다. 접수를 끼워 넣은 후 접목용 비닐테이프로 잘 묶어준다.
- 접목 적기 : 수액이 유동하고 눈이 움직이기 시작하는 3월 중순부터 4월 중순까지가 적기이다.

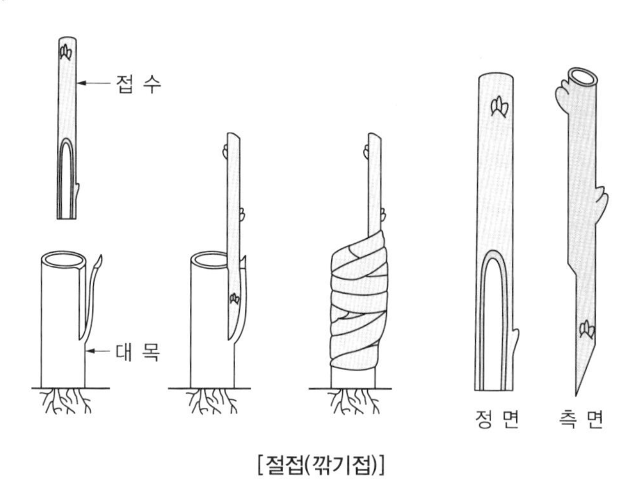

[절접(깎기접)]

㉡ 할접(쪼개접)

- 방법 : 쐐기형으로 절삭하고 중앙부를 수직으로 자른 대목에 접수를 끼워 형성층이 밀착되게 한다.
- 접목 적기 : 깎기접과 동일하다.

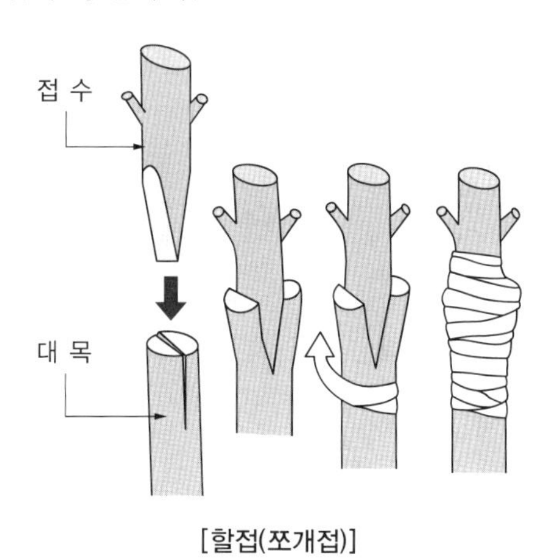

[할접(쪼개접)]

㉢ 아접(눈접)

- 방법 : 접아를 삽수 대신 사용하여 대목을 절개한 자리에 밀착되도록 집어넣는 방법으로 대목의 한 부분을 I자나 T자형으로 절개하고 자른 접아를 접착시키고 눈이 밖으로 나오게 하여 비닐테이프로 단단히 매준다.
- 접목 적기 : 새로 자란 가지의 눈을 이용하므로 햇순이 충실한 6~9월에 주로 실시한다.
- 배나무, 사과나무, 복숭아, 장미과식물, 단풍나무, 비파나무, 감나무 등에서 이용된다.
- 아접이 절접에 비해 유리한 점 : 아접은 활착이 된 상태에서 월동하여 발아가 되므로 절접에 비해 생육이 왕성하고 접목에 실패했더라도 봄에 접목 부위를 잘라내고 절접을 하면 되기 때문에 선택의 폭이 넓다.
- T자 눈접
  - 방법 : 여름에 껍질이 잘 벗겨질 때 접수의 가지에서 눈을 형성층이 드러나게 따낸 후 대목의 껍질을 T자형으로 가르고 껍질을 올려 형성층을 노출시킨다. 그 안으로 따낸 눈을 꽂고 비닐테이프로 감아 밀착시킨다.
  - 과수나 장미에 많이 이용한다.
  - 시기 : 수액의 이동이 가장 왕성한 8월 중순부터 하순에 실시한다.

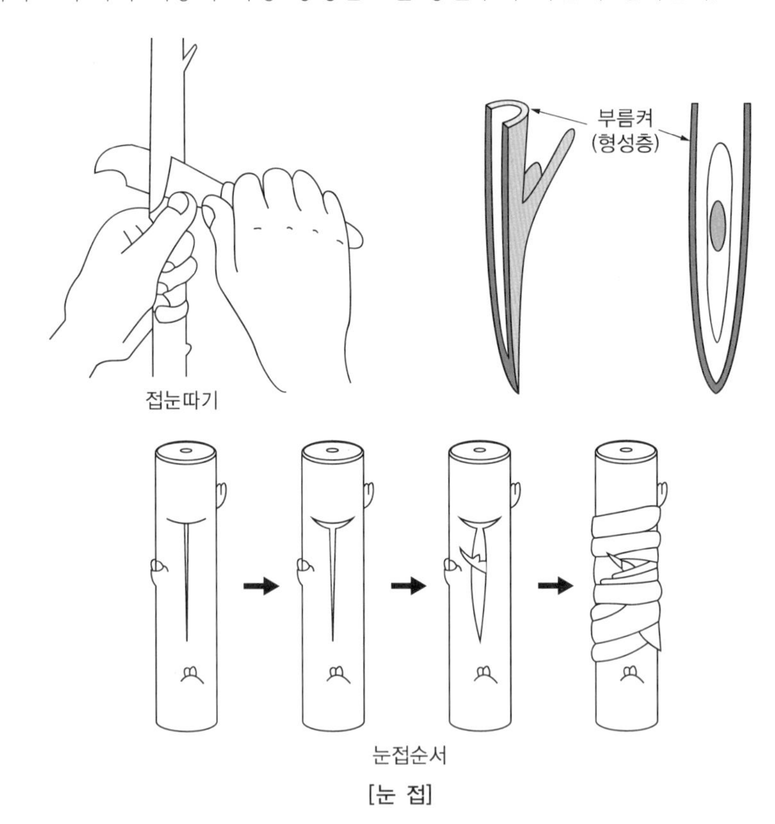

[눈 접]

㉣ 호접(맞접)

- 방법 : 대목과 접수 모두 뿌리가 붙어 있는 상태에서 접합시킨다.
- 활착을 확인하고 접수의 뿌리와 대목의 상단을 절단하기 때문에 매우 안전한 방법이다.

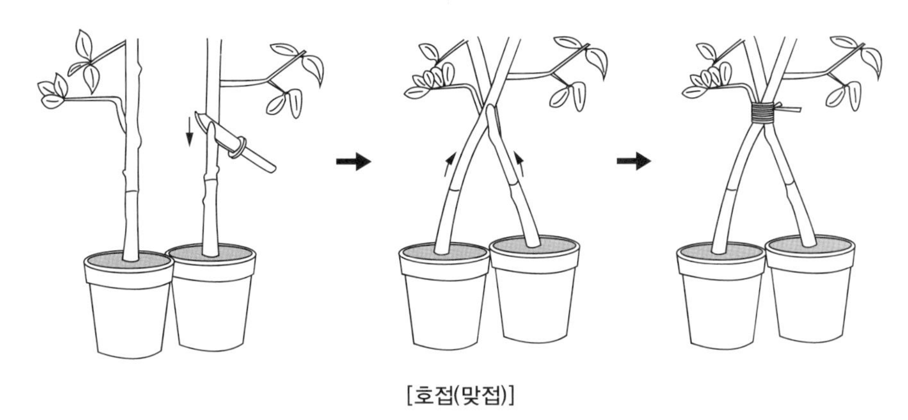

[호접(맞접)]

㉤ 삽접(꽂이접)

- 방법 : 배축 굵기가 가는 접수를 잘라 상대적으로 굵은 대목에 끼워 넣어 접목하는 방법으로 대목의 생장점을 제거하고 이 부위에 위에서 아래로 구멍을 내고 뾰족하게 자른 접수를 접수의 절단면이 아래쪽을 향해 끼워 접목한다.
- 주로 박과채소 접목에 활용

㉥ 합 접

- 방법 : 대목의 생장점과 한쪽 떡잎을 약 60°로 비스듬히 자르고, 접수는 떡잎 밑 1cm 지점을 약 60°로 잘라 대목과 접수의 절단면을 서로 합체시키고 접목용 클립을 사용하여 묶어주는 방법이다.
- 최근 공정육묘장 과채류 육묘에서 가장 많이 활용되는 접목법으로 작업이 간편하여 널리 이용된다.
- 자동접목기에서 많이 이용한다.

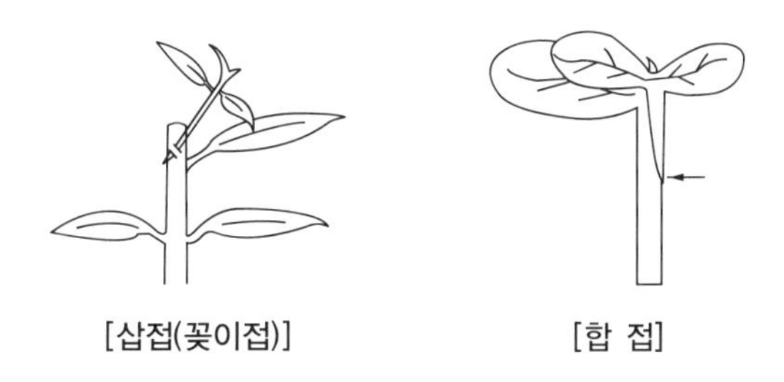

[삽접(꽂이접)]　　　　[합 접]

⑥ 접목 시기

㉠ 대목 : 수액이 움직이기 시작하고 눈이 활동할 때 실시한다.

㉡ 접수 : 아직 휴면 상태인 때 실시한다.

㉢ 온대 목본성 원예식물 : 나무의 눈이 트기 2~3주 전인 3월 중순에서 4월 상순 사이에 실시한다.

㉣ 여름에 하는 접목 : 8월 상순~9월 상순 사이에 실시한다.

㉤ 초본성 채소 : 시기에 관계없이 묘의 나이가 접목에 적당하면 언제든 가능하다.

(3) 분주(포기나누기)

① 정의 : 어미식물에서 발생하는 흡지를 뿌리가 달린 채로 분리하여 번식시키는 것을 분주라고 한다.

② 분주 시기 : 작물의 종류, 꽃눈분화, 개화시기에 따라 결정한다.

③ 분주 방법

㉠ 근관부 : 지표 아래 위치한 줄기를 분리하여 번식한다.

㉡ 흡지 : 지하부에서 생긴 줄기를 뿌리가 붙은 상태로 잘라 내어 번식한다.

㉢ 포복경 : 근관부 액아에서 발생한 가지가 지면을 따라 기면서 마디마다 새로운 식물체를 만드는 가지를 이용한다. 딸기, 접란, 홉, 네프로레프시스 등에서 이용한다.

(4) 분구(뿌리나누기)

① 정의 : 지하부의 줄기, 뿌리 등이 비대해진 구근을 번식에 이용하는 방법이다.

② 분구의 종류

㉠ 인경(비늘줄기) : 잎의 일부가 저장기관으로 변한 것이다.
예 마늘, 양파, 백합(나리), 튤립, 수선화, 히아신스 등

㉡ 근경(뿌리줄기) : 땅속이나 지표면에 자라는 줄기가 커진 것이다.
예 칸나, 대나무, 잔디, 숙근아이리스, 은방울꽃 등

㉢ 구경(알줄기) : 줄기의 아랫부분이 비대한 것으로 줄기와 조직이 비슷하고 마디를 가지고 있다.
예 토란, 글라디올러스, 프리지어, 크로커스 등

㉣ 괴경(덩이줄기) : 땅속줄기의 아랫부분이 비대한 것이다.
예 감자, 시클라멘, 구근베고니아, 칼라 등

㉤ 괴근(덩이뿌리) : 지표면 가까이에 있는 뿌리가 커진 것이다.
예 작약, 고구마, 마, 다알리아 등

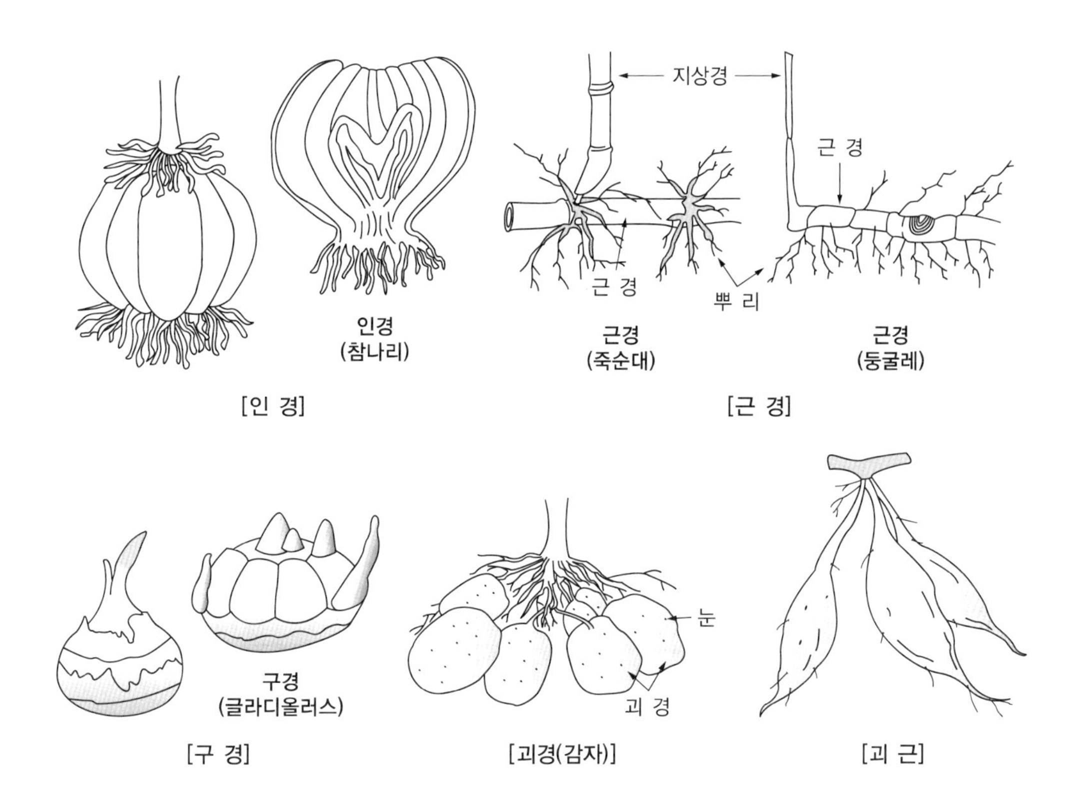

(5) 취목(묻어떼기)

① 정의 : 식물의 가지를 잘라내지 않은 채 흙에 묻거나, 그밖에 적당한 조건을 주어서 발근시킨 다음 잘라서 독립적으로 번식시키는 방법을 말한다.

㉠ 발근 촉진을 위해 발근 시키고자 하는 부위에 상처를 내거나 환상박피를 실시한다.

㉡ 환상박피 : 가지의 줄기를 따라 링모양으로 껍질을 제거하는 것을 말한다. 환상박피로 인해 체관이 사라져 탄수화물이 아래쪽으로 축적되어 발근이 촉진되는 효과가 있다.

② 취목의 장단점

㉠ 장 점

- 번식이 확실하여 삽목이 어려운 작물이나 굵고 오래된 가지도 쉽게 번식시킬 수 있다.
- 원하는 모양의 가지를 개체로 번식시키고 싶은 분재 등에서 유용하게 이용된다.

㉡ 단점 : 대량증식이 어렵고 번식기간이 오래 걸린다.

③ 종 류

㉠ 선취법(휘묻이)

- 가지를 구부려 묻어 발근시키는 방법이다.
- 적용 작물 : 나무딸기 등

㉡ 성토법(세워묻어떼기)

- 취목을 할 나무를 이른 봄에 지표면 위로 8~10cm 정도 남기고 잘라 낸 다음 여기에서 새 가지가 나오면 가지의 끝 2~3cm만 남기고 그 위에 흙을 덮어 발근을 유도하는 방법이다.
- 적용 작물 : 뽕나무, 사과나무, 양앵두나무, 자두나무 등

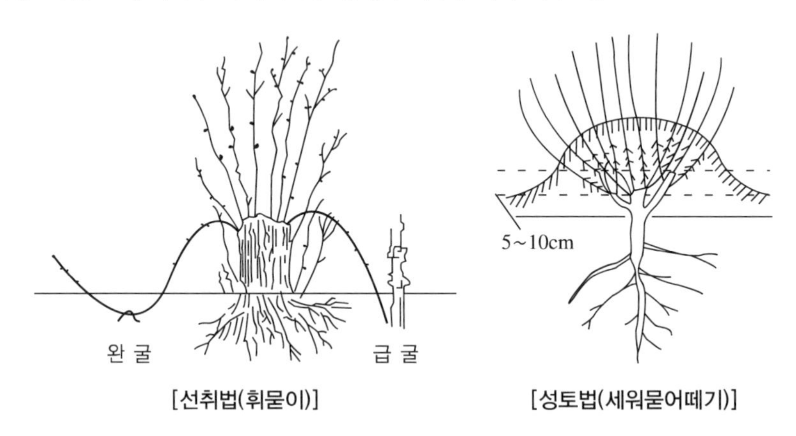

[선취법(휘묻이)] [성토법(세워묻어떼기)]

㉢ 당목취법(이랑묻어떼기)

- 가지를 수평으로 땅에 눕히고 가지 위에 흙을 덮어 발근시킨 다음 잘라내어 증식하는 방법이다.
- 적용 작물 : 포도나무, 양앵두나무, 자두나무, 나무딸기 등

㉣ 파상취법(물결묻어떼기)

- 가지를 여러번 파상으로 휘어서 하곡부마다 흙을 덮어 발근시켜 증식하는 방법이다.
- 적용 작물 : 포도나무, 덩굴장미, 미선나무 등

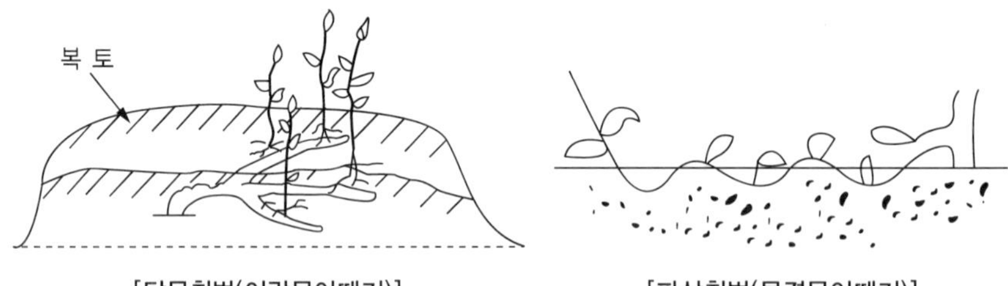

[당목취법(이랑묻어떼기)] [파상취법(물결묻어떼기)]

㉤ 고취법(높이떼기)

- 모양이 좋거나 오래된 가지를 발근시켜 잘라 떼어 낼 수 있는 방법으로 비교적 위치가 높은 가지, 오래된 가지에서 이용한다.
- 발근시키고자 하는 부분에 미리 절상, 환상박피 등을 해두면 발근이 촉진된다.
- 장 점
  - 오래된 나무에서 이용할 수 있다.
  - 원하는 모양의 가지를 번식시킬 수 있다.
  - 번식 후 빠른 생장이 가능하다.

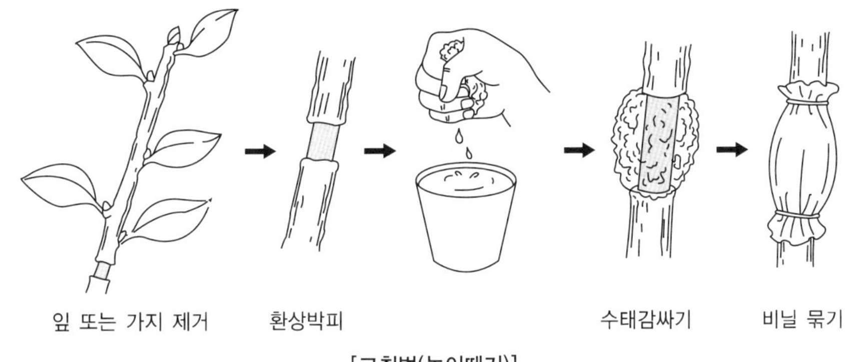

[고취법(높이떼기)]

03 조직배양

1. 조직배양의 개념과 이용

(1) 조직배양

식물의 잎, 줄기, 뿌리와 같은 조직이나 기관의 일부를 모체에서 분리해 무균적인 배양을 통해 세포덩어리를 만들거나 식물체를 분화, 증식시키는 기술을 말한다.

(2) 기본원리

식물조직이나 세포배양을 통해 완전한 식물체를 재생시킬 수 있는 전형성능을 이용하여 조직배양을 실시한다.

(3) 조직배양의 이용 및 목적

① 육종에 이용 : 조직배양을 통해 육종재료 및 변이체 생성, 새로운 품종 생성, 종간교잡 및 속간교잡이 가능하다.

② **무병묘 생산** : 영양번식을 하는 작물은 한번 바이러스에 감염되면 후대에 계속하여 전염되는데 생장점 배양을 이용하면 병에 감염되지 않은 무병묘를 생산할 수 있다.
③ **급속대량증식** : 짧은 기간 동안 많은 식물체를 얻기 위한 방법으로 감자, 나리, 딸기 등에서 적용되고 있다.

(4) 조직배양의 장단점

① 장 점
㉠ 병원균, 특히 바이러스가 없는 식물 개체를 획득할 수 있다.
㉡ 유전적으로 특이한 형질을 가진 식물체를 분리할 수 있다.
㉢ 단시간 내에 연중 대량증식을 할 수 있다.
㉣ 좁은 면적에 많은 종류와 품종을 보유할 수 있다.
㉤ 육종 및 신품종 보급 기간을 단축시킬 수 있다.
② 단 점
㉠ 전문 인력이 필요하고 노동집약적이다.
㉡ 배양실을 설치하고 기구를 구입하는데 비용이 많이 든다.
㉢ 배양 중에 병원균이 감염되었을 경우 제거가 어렵다.

2. 소독방법 및 기구배치

(1) 소독방법

① **무균작업실** : 70% 알코올을 분무하여 조직배양 조작대를 닦은 후 계대배양 30분 전에 작동하고 멸균등을 켜놓는다.
② 무균식물이 들어있는 배지와 계대배양 배지의 용기 표면을 70% 알코올을 분무하여 살균하여 무균상 안에 넣는다.
③ 무균 배양하는 조작자는 70% 알코올을 묻혀 세심하게 손을 소독한다.
④ 조작자는 배양 각 단계의 조작을 할 때마다 70% 알코올로 소독하거나 화염소독하여 오염을 방지하도록 한다.

(2) 무균작업실 안 기구배치

무균작업실 안에는 치상작업에 필요한 현미경, 배지, 표면 살균된 식물 조직을 담은 용기, 작업조작대, 소독된 탈지면, 멸균수, 알코올병, 알코올 스프레이 등을 배치한다. 오른손잡이의 경우 자주 쓰는 것은 오른쪽에, 자주 쓰지 않는 것이나 소독된 식물 등은 왼쪽에 배치한다.

3. 조직배양 단계

(1) 경정배양

경정배양은 생장점 배양 전에 이루어지며 모주에서 싹을 틔우고 비교적 작은 크기의 줄기(5mm 내외)를 잘라 배양한다. 대체로 3개월 정도 키워서 생장점 배양의 재료로 이용한다.

(2) 생장점 배양

바이러스 무병묘를 생산하는 최초의 단계이며 생장점과 엽원기를 포함한 조직을 배양한다. 바이러스 입자가 생장점에는 많지 않으므로 이를 배양하면 바이러스가 없거나 적은 개체를 얻을 수 있다. 약 2~6개월 정도 키운다.

① 방 법

㉠ 생장점을 포함하여 0.1~0.3mm(딸기의 경우 0.3~0.5mm)의 크기로 잘라서 치상하게 되는데 너무 작으면 식물로 자라지 못하는 경우가 많고, 너무 크면 바이러스가 제거되지 않는다.

㉡ 치상 후 캘러스가 형성되고 경엽이 분화한다.

㉢ 분화한 경엽을 기초 배지에 이식하고 유식물을 대량 육성한 뒤 순화를 거쳐 성체 육성한다.

(3) 계대배양

생장점 배양에서 얻은 식물을 이용하여 기내에서 증식하는 단계이다.

(4) 기내순화단계

배양기에서 식물체를 밖으로 옮겨심기 전에 밖에서도 견딜 수 있도록 준비를 하는 단계로 2~4주 정도의 시간에 차츰 식물이 강건해질 수 있도록 저온, 강광, 건조에 노출시킨다.

4. 조직배양 시설과 도구

(1) 시 설

① 준비실 : 기구 세척 및 건조, 배지를 만들고 저장하는 곳이다.

② 무균실

㉠ 절편체를 떼어 내 용기에 치상하는 무균상태의 작업 공간이다.

㉡ 클린벤치라는 무균작업대로 대신하는 것이 일반적이다.

③ **배양실** : 용기 안에 있는 식물 절편체들이 잘 배양되도록 온도, 광도, 일장을 조절할 수 있는 장소이다.

④ **순화실** : 용기 안에서 재분화된 식물체를 포장에 옮겨심기 전 식물체를 튼튼하게 굳히는 곳이다.

(2) 도 구

살균기, 배양용기(시험관, 페트리디시, 유리병, 삼각플라스크 등), 정량용기, 저울, 치상용 도구(해부현미경, 핀셋, 메스, 침, 가위, pH미터 등)이 필요하다.

5. 조직배양 배지

(1) 배 지

조직 절편체를 치상하고 자라는 데 필요한 무기양분, 유기양분, 식물호르몬, 비타민, 불활성 지지물이 들어있는 것을 말한다. 고체배지를 가장 많이 사용하고 있으며 배양액에 응고용 물질을 첨가하여 배지를 반고체화 한 것을 말한다. 응고용 물질로는 한천을 가장 많이 사용한다.

(2) 재 료

① **무기양분 및 비타민**

② **유기양분** : 에너지원으로서 주로 설탕을 이용한다.

③ **한천** : 배지를 고형화하여 절편체 지지한다. 대체로 0.8% 정도의 함량을 첨가한다.

④ **식물호르몬** : 사이토키닌 - 세포분열 역할, 옥신 - 발근촉진 역할

⑤ **산도조절용** : 염화수소(산성)와 수산화나트륨(염기성)을 이용해 산도를 조절한다.

(3) MS 배지

가장 일반적으로 사용되고 있는 배지로, pH 5.7~5.8이 적당하다.

CHAPTER

04 적중예상문제

01 종자번식의 의의 3가지를 쓰시오.

정답

- 개체증식 및 생태적으로 대를 이어주는 역할을 한다.
- 종자 휴면을 통한 불량환경 극복 수단이 된다.
- 교잡을 통한 유전적 변이를 형성하여 유전적 다양성을 높이며, 새로운 품종을 만들어 낼 수 있다.
- 식물의 이동 수단이 되어 영역확장을 할 수 있다.
- 종자는 식량이며 에너지원이다.
- 농업생산의 중요한 수단이며, 재배 수단이다.

02 종자번식의 장점과 단점을 1가지씩 쓰시오.

정답

- 장점 : 대량채종과 대량번식이 가능하며, 취급이 간편하고 수송과 저장이 용이하다.
- 단점 : 유전적 변이로 인해 양친의 형질이 그대로 전달되지 않으며, 개화결실에 이르는 기간이 길어질 수 있다.

03 자가불화합성에 대해 서술하시오.

정답

화분과 암술의 기능이 정상임에도 불구하고 자가수분으로 종자를 형성하지 못하는 것을 말한다.

04 자가불화합성 작물 3가지를 쓰시오.

정답

무, 양배추, 배추, 브로콜리, 사탕무, 화본과 등

05 자가불화합성 타파법 3가지를 쓰시오.

정답

고온처리, 전기자극, 고농도 CO_2 처리, 뇌수분(꽃봉오리 수분), 지연수분 등

06 웅성불임성에 대해 설명하시오.

정답

화분을 형성하지 못하거나 화분이 제대로 발육하지 못해 수정 능력이 없는 경우 불임을 나타내는 것을 말한다.

07 웅성불임성 작물 3가지를 쓰시오.

정답

양파, 사탕무, 아마, 옥수수, 보리, 수수, 토마토 등

08 영양번식의 정의를 쓰시오.

정답

식물의 잎, 줄기, 뿌리와 같은 영양기관을 직접 번식에 이용하는 것을 영양번식이라 한다. 삽목, 접목, 분주, 분구, 취목 등이 해당된다.

09 영양번식의 의의를 서술하시오.

정답

종자에 의존하지 않고 개체 증식이 가능하다.

10 전형성능에 대해 서술하시오.

정답

식물의 뿌리, 줄기, 잎, 생식기관 등 다양한 식물조직세포에서 완전한 식물체를 재생시킬 수 있는 능력을 말한다.

11 영양번식의 장점 3가지를 쓰시오.

정답

- 고구마, 마늘, 감자, 딸기와 같이 채종이 곤란하거나 종자번식이 어려운 작물의 번식 방법이 될 수 있다.
- 모계의 우량한 성질을 그대로 유지시키면서 번식할 수 있다.
- 육묘기간이 짧아 수확기간을 단축할 수 있고, 수량을 높일 수 있다.
- 접목의 경우 수세 조절, 적응성 증대, 저항성 증대, 결과 촉진, 품질 향상, 수세회복 등의 효과를 기대할 수 있다.

12 영양번식의 단점 3가지를 쓰시오.

정답

- 바이러스 감염 시 제거하기가 어렵고 전체에 만연하기 쉽다.
- 번식에 특정한 기술 또는 지식이 필요하다.
- 종자번식을 할 때보다 보관과 이동이 어렵고 대량증식이 어렵다.

13 삽목의 정의를 쓰시오.

정답

모체에서 분리해 낸 잎, 줄기, 뿌리와 같은 영양체의 일부에 적합한 환경을 제공하여 뿌리가 내리도록 한 뒤 독립된 개체로 번식시키는 것을 삽목이라 한다.

14 삽목에서 삽수가 무엇인지 서술하시오.

정답

삽목에 쓰이는 줄기, 뿌리, 잎을 말한다.

15 삽목의 장점 3가지를 쓰시오.

정답

- 짧은 기간에 모본 형질과 동일한 개체를 생산할 수 있다.
- 우수한 특성을 지닌 개체를 골라서 번식하는 것이 가능하다.
- 종자번식에 비하여 개화와 결실이 빠르다.
- 접붙이기 등 다른 영양번식보다 비교적 쉽게 번식시킬 수 있다.

16 삽목의 단점 3가지를 쓰시오.

정답

- 온도와 습도 등의 환경을 적절히 조절해주어야 한다.
- 일반적으로 종자 번식보다 뿌리 및 줄기 등의 생장이 약해진다.
- 번식에 특별한 기술이 필요하다.

17 엽삽을 이용하는 작물 3가지를 쓰시오.

정답

아프리칸바이올렛, 베고니아, 오갈피나무, 산세비에리아, 알로에, 칼랑코에, 고무나무, 수국, 동백나무 등

18 근삽을 이용하는 작물 3가지를 쓰시오.

정답

국화, 능소화, 감나무, 복숭아, 자두, 버드나무, 모란, 조팝나무, 명자나무, 등나무, 나무딸기 등

19 신초삽, 녹지삽, 숙지삽, 휴면지삽에 쓰이는 가지를 서술하시오.

정답

- 신초삽 : 연한 새순 이용
- 녹지삽 : 당해연도에 생장하고 있는 유연한 가지 이용
- 숙지삽 : 여름이 지나 생육이 중지된 약간 굳어진 상태의 가지 이용
- 휴면지삽 : 휴면 중인 가지 이용

20 빈칸에 들어갈 알맞은 말을 고르시오.

경삽 중 당해 연도에 생장하고 있는 유연한 가지를 이용하는 방법을 (신초삽 / 녹지삽)이라 하며, 여름이 지나 생육이 중지된 약간 굳어진 상태의 가지를 이용하는 방법을 (숙지삽 / 휴면지삽)이라 한다.

정답

녹지삽, 숙지삽

21 초본성 작물의 삽목 시기를 설명하시오.

정답

삽목 환경과 삽수의 크기가 적당하면 어느 시기든 가능하다.

22 상록활엽수와 낙엽과수의 삽목 시기를 설명하시오.

정답

- 상록활엽수 : 6월 하순 ~ 7월 상순 사이의 장마철에 실시한다.
- 낙엽과수 : 3월 중순경 눈이 트기 전에 실시한다.

23 삽목용 상토 조건 3가지를 쓰시오.

정답

거름기가 없고, 산도가 알맞고, 보수력과 통기성이 좋으며, 병해충에 감염되지 않아야 한다.

24 빈칸에 들어갈 알맞은 말을 고르시오.

삽목 후 온도는 일반적으로 생육적온보다 약간 낮은 (17~20℃ / 20~25℃)가 좋으며, 건조하면 말라죽기 때문에 공중습도를 (80% / 90%) 이상으로 유지하여 관리한다.

정답

20~25℃, 90%

25 접목의 정의를 쓰시오.

정답

번식시키려는 식물의 가지나 눈을 채취하여 다른 나무에 붙여서 키우는 번식법이다.

26 접수와 대목을 설명하시오.

정답

- 접수 : 접을 붙여 키우고자 하는 가지로 접목의 위쪽이다.
- 대목 : 뿌리가 되거나 접수의 밑부분이 되는 나무를 대목이라 한다.

27 대목의 조건 3가지를 쓰시오.

정답

- 접수와 접목친화성이 높을 것
- 병에 강할 것
- 생육이 왕성할 것

28 다음 빈칸에 들어갈 알맞은 말을 고르시오.

> 대목과 접수의 (형성층 / 생장점)을 접합할 필요가 있으며 대목과 접수 간 (접목친화성 / 접목불친화성)이 높아야 활착이 잘된다.

정답

형성층, 접목친화성

29 다음 그림에 해당하는 접목법의 명칭을 쓰고, 접수와 대목을 구분하시오.

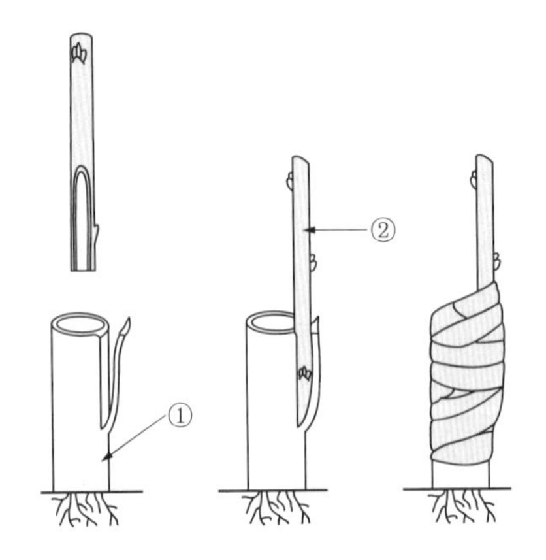

정답

- 절접(깎기접)
- ① 대목, ② 접수

30 과수나무 접목 시 얻을 수 있는 장점 3가지를 쓰시오.

정답

- 새 품종을 빠르게 증식할 수 있다.
- 결과연령을 단축시킬 수 있다.
- 병해충저항성을 증진시킬 수 있다.
- 토양, 환경적응성을 증진시킬 수 있다.
- 과수의 왜성화를 통해 생육관리를 편하게 할 수 있다.
- 늙은 과수를 새 품종으로 갱신할 수 있다.

31 채소류 접목 시 얻을 수 있는 장점 3가지를 쓰시오.

정답

- 새 품종을 빠르게 증식할 수 있다.
- 결과연령을 단축시킬 수 있다.
- 병해충저항성을 증진시킬 수 있다.
- 토양, 환경적응성을 증진시킬 수 있다.

32 접목의 단점 3가지를 쓰시오.

정답

- 대목 종자의 비용을 고려해야 한다.
- 종자번식에 비해 접목묘의 육성률이 낮을 수 있다.
- 접목기술이 필요하다.
- 올바른 대목 선정에 어려움이 있을 수 있다.
- 접목 및 활착 과정 중 병 발생이 증가할 수 있다.
- 묘 소질이 저하될 수 있다.

33 접목 시 고려사항 3가지를 쓰시오.

정답

접목친화성, 접목 시기에 따른 접목 방법, 수종의 품종별 특성 등

34 접목이 성공하기 위해 고려해야 할 사항 3가지를 쓰시오.

정답

- 접수와 대목의 형성층이 서로 접착되게 한다.
- 접수와 대목의 극성이 다르지 않게 한다.
- 접목친화성이 있어야 한다.
- 절단면의 건조를 막아야 한다.
- 접목시기에 맞게 접목을 실시하여야 한다.

35 다음 빈칸에 들어갈 알맞은 말을 고르시오.

접목 후 3일 정도에는 온도가 (20~25℃ / 25~30℃)가 되도록 관리해야하며, 상대습도는 삽접일 경우엔 거의 포화상태를 유지하고 맞접일 경우엔 (80~90% / 90~100%) 정도로 유지되어야 한다.

정답

25~30℃, 80~90%

36 다음 빈칸에 들어갈 알맞은 말을 고르시오.

절접의 대목은 지상 (5~6cm / 13~17cm) 높이에서 수평으로 절단하고, 접수는 (2~3개 / 4~5개) 정도의 눈을 붙여 준비한다.

정답

5~6cm, 2~3개

37 깎기접의 시기를 쓰시오.

수액이 유동하고 눈이 움직이기 시작하는 3월 중순부터 4월 중순까지가 적기이다.

38 다음 빈칸에 들어갈 알맞은 말을 고르시오.

할접은 쐐기형으로 절삭하고 중앙부를 (수직 / 대각선)으로 자른 대목에 접수를 끼워 (형성층 / 생장점)이 밀착되게 하는 방법이다.

정답

수직, 형성층

39 아접을 이용하여 번식하는 작물을 쓰시오.

배나무 사과나무, 복숭아, 장미과식물, 단풍나무, 비파나무, 감나무 등

40 아접의 접목 적기를 쓰시오.

정답

새로 자란 가지의 눈을 이용하므로 햇순이 충실한 6~9월에 주로 실시한다.

41 아접이 절접에 비해 유리한 이유를 설명하시오.

정답

아접은 활착이 된 상태에서 월동하여 발아가 되므로 절접에 비해 생육이 왕성하고 접목에 실패했더라도 봄에 접목 부위를 잘라내고 절접을 하면 되기 때문에 선택의 폭이 넓다.

42 T자 눈접의 접목 적기를 쓰시오.

정답

수액의 이동이 가장 왕성한 8월 중순부터 하순에 실시한다.

43 접수와 대목의 뿌리를 남기고 접목하는 접목법의 명칭을 쓰시오.

정답

호접(맞접)

44 다음 그림에 해당하는 접목법의 명칭을 쓰시오.

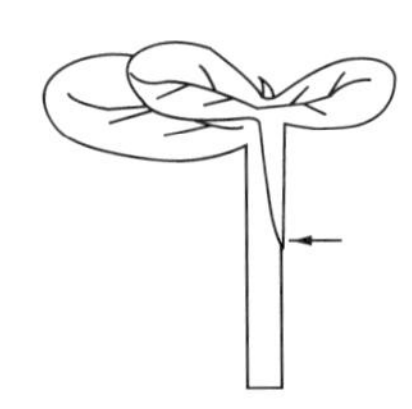

정답

합 접

45 다음 그림에 해당하는 접목법의 명칭을 쓰시오.

정답

삽접(꽂이접)

46 일반적인 대목과 접수의 접목 적기를 쓰시오.

정답

- 대목 : 수액이 움직이기 시작하고 눈이 활동할 때
- 접수 : 아직 휴면 상태인 때

47 다음 빈칸에 들어갈 알맞은 말을 고르시오.

> 온대 목본성 원예식물은 나무의 눈이 트기 2~3주 전인 (3월 중순에서 4월 상순 / 4월 상순에서 5월 상순) 사이에 접목을 실시하면 좋고, 여름에 하는 접목은 (6월 하순에서 7월 상순 / 8월 상순에서 9월 상순) 사이에 접목을 실시하면 좋다.

정답

3월 중순에서 4월 상순, 8월 상순에서 9월 상순

48 분주의 정의를 쓰시오.

정답

어미식물에서 발생하는 흡지를 뿌리가 달린 채로 분리하여 번식시키는 것을 분주라고 한다.

49 포복경을 이용하여 번식하는 작물 3가지를 쓰시오.

정답

딸기, 접란, 홉, 네프로레프시스 등

50 분구의 정의를 쓰시오.

정답

지하부의 줄기, 뿌리 등이 비대해진 구근을 번식에 이용하는 방법이다.

51 인경을 이용하여 번식하는 작물 3가지를 쓰시오.

정답

마늘, 양파, 백합(나리), 튤립, 수선화, 히아신스 등이 있다.

52 다음 빈칸에 들어갈 알맞은 말을 고르시오.

근경이란 땅속이나 지표면에 자라는 (줄기 / 뿌리)가 커진 것이며, 괴근이란 지표면 가까이에 있는 (줄기 / 뿌리)가 커진 것이다.

정답

줄기, 뿌리

53 다음 중 구경을 있는 대로 고르시오.

마늘, 토란, 히아신스, 프리지어, 다알리아, 글라디올러스, 작약

정답

토란, 프리지어, 글라디올러스

54 다음 그림과 같은 뿌리 종류의 명칭과 같은 뿌리 종류를 가진 작물을 쓰시오.

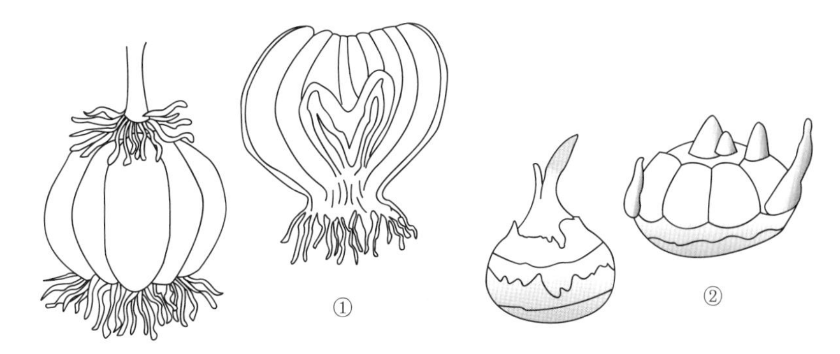

정답

① 인경 : 마늘, 양파, 백합(나리), 튤립, 수선화, 히아신스 등
② 구경 : 토란, 글라디올러스, 프리지어, 크로커스 등

55 괴근을 이용하여 번식하는 작물 3가지를 쓰시오.

정답

작약, 고구마, 마, 다알리아 등이 있다.

56 취목의 정의를 쓰시오.

정답

식물의 가지를 잘라내지 않은 채 흙에 묻거나, 그밖에 적당한 조건을 주어서 발근시킨 다음 잘라서 독립적으로 번식시키는 방법을 말한다.

57 취목의 장점을 쓰시오.

정답

- 번식이 확실하여 삽목이 어려운 작물이나 굵고 오래된 가지도 쉽게 번식시킬 수 있다.
- 원하는 모양의 가지를 개체로 번식시키고 싶은 분재 등에서 유용하게 이용된다.

58 취목의 단점을 쓰시오.

정답

대량증식이 어렵고 번식기간이 오래 걸린다.

59 다음 빈칸에 들어갈 관리법의 명칭과 그 효과를 쓰시오.

> 과수 등에서 원줄기의 수피를 인피 부위에 달하는 깊이까지 너비 6mm 정도로 고리 모양으로 벗겨내는 일을 ( )이라 한다.

정답

환상박피, 환상박피로 인해 체관이 사라져 탄수화물이 아래쪽으로 축적되어 발근이 촉진되는 효과가 있다.

60 다음 빈칸에 들어갈 알맞은 말을 고르시오.

> 취목의 종류 중 가지를 구부려 묻어 발근시키는 방법을 (선취법 / 성토법)이라 하며, 가지를 여러번 휘어서 하곡부마다 흙을 덮어 발근시켜 증식하는 방법을 (당목취법 / 파상취법)이라 한다.

정답

선취법, 파상취법

61 다음 그림에 해당하는 취목법의 명칭을 쓰시오.

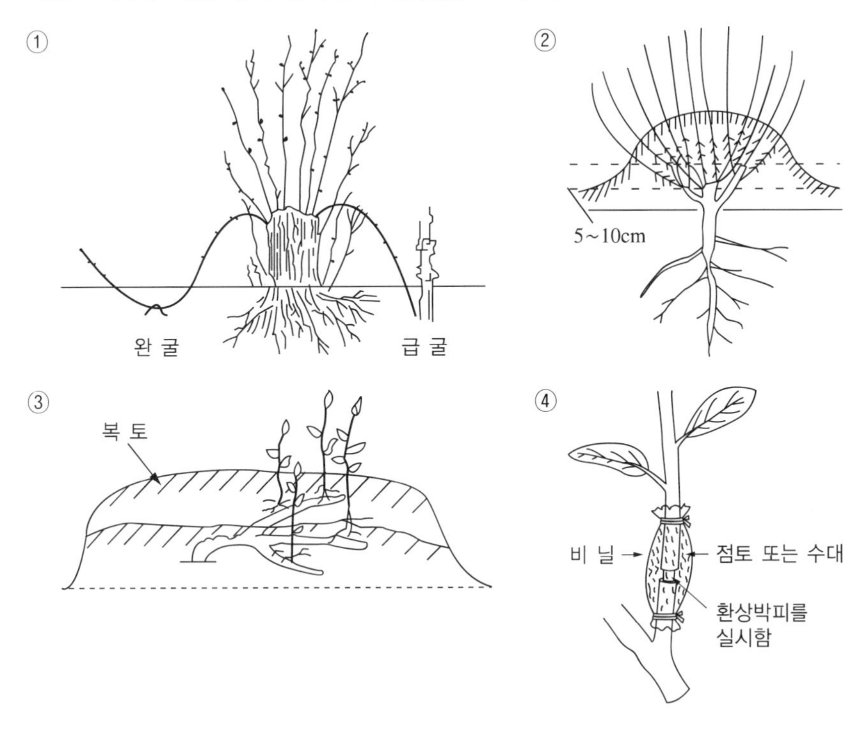

정답

① 선취법, ② 성토법, ③ 당목취법, ④ 고취법

62 취목의 종류 3가지를 쓰시오.

정답

선취법, 성토법, 당목취법, 파상취법, 고취법 등

63 고취법에 대해 설명하시오.

[정답]

모양이 좋거나 오래된 가지를 발근시켜 잘라 떼어 낼 수 있는 방법으로 비교적 위치가 높은 가지, 오래된 가지에서 이용한다.

64 고취법의 장점 3가지를 쓰시오.

[정답]

• 오래된 나무에서 이용할 수 있다.
• 원하는 모양의 가지를 번식시킬 수 있다.
• 번식 후 빠른 생장이 가능하다.

65 발근을 촉진하기 위해 이용하며, 나무줄기 껍질을 링모양으로 벗겨내는 방법이 무엇인지 쓰시오.

[정답]

환상박피

66 빈칸에 들어갈 알맞은 말과 수태감싸기를 하는 이유를 쓰시오.

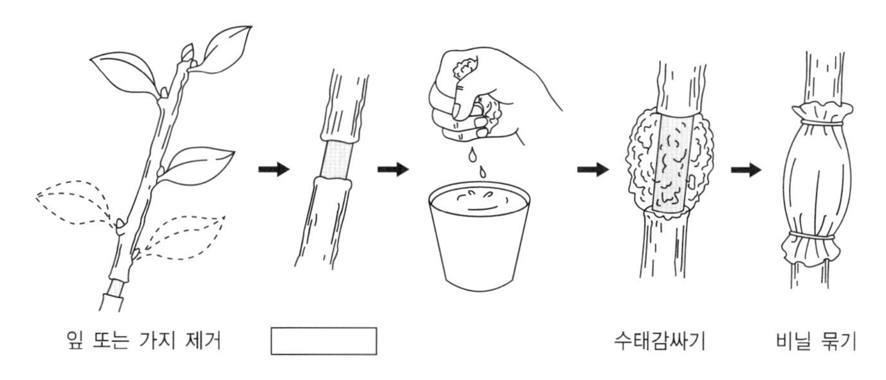

정답

환상박피, 수태감싸기를 하는 이유는 건조를 방지하고 발근을 촉진하기 위해서다.

67 조직배양의 정의를 쓰시오.

정답

식물의 잎, 줄기, 뿌리와 같은 조직이나 기관의 일부를 모체에서 분리해 무균적인 배양을 통해 세포덩어리를 만들거나 식물체를 분화, 증식시키는 기술을 말한다.

68 조직배양의 기본 원리인 전형성능에 대해 설명하시오.

정답

단세포 혹은 식물 조직 일부분으로부터 완전한 식물체를 재생하는 능력을 말한다.

69 조직배양의 목적 3가지를 쓰시오.

정답

육종에 이용, 무병묘 생산, 급속대량증식

70 조직배양의 장점 3가지를 쓰시오.

정답

- 병원균, 특히 바이러스가 없는 식물 개체를 획득할 수 있다.
- 유전적으로 특이한 형질을 가진 식물체를 분리할 수 있다.
- 단시간 내에 연중 대량증식을 할 수 있다.
- 좁은 면적에 많은 종류와 품종을 보유할 수 있다.
- 육종 및 신품종 보급 기간을 단축시킬 수 있다.

71 조직배양의 단점 3가지를 쓰시오.

정답

- 전문 인력이 필요하고 노동집약적이다.
- 배양실을 설치하고 기구를 구입하는데 비용이 많이 든다.
- 배양 중에 병원균이 감염되었을 경우 제거가 어렵다.

72 다음은 조직배양 소독에 대한 설명이다. 빈칸에 알맞은 말을 쓰시오.

- 배양식물체가 들어 있는 용기와 계대할 배양용기의 일부를 (①)% 에탄올로 분무하여 소독하고 클린벤치에 넣는다.
- 핀셋과 메스는 (②) 소독하고 거치대에서 냉각시킨다.

정답

① 70, ② 알콜램프로 화염

73 생장점 배양을 통한 무병묘 생산이 가능한 이유에 대해 설명하시오.

정답

바이러스에 감염된 식물체라도 빠르게 분화하는 생장점에는 바이러스가 존재하지 않는 경우가 많아 생장점 조직을 배양함으로써 무병묘를 생산할 수 있다.

74 딸기 생장점 배양 시 생장점 채취 크기를 쓰시오.

정답

0.3~0.5mm

75 생장점 배양 시 일반적인 생장점 채취 크기를 쓰시오.

정답

0.1~0.3mm

76 조직배양에 필요한 도구 3가지를 쓰시오.

정답

살균기, 배양용기(시험관, 페트리디시, 유리병, 삼각플라스크 등), 정량용기, 저울, 치상용 도구(해부현미경, 핀셋, 메스, 침, 가위, pH미터 등)이 필요하다.

77 조직배양 배지 작성 시 필요한 재료 3가지를 쓰시오.

정답

무기양분, 유기양분, 한천, 식물호르몬(사이토키닌, 옥신), 비타민 등

78 조직배양 배지 재료 중 한천의 역할을 쓰시오.

정답

배지를 고형화하여 절편체를 지지한다.

79 조직배양 배지 재료 중 옥신과 사이토키닌을 첨가하는 이유를 각각 설명하시오.

정답

- 사이토키닌 : 세포분열 역할
- 옥신 : 발근촉진 역할

80 배지 중 가장 일반적으로 사용하는 배지를 쓰시오.

정답

MS 배지

81 다음 빈칸에 들어갈 알맞은 말을 고르시오.

> 배지의 산도를 조절하고자 할 때 산성화는 (염화수소 / 수산화나트륨)을 첨가하고, 알칼리화는 (염화수소 / 수산화나트륨)을 첨가한다.

정답

염화수소, 수산화나트륨

육종과 채종재배

01 유 전

1. 멘델의 법칙

(1) 멘델의 제1법칙(분리의 법칙)

① 멘델이 완두콩을 이용한 교배 실험을 통해서 밝혀낸 유전법칙인 멘델의 법칙 중 한 가지로 순종을 교배한 잡종제1대를 자가교배 했을 때 우성과 열성이 나뉘어 나타난다는 법칙이다.

② 분리형

㉠ 유전자형 : AA : Aa : aa = 1 : 2 : 1

㉡ 표현형 : 둥근콩(AA, Aa) : 주름진콩(aa) = 3 : 1

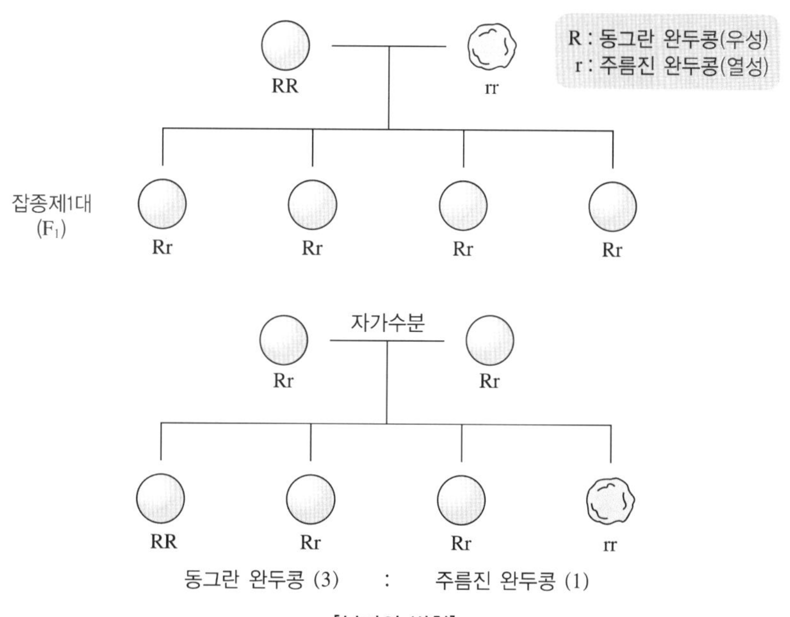

[분리의 법칙]

(2) 멘델의 제2법칙(독립의 법칙)

① 배우자(생식세포)가 생성되는 과정 동안 서로 다른 표현형과 관련된 유전자의 대립유전자가 서로 같이 움직이는 것이 아니라 독립적으로 분배되는 것을 말한다.

② 분리형 : 9 : 3 : 3 : 1

㉠ 둥근황색콩(RRYY, RRYy, RrYY, RrYy) : 9

㉡ 둥근녹색콩(RRyy, Rryy) : 3

㉢ 주름진황색콩(rrYY, rrYy) : 3

㉣ 주름진녹색콩(rryy) : 1

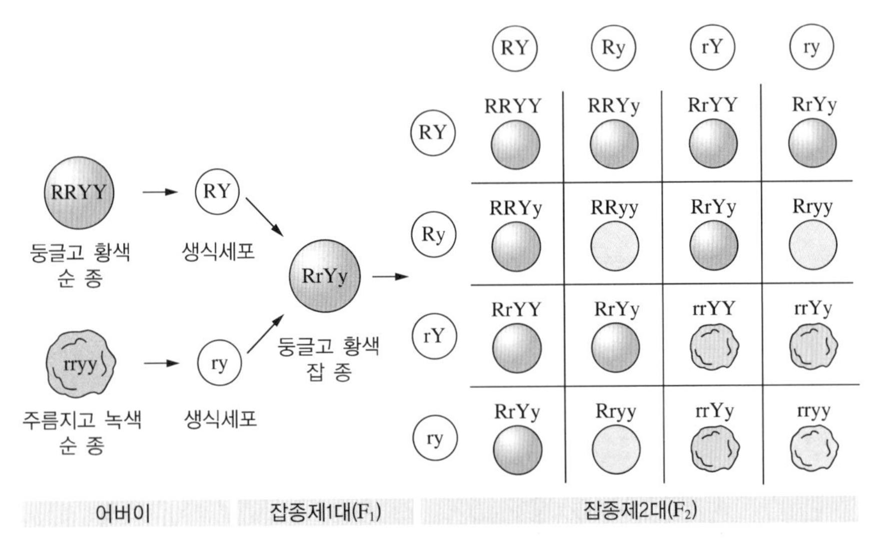

[두 쌍의 대립형질유전]

2. 형질의 유전

(1) 질적형질과 양적형질

① **질적형질** : 교배 후의 잡종집단에서 완두콩의 꽃색처럼 붉은색, 흰색으로 뚜렷하게 나눠지는 형질을 질적형질이라 한다.

예 색깔(흰색, 노랑색, 빨강색 등), 내병성(있다, 없다) 등

② **양적형질** : 작물의 키나 수량처럼 측정치를 숫자나 양으로 나타낼 수 있는 형질을 말한다. 환경의 영향을 크게 받는다.

예 길이, 무게, 넓이, 크기 등

(2) 근교약세와 잡종강세

① **근교약세** : 타식성 작물에 있어서 자식 또는 근계교배를 계속하면 그 후대에 가서 현저하게 생활력이 감소되는 현상을 말한다.

② **잡종강세** : 이형접합체인 잡종이 양친보다 왕성한 생육을 나타내는 현상을 말한다. 타식성 식물의 근친교배로 인해 약세화한 식물체 또는 자식계통끼리 교배하면 그 잡종1세대는 잡종강세가 뚜렷하다.

02 육 종

1. 육종의 목적과 단계

(1) 육종의 목적

① **수확량 증대** : 다수성은 육종의 중요한 목표 중 하나이다.

② **병해충 저항성 증대** : 병해충 저항성이 증대됨으로써 품질과 수량을 높일 수 있고 농약 살포에 대한 노력을 절감할 수 있다.

③ **심기, 수확 등의 작업성 향상** : 측지가 없는 성질이나 자가적과성 등은 전정과 과실 솎기 등의 노력을 절감할 수 있고 기계 이용에 적합하도록 품종을 개량할 수 있다.

④ **맛과 모양 등의 품질 향상** : 과피의 색깔, 육질, 크기, 모양, 당과 산의 함량, 풍미, 무기성분의 함량 등을 향상시킬 수 있다.

⑤ **재배환경 적응력 증대** : 내한성, 내건성, 내습성, 내염성, 대기오염 등에 대한 저항성을 높일 수 있는데 우리나라에서는 내한성이 가장 문제가 된다.

(2) 우량품종 조건

① **균일성** : 같은 품종의 모든 식물에게 고르게 나타나는 성질이다.

② **우수성** : 재배적 특성이 종합적으로 우수한 것이어야 한다.

③ **영속성** : 균일하고 우수한 특성이 대대로 변하지 않고 유지되는 것이어야 한다.

(3) 육종 단계

문제점 인식 - 육종목표 세우기 - 육종방법 결정 - 변이 생성 - 우수 개체 고르기 - 생산성, 적응성 시험 - 품종 등록 - 증식 및 보급의 단계를 거친다.

2. 교배방식

단교배 (A/B)	• A품종 × B품종 • 서로 다른 2개의 품종을 이용하여 교배하는 것
3원교배 (A/B//C)	• (A × B) × C품종 • (A × B)의 잡종1대의 식물체에 다른 C품종을 이용하여 교배
복교배 (A/B//C/D)	• (A × B) × (C × D) • 두 개의 잡종1대 식물체 간에 교배하는 것
여교배 (A/B//A) 또는 (A/B//B)	• 두 교배친 중 어느 한쪽 친과 다시 한 번 더 교배하는 것 • 특수한 1개의 형질 개량에 주로 이용
다계교배	• [(A × B) × (C × D)] × [(E × F) × G)] • 3개 이상의 교배친을 이용하여 품종이 가지고 있는 우량형질을 한 품종에 모으고자 할 때 이용

3. 육종방법

(1) 도입육종법

① 가장 오래된 육종 방법으로, 외국으로부터 육종 소재나 완성된 품종을 도입하여 육종 재료로 쓰거나 품종으로 사용하는 방법을 말한다.

② 도입하는 종자나 묘목에서 우리나라에 없는 병해충이 묻어오지 않도록 식물검역이 필요하다.

(2) 선발육종법(분리육종법)

① 이미 있는 품종 중에서 어떤 개체 또는 개체군을 선발하여 그 품종을 개량하거나 새로운 품종을 육성하는 품종 개량 방법을 말한다.

② **단점** : 유전적 변이의 폭이 좁아 육종 효율이 낮다.

(3) 교배육종법

① 우수한 특성을 가지고 있는 계통들 사이에서 육종하는 방법으로 교잡을 통해서 육종의 소재가 되는 변이를 얻어 육종하는 방법이다.

② 자가수정 작물의 개량에 가장 많이 사용한다.

③ **교배육종의 품종 육성시간** : 벼, 밀 등의 1년생 작물은 최소 5년, 과수나무나 임목 등은 20년 이상이 소요된다.

④ 교배육종 방법

㉠ 계통육종법 : 잡종 초기세대인 F_2 세대부터 개체선발과 계통선발을 3~4회 반복하면서 우량계통을 선발하여 목표형질들이 고정된 계통을 육성하는 방법이다.

- 특징 : 육성하고자 하는 목표형질이 질적형질이거나 유전력이 높은 형질인 경우에 효과적이다.
- 장 점
  - 육종가의 정확한 선발에 의하여 육종규모를 줄이고 육종연한을 단축할 수 있다.
  - 잡종1세대부터 선발을 시작하므로 육안관찰이나 특성 검정이 용이한 질적 형질의 개량이 효율적이다.
- 단 점
  - 선발이 잘못되었을 경우 유용유전자를 상실할 수 있다.
  - 선발에 많은 시간, 노력, 경비가 들어간다.

㉡ 집단육종법 : 잡종 초기세대에는 선발을 하지 않고 한 조합의 모든 개체의 종자를 집단채종한 후 혼합재배를 실시한다. 분리세대가 대부분 고정되는 후기세대부터 개체선발을 실시하는 방법이다.

- 특징 : 수량성과 같은 양적형질의 도입과 선발에 효과적이다.
- 장 점
  - 출현빈도가 낮은 우량유전자형의 선발 가능성이 높다.
  - 유용유전자를 잃을 우려가 적다.
  - 후기 선발을 하기 때문에 자연선택을 유리하게 이용할 수 있다.
  - 동형접합성이 높아진 후기세대에 개체선발하여 곧바로 고정계통을 얻게 되므로 선발이 간편하다.
- 단점 : 집단재배를 하는 동안 육종규묘를 조정하기 곤란하며, 계통육종에 비해 육종연한이 길어진다.

㉢ 1개체 1계통법 : 잡종 초기세대에는 집단내의 모든 개체로부터 1립씩 채종하여 이것을 집단재배하는 방법으로 집단육종과 계통육종을 절충한 것이다.

- 특징 : 작은 면적에서 많은 조합을 취급할 수 있고 온실과 같은 시설을 이용하면 세대 촉진을 하여 육종기간을 단축시킬 수 있다.

㉣ 여교잡법 : 잡종1세대를 만들 때 이용한 양친 가운데 우수한 형질을 가진 계통과 계속적으로 교배하여 새로운 품종을 만드는 육종법이다. 장려품종이 가지고 있는 1개의 결점을 집중적으로 개량할 때 이용한다. ((A×B)×A)(우량품종을 반복친으로 이용)

- 장점 : 육종효과가 확실하며, 실용품종이 가지고 있는 1개의 결점을 집중적으로 개량할 때 이용한다.
- 단점 : 목표형질 이외 다른 형질의 개량을 기대하기 어렵다.

(4) 잡종강세 육종법

① 잡종강세 현상이 왕성하게 나타나는 1대잡종(F_1)의 품종을 이용하는 방법이다.

② 1대잡종 종자의 장점

㉠ 생산성의 증대가 확실하고 내병성이 향상된다.

㉡ 품질이 균일한 생산물을 얻을 수 있다.

㉢ 우성유전자를 이용하기 유리하다는 이점이 있다.

㉣ 매년 새로 만든 1대잡종 종자를 파종하므로 종자산업발전에 긍정적인 영향을 준다.

③ 1대잡종 종자 생산 방법 : 1대잡종 종자를 경제적으로 대량 채종 가능한 체계가 마련되어야 한다.

㉠ 인공교배 이용 : 오이, 수박, 호박, 멜론, 참외, 토마토, 가지, 피망 등

㉡ 웅성불임성 이용 : 당근, 상추, 우엉, 쑥갓, 파, 양파, 벼, 옥수수, 밀, 고추 등

㉢ 자가불화합성 이용 : 무, 양배추, 배추, 브로콜리, 순무 등

(5) 돌연변이 육종법

① 방법 : 어버이에 없던 형질이 유전 인자의 변화에 의해 나타나는 돌연변이를 육종에 이용하는 방법이다.

㉠ 자연적 돌연변이

- 아조변이
  - 가지나 줄기의 생장점 유전자에 돌연변이가 일어나 형질이 다른 가지, 줄기가 생기는 일이다.
  - 원인 : 강한 햇빛, 번개, 농약과 같은 화학약품 등
- 자연적 돌연변이 이용한 품종 : 델리셔스(사과), 이십세기(배), 백도(복숭아), 델라웨어(포도)

㉡ 인위적 돌연변이 : 콜히친 처리 및 방사선(X선, 감마선 등) 이용

② 장 점

㉠ 교배육종을 적용하기 어려운 재배식물의 개량에 유리하다.

㉡ 유전자원을 확대한다.

㉢ 원품종의 유전자형을 크게 변화시키지 않고 특정 형질만을 개량할 수 있다.

③ 단 점

㉠ 실용형질에 대한 돌연변이율이 매우 낮다.

㉡ 종자나 식물체에서 돌연변이의 유발 장소를 제어할 수 없다.

㉢ 배수성 식물은 돌연변이체 선발이 어렵다.

(6) 배수체 육종법

① **배수성과 배수체** : 식물에서 염색체 세특 중복으로 구성된 상태를 배수성이라고 하고 배수성으로서 안정적인 상태를 유지하고 있는 생물체를 배수체라고 한다.

㉠ 배수성의 분류
- 정배수성 : 기본염색체의 완전 세트의 중복
- 이수성 : 기본염색체의 불완전 세트의 중복
- 배수성 : 2배체 체세포 기본염색체의 배수의 상태
- 동질배수성 : 같은 게놈의 염색체의 배수성(AAAA)
- 이질배수성 : 다른 게놈의 염색체의 배수성(AABB)

㉡ 배수체 식물의 특성
- 동질배수성은 분열조직의 세포 크기가 일반적으로 크다.
- 동질배수체는 잎이 두껍고 넓으며 짧은 편이다. 기타 기관조직이 2배체에 비하여 일반적으로 크고 생장량이 많은 편이다.
- 배수체의 성장률은 2배체보다 낮은 편이고 개화가 늦고 생육기간이 길다.
- 가지수나 분지수가 감수한다.
- 배수체는 화분 생산량이 불량하고 임성이 떨어진다.
- 이질배수성은 양친보다 생육이 왕성하고 적응력이 높다.

② **배수체 작성**

㉠ 콜히친 처리 : 콜히친은 방추사 형성을 억제함으로써 염색체 분리가 일어나지 않도록 해 배수체를 형성한다.
- 종자 처리 시 : 종자를 0.2~1.6%의 콜히친 용액에 1~10일 정도 침지한 후 파종한다.
- 유묘 처리 시 : 발아한 종자를 콜히친 0.2% 용액에 담그어 처리한다.
- 자엽이나 본엽이 출현한 묘의 경우 : 0.2~0.5% 콜히친 용액을 자엽 사이 또는 생장점에 묻혀 처리한다.
- 자라는 싹이나 눈에 콜히친 처리 시 : 생장점에 몇 회에 걸쳐 콜히친 용액을 몇 방울 떨어뜨려 주거나 식물체를 휘게 하여 콜히친 용액에 생장점 부위를 침지시킨다.

③ **동질배수체** : 같은 종의 염색체 수가 두 벌 이상 있는 개체이다. 동일한 게놈이 배가된 것으로 2배체에 비해 유전물질의 차이는 없고 양적으로만 증가된 상태이다.

㉠ 장 점
- 핵과 세포 증대 : 동질배수체는 핵질의 증가로 인해 2배체에 비해 핵과 세포가 크게 되고 이는 곧 기관 및 조직의 증대로 이어진다.
- 영양기관 거대화 : 세포의 크기 증가로 인해 줄기, 잎, 뿌리의 생육이 왕성하고 거대화된다.
- 저항성 증대 : 일반적으로 병충해에 대한 저항성이 강해지고 불량환경에 대한 내성도 증가한다.

㉡ 단 점

- 임성 불량 : 임성이 불량하고 착과성이 감소하는 경향이 있다.
- 발육 지연 : 생장속도 및 출수기, 개화기, 성숙기, 과실의 등숙 등이 지연된다.

㉢ 씨 없는 수박 만들기(동질3배체) : 2배체(콜히친 처리) → 4배체
4배체×2배체 → 3배체를 만듦으로써 씨 없는 수박 생성

④ **이질배수체** : 서로 다른 게놈이 결합한 것으로 AABB, AACC 등으로 표기될 수 있다.

㉠ 장점 : 양친의 중간형질과 서로 다른 종이 조합한 새로운 식물을 만들 수 있다.

(7) 반수체 육종법

① **반수체** : 정상적인 개체가 갖는 염색체 수(2n)의 절반, 즉 배우자체의 핵형(n)을 갖는 개체를 일컫는다. 이러한 반수체를 이용한 육종이 반수체 육종이다.

② **반수체 작성** : 약 배양, 화분 배양, 배 배양, 배주·배낭 배양, 방사선 조사에 의한 반수체 생산 등을 통해 반수체를 생산할 수 있다.

③ **장단점**

㉠ 장 점

- 동형접합 순계 품종 개발의 기간을 단축한다.
- 유용한 유전자를 가지는 유전자형의 선발에 효과적으로 이용된다.
- 육종기간이 단축된다.

㉡ 단 점

- 특수한 기술과 장기간이 필요하다.
- 염색체 배가의 추가 기술에 대한 비용이 증가한다.
- 반수체 생산 빈도가 낮다.

03 신품종의 보호와 증식 및 보급

1. 품종의 개념과 구비조건

(1) 품종과 계통

① **품종** : 재배종이라고도 하며, 적어도 한 가지 이상의 특징에 있어 다른 품종과 구별할 수 있고 그 특성이 균일하며, 세대가 진전되어도 균일한 특성이 변화하지 않는 개체군을 말한다.

② **계통** : 품종을 재배하는 동안 이형유전자형분리, 자연교잡, 돌연변이, 이형종자의 기계적 혼입 등에 의해 품종 내에 유전적 변화가 이러나 새로운 특성을 가진 변이체가 생기게 된다. 그러한 변이체의 자손을 계통이라 한다.

(2) 신품종의 구비조건

① **신규성** : 상업화한 지 일정기간 내에 출원해야 한다.
② **구별성** : 다른 품종과 구별될 수 있어야 한다.
③ **균일성** : 모든 개체가 충분히 균일해야 한다.
④ **안정성** : 품종특성이 안정적으로 유지되어야 한다.
⑤ **고유의 품종명칭** : 1품종 1명칭의 원칙을 적용하고 있으며 1개의 고유한 품종명칭을 가져야 한다.

2. 종자증식체계

기본식물 → 원원종 → 원종 → 보급종의 단계를 거친다.

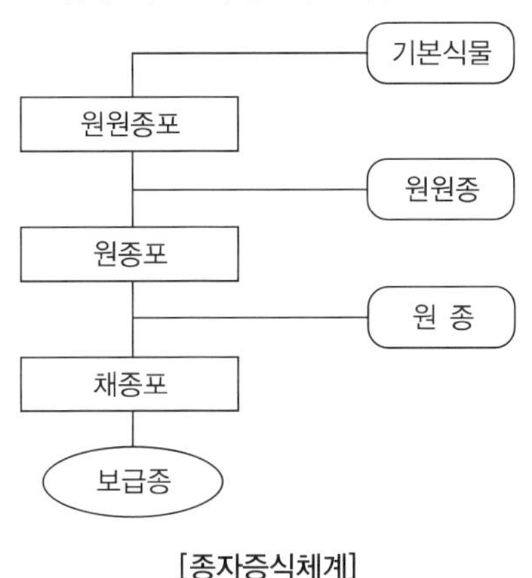

[종자증식체계]

(1) 기본식물

신품종 증식의 기본이 되는 종자를 기본식물이라 한다.

(2) 원원종

기본식물을 분배받아 증식하는 포장을 원원종포라 하며 원원종포에서 생산한 종자를 원원종이라 한다.

(3) 원 종

채종포에 심을 종자를 생산하기 위해 원원종을 재배하는 포장을 원종포라 하고, 여기서 생산한 종자를 원종이라 한다.

(4) 보급종

원종을 더욱 증식하여 농가에 보급할 종자를 생산하는 포장을 채종포라 하고, 여기서 수확한 종자를 보급종이라 한다.

04 채종재배

1. 우량종자의 구비조건

(1) 내적 조건

① **유전성** : 종자는 우량품종에 속하고, 유전적으로 순수하고 이형종자의 혼입이 없어야 한다.
② **발아력** : 발아가 빠르고 균일하며, 발아율이 높은 초기신장성이 좋아야 한다.
③ **병충해** : 벼의 선충, 감자의 바이러스병과 같은 종자전염의 병충원을 지니지 않은 종자여야 한다.

(2) 외적 조건

① **순도** : 전체 종자에 대한 순수종자의 중량비를 순도라고 하며, 그 종이나 품종 고유의 순수종자 이외에 불순물이 포함되지 않아야 한다.
② **종자의 크기 및 중량** : 종자는 크고 무거운 것이 발아와 발아 후 생육이 좋다.
③ **종자의 색택 및 냄새** : 품종 고유의 색택과 신선한 냄새를 가진 것이 생리적으로 충실하고 발아와 생육이 좋다.
④ **종자의 수분함량** : 종자의 수분함량이 낮을수록 저장이 잘 되고 발아력이 오래 유지된다.
⑤ **종자의 건전도** : 탈곡 중 기계적 손상이 없고 변색, 변질, 오염이 없어 외형적으로 건전한 종자가 우량한 종자가 된다.

(3) 우량종자를 얻기 위한 조건

① 우량품종에 속하는 것이어야 한다.
② 유전적으로 순수하고 이형 종자가 섞이지 않은 것이어야 한다.
③ 충실하게 발달하여 생리적으로 좋은 종자여야 한다.
④ 병충해에 감염되지 않은 종자여야 한다.
⑤ 발아력이 건전해야 한다.
⑥ 잡초종자나 이물이 섞이지 않은 것이어야 한다.

2. 채종재배

우수한 종자의 생산을 위한 재배를 채종재배라고 하며, 재배지의 선정, 종자의 선택 및 처리, 재배법, 이형주의 도태, 수확 및 조제, 저장 등의 특별한 관리를 해야 한다.

(1) 재배지의 선정

① **재배지 선정 시 고려사항** : 작물 재배환경, 기후, 인프라, 관개수 및 토양, 병해충 발생상황, 법령, 유전적 오염 유무 등

② **재배지 선정 조건**

㉠ 기상재해, 일조와 일장, 비와 습도, 온도 등이 채종재배에 적합한 곳이어야 한다.

㉡ 병해충 발생이 관리 가능한 수준이어야 한다.

㉢ 노동력을 구하기 쉽고, 인건비가 적당해야 한다.

㉣ 오염되지 않는 관개수와 건강한 경작지가 확보되어야 한다.

㉤ 운반과 이동을 위한 교통여건이 확보되어야 한다.

㉥ 종자의 생산과 유통에 관한 법령제도, 종자의 수출입에 관련된 검역 및 관세 법제를 검토해야 한다.

㉦ 비료, 농약, 육묘자재, 보온자재, 각종 영농시설 및 기계장비 등 영농에 필요한 물자의 공급이 원활해야 한다.

㉧ 주변의 동종 및 교잡 가능한 근연종의 작물이나 잡초의 유무와 분포를 검토하여 유전적 오염을 최소화할 수 있어야 한다.

③ **유전적 오염 대비하기**

㉠ 자식성 작물은 격리거리를 멀리 확보할 필요가 낮은 반면, 타식성 작물은 곤충이나 바람에 의해 수정이 될 수 있으므로 잠재적 오염원으로부터 멀리 떨어뜨려야 한다.

㉡ 작물별, 종자급별로 필요한 격리거리를 확보한다.

- 상추 : 60m, 토마토 : 300m, 고추 : 500m
- 무, 배추, 양배추, 오이, 참외, 수박, 호박, 파, 양파, 당근, 시금치 : 1,000m

㉢ 입지가 좋지 않을 때는 망실 같은 인공적인 차단장치를 이용해야 한다.

(2) 종자의 처리 및 선택

채종재배에 사용하는 종자는 원종포 또는 원원종포 등에서 생산된 믿을 수 있는 우수한 종자여야하며, 선종 및 종자 소독 등의 필요한 처리를 해서 파종한다.

(3) 재배조치

① 밀식을 삼가며, 도복과 병충해를 철저히 막고 질소비료의 과용을 피한다.

② 인산, 칼리, 미량 요소를 충분히 시용하여 결핍이 없도록 하고, 균일하고 충실한 결실을 유도한다.

③ 제초를 철저히 하고 이형주는 개화 전에 제거한다.

(4) 결실관리

① **매개곤충 활용** : 타가수분을 하는 타식성 식물은 매개곤충을 활용하여 수분, 수정 시킬 수 있다.

② 개화기 조절

㉠ 개화에 영향을 미치는 요인 : 온도, 일장, 영양상태, 파종 시기, 정식 시기 등

- 춘화처리 : 작물의 개화를 유도하기 위하여 생육 기간 중의 일정시기에 온도처리 하는 일을 말한다. 주로 저온을 받으면 화아가 분화한다.

종자춘화형	• 발아에 필요한 수분을 흡수하면 종자 때부터 저온에 감응하여 일정기간 저온에 노출되면 화아가 형성되는 춘화형태이다. • 무, 배추, 갓, 보리, 밀 등이 있다.
녹식물춘화형	• 영양생장이 일정한 단계에 이른 후 저온에 감응하여 화아가 형성되는 춘화형태이다. • 양배추, 브로콜리, 컬리플라워, 당근, 양파, 근대 등이 있다.

- 일장 : 낮의 길이(명기)와 밤의 길이(암기)가 작물의 개화에 영향을 미치는 것을 말한다.

장일성 식물	• 밤의 길이가 일정시간 이상 짧아지면 개화하는 식물이다. • 추파맥류, 시금치, 상추, 해바라기, 아주까리 등이 있다.
중일성 식물	• 일장이 화성에 영향이 거의 없는 식물이다. • 강낭콩, 고추, 토마토, 당근, 셀러리 등이 있다.
단일성 식물	• 밤의 길이가 일정시간 이상 길어지면 개화하는 식물이다. • 벼, 옥수수, 콩, 담배, 호박, 오이, 조, 기장 등이 있다.

㉡ 성발현 조절

- 박과채소 : 저온단일 조건과 에스렐 처리는 암꽃 발생을 촉진하고, 고온장일 조건과 질산은 처리는 수꽃 발생을 촉진한다.
- 모시풀 : 8시간 이하의 단일조건에서 모두 암꽃이 발생하고, 14시간 이상의 장일에서는 모두 수꽃이 발생한다.

③ **인공수분** : 매개곤충을 이용할 수 없는 작물의 채종에서 필요하며 인위적으로 수분을 시키는 일을 말한다. 자식성 작물은 한 꽃 속에 수술과 암술이 함께 있기 때문에 수술을 제거할 필요가 있다.

㉠ 제웅 : 개화 전에 꽃밥을 제거해주는 일을 말한다. 자가수분을 방지하기 위해 제웅 후 인공교배를 실시한다.

- 제웅 시기 : 벼는 개화하기 전날 오후, 보리, 밀 등은 개화 2~3일 전 오후, 감자는 방금 핀 꽃이나 개화 직전의 꽃봉오리 때에 제웅하며 유채는 오후 5시~다음 날 오전 7시 사이에 제웅한다.

- 제웅 방법 : 절영법, 개열법, 화판인발법, 온수나 냉수 처리, 알코올 처리, 유전적 제웅(웅성불임성, 자가불화합성)
  - 절영법 : 영의 선단부를 가위로 잘라 핀셋으로 꽃밥을 제거하고 교배하는 방법으로 벼, 보리, 밀 등에 이용하는 방법이다.
  - 개열법 : 꽃의 꽃봉오리 시기에 핀셋으로 꽃봉오리의 꽃잎을 제거한 후 수술을 제거하는 방법으로 콩, 유채, 고구마, 장미, 토마토 등에서 이용하는 방법이다.
  - 화판인발법 : 핀셋으로 꽃잎을 뽑아내어 제거시키면 수술도 함께 제거되는 방법으로 자운영 등에 이용하는 방법이다.

㉡ 웅성불임성과 자가불화합성 이용 : 적절히 불임성을 타파하여 이용함으로써 인공수분 때 제웅에 대한 노력이 경감된다.

㉢ 인공수분에 필요한 재료 : 가위, 핀셋, 진공흡출제웅기, 항온수조, 교배봉투(파라핀 용지, 유산지), 교배야장, 표찰, 연필 등

(5) 수확 및 조제

① 종자 수확

㉠ 종자 수확기에 영향을 미치는 요인

- 채종대상 작물, 품종, 모본친의 유전적인 특성 : 과피의 두께, 과내 수분함량, 과의 크기 등을 고려해야 한다.
- 채종지역의 기후 특성 : 각 지역의 기후적 특성으로 등숙 기간이 달라질 수 있고 이로 인해 수확시기에 영향을 받을 수 있다.
- 채종지역의 수확방법이나 작업관행 : 동일한 작물을 채종하더라도 채종 방법에 따라 수확기가 달라질 수 있다.

㉡ 수확기 판별

채종적기	• 곡물류 : 유숙기 → 호숙기 → 황숙기(채종적기) → 완숙기 → 고숙기 • 채소류 : 백숙기 → 녹숙기 → 갈숙기(채종적기) → 고숙기
개화 또는 착과 후 생육일수	• 무 : 개화 종료 후 30~35일 • 수박 : 착과 후 45~50일 • 고추 : 착과 후 75~80일
수확기 육안판단	• 무, 배추 : 협 안에 종자의 색 변화가 있을 때이다. • 양파, 파 : 화구 위 부분의 색 변화가 있을 때이다. • 당근 : 화륜의 색 변화가 있을 때이다. • 고추 : 과피의 색, 과 끝의 주름, 과피 표면의 네트 현상이 나타날 때이다. • 토마토 : 과의 경도, 과내에 종자의 등숙 정도를 보고 판별한다. • 수박, 참외 : 과 꼭지가 빠지거나 금이 갈 때이다. • 오이 : 과피의 색변화, 과 표면의 네트현상이 나타날 때이다.
보조적 방법에 의한 수확기 판정	수분측정기, 당도측정기, 색도표 등을 이용한다.

㉢ 종자수확하기

• 건조종자 : 종자가 줄기 위에서 생산되는 건조종자는 콤바인이나 탈곡기를 이용하여 종자를 수확한다.

• 습윤종자

- 과채류 작물의 종자와 같이 과실 내 심실에 들어있는 습윤종자는 과를 으깨거나 부수어 과육과 종자를 꺼내고, 동시에 세척하는 작업이 가능한 탈종기를 이용한다.
- 과에서 종자를 바로 탈종하는 것, 후숙을 거쳐 탈종하는 것, 과육을 함께 발효 후 탈종하는 것으로 나뉜다.

② 종자 조제 : 후숙 및 발효시키기

㉠ 후숙 : 미숙한 종자의 완전한 등숙을 유도하기 위해서 실시한다.

㉡ 발효 : 과채류 작물들 중에서 종자를 둘러싸고 있는 젤리 성분을 가지고 있을 경우 탈종작업 중에 세척을 용이하기 위함이다. 발효과정을 통해 젤리성분이 완전히 제거될 수 있도록 한다.

㉢ 작물별 후숙 및 발효

• 양배추, 브로콜리 : 후숙 10~14일
• 무, 배추 : 예취하여 수확하는 지역에서 후숙 필요
• 양파, 파 : 후숙 10~14일
• 고추 : 후수 1~3일
• 토마토 : 후숙 1~3일, 발효 1~2일
• 오이 : 후숙은 지역에 따라 차이가 있음, 발효 1일
• 호박 : 후숙 15~30일 이상
• 딸기, 양앵두 등 : 종자를 물에 담갔다가 체에 꺼내 흐르는 물에 넣고 흔들어 과육을 제거한 뒤 건조한다.
• 토마토, 오이, 참외 : 종자 주위 점액질의 과육 존재하는 경우 종자를 1~2일간 썩혀 물로 씻어 종자를 꺼내거나 산 처리를 한다.

(6) 종자 정선과 건조

① 선종 : 크고 충실하여 발아 및 생육이 좋은 종자를 가려내는 일을 말한다.

㉠ 대략정선 : 종자 정선의 기초적인 예비 정선 단계로 이물질과 쭉정이 등을 선별한다.

㉡ 정밀정선 : 대략 정선과 비슷하나 더 정밀한 정선으로 미숙립 또는 크기가 다른 종자를 선별하는 과정이다.

㉢ 비중정선(소금물 가리기)

• 최종적인 종자 선별 과정으로 대략정선과 정밀정선에서 선별되지 않은 미숙립 등을 선별하여 완전한 종자를 생산한다.
• 비중 : 몽근메벼-1.13, 까락이 있는 메벼-1.10, 찰벼와 밭벼-1.08

㉣ 사선 : 크기가 다른 것을 체나 그물로 선별하는 방법이다.
㉤ 풍선 : 무게가 다른 것을 바람에 날려서 선별하는 방법이다.
㉥ 수선 : 비중이 다른 것을 물에 의해 선별하는 방법이다.
㉦ 입선 : 과피를 갈퀴 등으로 제거하고 낱알을 긁어모아 선별하는 방법이다.

② 일반적인 벼 종자 정선과정 : 대략정선 → 건조 → 정밀정선 → 비중정선 → 소독 → 포장

③ 종자의 건조
㉠ 자연건조 : 자연적으로 수분이 감소하게 하는 것으로 베어서 단을 만들어 걸어두거나 멍석 등에 놓고 말린다.
㉡ 태양건조 : 땅바닥에 거적이나 비닐을 깔아서 종자를 말린다.
㉢ 인조건조 : 열풍건조기 이용하는 방법이다.

적중예상문제

01 멘델의 제1법칙의 유전자형 비를 쓰시오.

AA : Aa : aa = (　　　)

정답

1 : 2 : 1

02 멘델의 제1법칙의 표현형 비를 쓰시오(둥근콩 : 우성, 주름진콩 : 열성).

둥근콩 : 주름진콩 = (　　　)

정답

3 : 1

03 다음 그림의 빈칸에 알맞은 유전자형을 쓰시오.

R : 동그란 완두콩(우성)
r : 주름진 완두콩(열성)

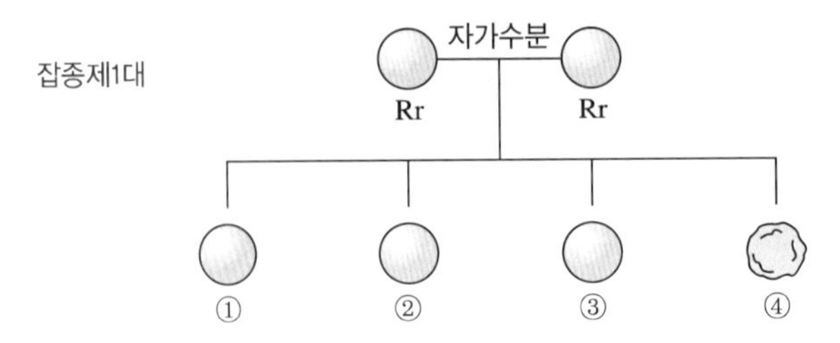

정답

① RR, ② Rr, ③ Rr, ④ rr

04 멘델의 제1법칙 표현형 비를 쓰시오(둥글고 황색 : 우성, 주름지고 녹색 : 열성).

둥근황색콩 : 둥근녹색콩 : 주름진황색콩 : 주름진녹색콩 = (   )

[정답]

9 : 3 : 3 : 1

05 질적형질에 대해 설명하고 질적형질에 해당하는 형질 1가지를 쓰시오.

[정답]

교배 후의 잡종집단에서 완두콩의 꽃색처럼 붉은색, 흰색으로 뚜렷하게 나눠지는 형질을 질적형질이라 한다.

06 양적형질에 대해 설명하고 양적형질에 해당하는 형질 1가지를 쓰시오.

[정답]

작물의 키나 수량처럼 측정치를 숫자나 양으로 나타낼 수 있는 형질을 말한다. 환경의 영향을 크게 받는다.

07 다음 빈칸에 들어갈 알맞은 말을 쓰시오.

타식성 작물에 있어서 자식 또는 근계교배를 계속하면 그 후대에 가서 현저하게 생활력이 감소되는 현상을 (①)(이)라 하며, 이형접합체인 잡종이 양친보다 왕성한 생육을 나타내는 현상을 (②)(이)라 한다.

[정답]

① 근교약세, ② 잡종강세

08 육종의 목적 3가지를 쓰시오.

정답

- 수확량 증대
- 병해충 저항성 증대
- 심기, 수확 등의 작업성 향상
- 맛과 모양 등의 품질 향상
- 재배환경 적응력 증대

09 우량품종의 조건 3가지를 쓰시오.

정답

균일성, 우수성, 영속성

10 우량품종의 조건 중 균일성에 대해 서술하시오.

정답

균일성이란 같은 품종의 모든 식물에게 고르게 나타나는 성질이다.

11 우량품종의 조건 중 우수성에 대해 서술하시오.

정답

우수성이란 재배적 특성이 종합적으로 우수한 것이어야 한다.

12 우량품종의 조건 중 영속성에 대해 서술하시오.

정답

영속성이란 균일하고 우수한 특성이 대대로 변하지 않고 유지되는 것이어야 한다.

13 다음 빈칸에 들어갈 알맞은 말을 고르시오.

> 우량품종의 조건 중 같은 품종의 모든 식물에게 고르게 나타나는 성질을 (균일성 / 구별성)이라 하며, 균일하고 우수한 특성이 대대로 변하지 않고 유지되어야하는 조건을 (우수성 / 영속성)이라 한다.

정답

균일성, 영속성

14 다음 중 육종단계를 순서대로 알맞게 나열한 것을 고르시오.

> 문제점 인식 → (　　　　　　) → (　　　　　　) → (　　　　　　) → (　　　　　　) → (　　　　　　) → 품종 등록 → 증식 및 보급

① 육종목표 세우기 → 육종방법 결정 → 변이 생성 → 생산성, 적응성 시험 → 우수개체 고르기

② 육종목표 세우기 → 육종방법 결정 → 변이 생성 → 우수개체 고르기 → 생산성, 적응성 시험

③ 육종방법 결정 → 육종목표 세우기 → 변이 생성 → 생산성, 적응성 시험 → 우수개체 고르기

④ 육종방법 결정 → 육종목표 세우기 → 변이 생성 → 우수개체 고르기 → 생산성, 적응성 시험

정답

②

15 다음 빈칸에 들어갈 알맞은 말을 고르시오.

> A품종×B품종의 잡종1대의 식물체에 다른 C품종을 이용하여 교배하는 것을 (다계교배 / 3원교배)라 하며, 두 교배친 중 어느 한쪽 친과 다시 한 번 더 교배하는 것을 (복교배 / 여교배)라 한다.

정답

3원교배, 여교배

16 다음 빈칸에 들어갈 알맞은 말을 쓰시오.

> 가장 오래된 육종 방법으로 외국으로부터 육종 소재나 완성된 품종을 도입하여 육종 재료로 쓰거나 바로 품종으로 사용하는 방법을 (①) 육종법이라 하며, 가져온 종자나 묘목에서 우리나라에 없는 병해충이 묻어오지 않도록 (②)이 필요하다.

정답

① 도입, ② 식물검역

17 선발육종법의 단점을 쓰시오.

유전적 변이 폭이 좁아 육종 효율이 낮다.

18 다음 빈칸에 들어갈 알맞은 말을 고르시오.

> 계통육종법은 잡종 초기세대부터 우량계통을 선발하기 때문에 육성하고자 하는 목표형질이 (질적형질 / 양적형질)인 경우에 효과적이며, 집단육종법보다 육종연한이 (길다 / 짧다)는 특징이 있다.

정답

질적형질, 짧다

19 계통육종법의 장점과 단점을 1가지씩 쓰시오.

정답

- 장 점
  - 육종가의 정확한 선발에 의하여 육종규모를 줄이고 육종연한을 단축할 수 있다.
  - 잡종1세대부터 선발을 시작하므로 육안관찰이나 특성 검정이 용이한 질적형질의 개량이 효율적이다.
- 단 점
  - 선발이 잘못되었을 경우 유용유전자를 상실할 수 있다.
  - 선발에 많은 시간, 노력, 경비가 들어간다.

20 집단육종법의 장점과 단점을 1가지씩 쓰시오.

정답

- 장 점
  - 출현빈도가 낮은 우량유전자형의 선발 가능성이 높다.
  - 유용유전자를 잃을 우려가 적다.
  - 후기 선발을 하기 때문에 자연선택을 유리하게 이용할 수 있다.
  - 동형접합성이 높아진 후기세대에 개체선발하여 곧바로 고정계통을 얻게 되므로 선발이 간편하다.
- 단 점
  - 집단재배를 하는 동안 육종규모를 조정하기 곤란하며, 계통육종에 비해 육종연한이 길어진다.

21 여교잡법의 장점과 단점을 1가지씩 쓰시오.

정답

- 장점 : 육종효과가 확실하며, 실용품종이 가지고 있는 1개의 결점을 집중적으로 개량할 때 이용한다.
- 단점 : 목표형질 이외 다른 형질의 개량을 기대하기 어렵다.

22 잡종강세 육종법에 대해 서술하시오.

정답

잡종강세 현상이 왕성하게 나타나는 1대잡종의 품종을 이용하는 방법이다.

23 1대잡종 종자의 장점 3가지를 쓰시오.

정답

- 생산성의 증대가 확실하고 내병성이 향상된다.
- 품질이 균일한 생산물을 얻을 수 있다.
- 우성유전자를 이용하기 유리하다는 이점이 있다.
- 매년 새로 만든 1대잡종 종자를 파종하므로 종자산업발전에 긍정적인 영향을 준다.

24 자가불화합성을 이용하여 1대잡종 종자를 생산하는 종자를 3가지 쓰시오.

정답

무, 양배추, 배추, 브로콜리, 순무 등

25 돌연변이 육종법에 대해 서술하시오.

정답

어버이에 없던 형질이 유전 인자의 변화에 의해 나타나는 돌연변이를 육종에 이용하는 방법이다.

26 아조변이의 정의를 쓰시오.

정답

가지나 줄기의 생장점 유전자에 돌연변이가 일어나 형질이 다른 가지, 줄기가 생기는 일이다.

27 아조변이의 원인을 쓰시오.

정답

강한 햇빛, 번개, 농약과 같은 화학약품 등으로 인해 발생한다.

28 인위적 돌연변이를 생산하는 방법을 쓰시오.

정답

콜히친 처리 및 방사선(X선, 감마선 등) 이용한다.

29 돌연변이 육종의 장점 3가지를 쓰시오.

정답

- 교배육종을 적용하기 어려운 재배식물의 개량에 유리하다.
- 유전자원을 확대한다.
- 원품종의 유전자형을 크게 변화시키지 않고 특정 형질만을 개량할 수 있다.

30 돌연변이 육종의 단점 3가지를 쓰시오.

정답

- 실용형질에 대한 돌연변이율이 매우 낮다.
- 종자나 식물체에서 돌연변이의 유발 장소를 제어할 수 없다.
- 배수성 식물은 돌연변이체 선발이 어렵다.

31 배수체 식물의 특성 3가지를 쓰시오.

정답

- 동질배수성은 분열조직의 세포 크기가 일반적으로 크다.
- 동질배수체는 잎이 두껍고 넓으며 짧은 편이다. 기타 기관조직이 2배체에 비하여 일반적으로 크고 생장량이 많은 편이다.
- 배수체의 성장률은 2배체보다 낮은 편이고 개화가 늦고 생육기간이 길다.
- 가지수나 분지수가 감수한다.
- 배수체는 화분 생산량이 불량하고 임성이 떨어진다.
- 이질배수성은 양친보다 생육이 왕성하고 적응력이 높다.

32 배수체를 작성할 때 사용되는 화학물질 명칭을 쓰시오.

정답

콜히친

33 동질배수체의 장점 3가지를 쓰시오.

정답

- 핵과 세포가 증대된다.
- 영양기관이 거대화된다.
- 저항성이 증대된다.

34 동질배수체의 단점을 쓰시오.

정답

- 임성이 불량해진다.
- 발육이 지연된다.

35 다음 빈칸에 들어갈 알맞은 말을 고르시오.

> 씨 없는 수박은 (동질3배체 / 동질6배체) 작물로 2배체 작물에 (콜히친 / 에스렐) 처리를 통해 만든 4배체와 2배체를 이용한다.

정답

동질3배체, 콜히친

36 반수체 작성법 3가지를 쓰시오.

정답

약 배양, 화분 배양, 배 배양, 배주·배낭 배양, 방사선 조사에 의한 반수체 생산 등을 통해 반수체를 생산할 수 있다.

37 반수체 육종의 장점 3가지를 쓰시오.

정답

- 동형접합 순계 품종 개발의 기간을 단축한다.
- 유용한 유전자를 가지는 유전자형의 선발에 효과적으로 이용된다.
- 육종기간이 단축된다.

38 반수체 육종의 단점 3가지를 쓰시오.

정답

- 특수한 기술과 장기간이 필요하다.
- 염색체 배가의 추가 기술에 대한 비용이 증가한다.
- 반수체 생산 빈도가 낮다.

39 신품종의 구비조건 5가지를 쓰시오.

정답

신규성, 구별성, 균일성, 안정성, 고유의 품종명칭

40 종자증식체계 4단계를 쓰시오.

정답

기본식물 → 원원종 → 원종 → 보급종

41 다음 빈칸에 들어갈 알맞은 말을 고르시오.

> 채종포에 심을 종자를 생산하기 위한 포장을 (원종포 / 원원종포)라 하며, 채종포에서 수확한 종자를 (원종 / 보급종)이라 한다.

정답

원종포, 보급종

42 우량종자의 구비조건 중 내적 조건 3가지를 쓰시오.

정답

- 종자는 우량품종에 속하고, 유전적으로 순수하고 이형종자의 혼입이 없어야 한다.
- 발아가 빠르고 균일하며, 발아율이 높은 초기신장성이 좋아야 한다.
- 종자전염의 병충원을 지니지 않은 종자여야 한다.

43 우량종자의 외적조건 기준 5가지를 쓰시오.

정답

순도, 종자의 크기 및 중량, 종자의 색택 및 냄새, 종자의 수분함량, 종자의 건전도

44 우량종자의 외적조건 중 순도에 대하여 서술하시오.

정답

전체 종자에 대한 순수종자의 중량비를 순도라고 하며, 그 종이나 품종 고유의 순수종자 이외의 불순물이 포함되지 않아야 한다.

45 우량종자를 얻기 위한 조건 3가지를 쓰시오.

정답

- 우량품종에 속하는 것이어야 한다.
- 유전적으로 순수하고 이형 종자가 섞이지 않은 것이어야 한다.
- 충실하게 발달하여 생리적으로 좋은 종자여야 한다.
- 병충해에 감염되지 않은 종자여야 한다.
- 발아력이 건전해야 한다.
- 잡초종자나 이물이 섞이지 않은 것이어야 한다.

46 채종재배의 목적을 쓰시오.

정답

우수한 종자의 생산을 목적으로 한다.

47 채종재배 재배지 선정 시 고려사항 3가지를 쓰시오.

정답

작물 재배환경, 기후, 인프라, 관개수 및 토양, 병해충 발생상황, 법령, 유전적 오염 유무 등

48 채종재배 재배지 선정 조건 3가지를 쓰시오.

정답

- 기상재해, 일조와 일장, 비와 습도, 온도 등이 채종재배에 적합한 곳이어야 한다.
- 병해충 발생이 관리 가능한 수준이어야 한다.
- 노동력을 구하기 쉽고, 인건비가 적당해야 한다.
- 오염되지 않는 관개수와 건강한 경작지가 확보되어야 한다.
- 운반과 이동을 위한 교통여건이 확보되어야 한다.
- 종자의 생산과 유통에 관한 법령제도, 종자의 수출입에 관련된 검역 및 관세 법제를 검토해야 한다.
- 비료, 농약, 육묘자재, 보온자재, 각종 영농시설 및 기계장비 등 영농에 필요한 물자의 공급이 원활해야 한다.
- 주변의 동종 및 교잡 가능한 근연종의 작물이나 잡초의 유무와 분포를 검토하여 유전적 오염을 최소화할 수 있어야 한다.

49 토마토와 상추 채종재배 시 확보해야 할 격리거리를 쓰시오.

정답

토마토 : 300m, 상추 : 60m

50 채종재배 시 격리거리를 1,000m 이상 확보해야하는 작물 3가지를 쓰시오.

정답

무, 배추, 양배추, 오이, 참외, 수박, 호박, 파, 양파, 당근, 시금치 등

51 배추의 채종재배 시 입지가 좋지 않아 격리거리 확보가 어려울 경우 대책을 쓰시오.

정답

망실 같은 인공적인 차단장치를 이용한다.

52 춘화처리의 정의를 쓰시오.

[정답]

작물의 개화를 유도하기 위하여 생육 기간 중의 일정시기에 온도처리 하는 일을 말한다. 주로 저온을 받으면 화아가 분화한다.

53 종자춘화형 작물 3가지를 쓰시오.

[정답]

무, 배추, 갓, 보리, 밀 등

54 녹식물춘화형 작물 3가지를 쓰시오.

[정답]

양배추, 브로콜리, 컬리플라워, 당근, 양파, 근대 등

55 장일성 식물 3가지를 쓰시오.

[정답]

추파맥류, 시금치, 상추, 해바라기, 아주까리 등

56 중일성 식물 3가지를 쓰시오.

[정답]

강낭콩, 고추, 토마토, 당근, 셀러리 등

57 단일성 식물 3가지를 쓰시오.

정답

벼, 옥수수, 콩, 담배, 호박, 오이, 조, 기장 등

58 다음에서 단일성 식물을 있는 대로 고르시오.

고추, 벼, 담배, 시금치, 오이, 셀러리

정답

벼, 담배, 오이

59 다음 빈칸에 들어갈 알맞은 말을 고르시오.

박과채소는 (저온단일 / 고온장일)에서 암꽃 발생이 많고, (에스렐 / 질산은) 처리를 통해 수꽃 발생을 촉진할 수 있다.

정답

저온단일, 질산은

60 인공수분의 정의를 쓰시오.

정답

매개곤충을 이용할 수 없는 작물의 채종에서 필요하며 인위적으로 수분을 시키는 일을 말한다.

61 제웅의 정의를 쓰시오.

정답

개화 전에 꽃밥을 제거해주는 일을 말한다.

62 제웅방법 3가지를 쓰시오.

정답

절영법, 개열법, 화판인발법, 온수나 냉수 처리, 알코올 처리 등

63 절영법을 이용하여 제웅하는 작물을 쓰시오.

정답

벼, 보리, 밀 등

64 제웅 방법 중 절영법에 대해 설명하시오.

정답

영의 선단부를 가위로 잘라 핀셋으로 꽃밥을 제거하고 교배하는 방법으로 벼, 보리, 밀 등에 이용하는 방법이다.

65 인공수분에 필요한 재료 3가지를 쓰시오.

정답

가위, 핀셋, 진공흡출제웅기, 항온수조, 교배봉투(파라핀 용지, 유산지), 교배야장, 표찰, 연필 등

66 종자 수확기에 영향을 미치는 요인 3가지를 쓰시오.

정답

과피의 두께, 과내 수분함량, 과의 크기, 채종지역의 기후 특성, 채종지역의 수확방법이나 작업 관행 등

67 다음 빈칸에 들어갈 알맞은 말을 고르시오.

곡물류의 채종 적기는 (호숙기 / 황숙기)이며 채소류의 채종 적기는 (완숙기 / 갈숙기)이다.

정답

황숙기, 갈숙기

68 무와 수박의 채종 수확시기를 고르시오.

무는 개화 종료 후 (25~30일 / 30~35일 / 35~40일)에, 수박은 착과 후 (45~50일 / 50~55일 / 55~60일)에 수확하는 것이 적당하다.

정답

30~35일, 45~50일

69 딸기, 양앵두의 종자 조제법을 쓰시오.

정답

종자를 물에 담갔다가 체에 꺼내 흐르는 물에 넣고 흔들어 과육을 제거한 뒤 건조한다.

70 토마토, 오이, 참외의 종자 조제법을 쓰시오.

정답

종자 주위 점액질의 과육 존재하는 경우 종자를 1~2일간 썩혀 물로 씻어 종자를 꺼내거나 산 처리를 한다.

71 종자 후숙의 목적을 쓰시오.

정답

미숙한 종자의 완전한 등숙을 유도하기 위해서 실시한다.

72 종자 발효의 목적을 쓰시오.

정답

과채류 작물들 중에서 종자를 둘러싸고 있는 젤리 성분을 가지고 있을 경우 탈종작업 중에 세척을 용이하기 위함이다.

73 뭉근메벼, 까락이 있는 메벼, 찰벼와 밭벼의 적절한 비중을 바르게 연결하시오.

㉠ 뭉근메벼	ⓐ 1.08
㉡ 까락이 있는 메벼	ⓑ 1.13
㉢ 찰벼와 밭벼	ⓒ 1.10

정답

㉠ 뭉근메벼 - ⓑ 1.13
㉡ 까락이 있는 메벼 - ⓒ 1.10
㉢ 찰벼와 밭벼 - ⓐ 1.08

74 종자 정선 방법 3가지를 쓰시오.

정답

대략정선, 정밀정선, 비중정선, 사선, 풍선, 수선, 입선 등

CHAPTER 06

종자검사

01 시료추출

1. 목 적

(1) 생산된 대량의 종자에 대한 품질을 검사하기 위해서 적당한 크기의 시료를 로트(Lot)에서 채취하여 획득하기 위함이다.

※ 로트 : 생리적으로 동일한 종자들의 특성화된 중량을 말한다.

※ 로트의 조건

- 동일한 재질의 용기로 되어 있어야 한다.
- 용기는 목적에 맞게 봉인 및 라벨링이 되어 있어야 한다.
- 용기 안의 종자는 이형 없이 균일해야 한다.

(2) 채취된 시료를 검정하여 로트의 구성성분(정립, 이종종자, 이물) 및 품질(생리적 특성, 유전적 품질, 물리적 특성, 건전도)을 판단하기 위함이다.

(3) 국제종자검정협회(ISTA) 규정을 따른다.

2. 시료채취 절차 및 도구

(1) 시료채취 절차

로트로부터 1차시료 → 합성시료 → 제출시료 과정은 창고에서 이루어지고 제출시료를 종자검정실로 보내면 종자검정실에서 검사시료를 제조하여 종자검사를 수행한다.

① 1차시료 : 로트에서 한 번의 채취로 추출된 양이다.

② 합성(혼합)시료 : 로트로부터 추출된 모든 1차시료를 혼합한 시료이다.

③ 제출시료 : 종자검사실에 제출되는 시료로서 합성시료 전체이거나 합성시료의 분할시료이다.

④ 검사시료 : 제출시료 전부이거나 제출시료의 분할시료로서 최소한 규정에서 언급된 중량이어야 한다.

(2) 시료채취용 · 시료분할용 도구

① 시료채취봉 : 막대형 도구로서 막대형색대와 노브색대가 있다.

② 균분기 : 합성시료에서 제출시료를 제조할 때, 제출시료에서 검사시료를 제조할 때 사용한다.

㉠ 목적 : 시료를 균일하게 잘 혼합하고 균등하게 분할하는 목적으로 이용한다.

㉡ 종류 : 토양균분기와 원심분리형균분기 등이 있다.

③ 손샘플링 : 모든 종에서 사용될 수 있고 도구를 사용할 때 피해를 받을 수 있는 종자, 날개가 부착된 종자, 낮은 함량의 수분을 가진 종자, 테이프 종자 및 매트 종자의 경우에 적절한 방법이다.

3. 시료추출

(1) 1차시료채취 기준

① 일반조건 : 용기의 모양, 재질, 크기, 봉인 및 라벨링, 품종, 종자처리 상태를 통일해야 한다.

로트 크기	채취할 1차시료의 최소 개수
500kg까지	최소 5개
501~3,000kg	매 300kg 당 1개, 합계 최소 5개
3,001~20,000kg	매 500kg 당 1개, 합계 최소 10개
20,001kg 이상	매 700kg 당 1개, 합계 최소 40개

② 최대 로트 크기

종 류	크 기	허용범위(5%)
옥수수	40,000kg	42,000kg
곡물 종자 및 곡물 종자보다 더 큰 종자	25,000kg	26,250kg
곡물 종자 정도 크기의 종자	20,000kg	21,000kg
곡물 종자보다 더 작은 종자	10,000kg	10,500kg
크기가 큰 삼림 종자	5,000kg	5,250kg
크기가 큰 화훼류 종자	10,000kg	10,500kg
크기가 작은 화훼류 종자	5,000kg	5,250kg
피복 종자	42,000kg 이하 1,000,000,000립	42,000kg 이하 1,050,000,000립

(2) 검사시료 제조 절차

① **합성시료** : 1차시료가 균일하고 동일한 양으로 채취되었고 균일하다고 인정될 때 혼합하여 제조한다. 합성시료의 양은 작물의 종류에 따라 다르지만 제출시료의 최소 중량 이상이어야 한다.

② **제출시료**

㉠ 합성시료의 전부를 제출시료로 하거나 또는 적당한 양으로 줄인 분할시료를 제출시료로 만들고 손상되지 않도록 포장하고 봉인한다.

㉡ 제출시료는 종자검정실에 제출할 시료로서 수분검정용 시료가 필요하다면 제출시료의 일부를 수분검정용 시료로 채취한다.

㉢ 제출시료에 기입해야할 정보 : 출원인의 성명과 주소, 로트의 중량 및 고유번호, 종 및 품종명, 포장용기의 형태 및 개수, 시료채취관련 정보(시료채취방법, 시료채취한 날짜, 로트 봉인방법, 시료채취 장소 등)

③ **검사시료** : 종자검정실로 제출된 제출시료를 검사항목에 따라 적절한 크기로 분할하여 검사시료 제조한다.

④ **시료의 종류 및 추출순서**

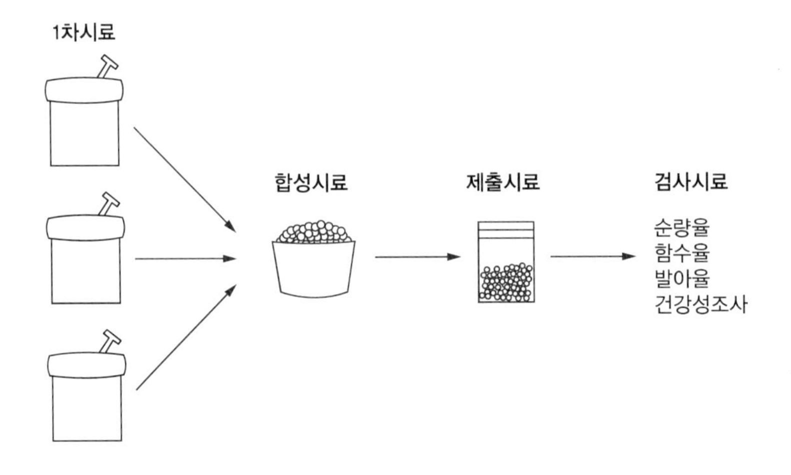

(3) 제출시료의 최소 중량

작 물	로트의 최대 중량 (톤)	시료의 최소 중량(g)			
		제출시료	순도검사	이종종자	수분검사
고 추	10	150	15	150	50
귀 리	30	1,000	120	1,000	100
녹 두	30	1,000	120	1,000	50
당 근	10	30	3	30	50
무	10	300	30	300	50
밀, 보리, 호밀	30	1,000	120	1,000	100
배 추	10	70	7	70	50
벼	30	700	70	700	100
땅 콩	30	1,000	1,000	1,000	100
유 채	10	100	10	100	50
팥	30	1,000	250	1,000	100
메 밀	10	600	60	600	100
들 깨	5	10	3	–	50
수 수	30	900	90	900	100
상 추	10	30	3	30	50
양배추	10	100	10	100	50
양 파	10	80	8	80	50
오 이	10	150	70	–	50
옥수수	40	1,000	900	1,000	100
콩	30	1,000	500	1,000	100
토마토	10	15	7	–	50
파	10	50	5	50	50
수 박	20	1,000	250	1,000	100
참 외	10	150	70	–	50
호 박	10	350	180	–	50

4. 시료의 관리와 보관

(1) 종자저장고의 요건

① 종자저장고 내 환경을 일정하게 유지할 수 있도록 제어한다.

② 종자저장고 내 분리 칸막이로 혼종이 되지 않도록 한다.

③ 수시로 훈증제를 살포하고 청결을 유지하여 설치류 및 해충 등의 번식을 방제한다.

④ 항온항습상태 유지 : 온도 5°C 이하, 상대습도 45% 이하로 저장하고, 온도와 습도를 제어할 수 없는 저장고라면 병원균이 번식하지 않도록 통풍을 시켜 종자저장고가 항상 건조하도록 한다.

⑤ 안전을 위한 화재예방 장치 있어야 하며, 종자를 쌓거나 지게차 등이 드나들 수 있도록 천장이 높고, 자연재해에 견딜 수 있어야 한다.

(2) 시료 보관

① 곡물 종자(벼, 보리, 밀, 수수, 귀리 등) : 주로 수분함량 12~13% 조건에서 일반 저장고 기준 약 1년 정도 보관이 가능하다. 더 오래 저장하기 위해서는 수분함량 11%, 온도 20°C 이하의 조건을 맞춰야 한다.

② 콩과작물 종자(콩, 땅콩 등) : 수분함량 10~11%, 온도 20°C인 조건에서 1년 이상 저장이 가능하다.

02 종자 수분함량 측정

1. 목적과 정의

(1) 목 적

규정된 방법으로 종자의 수분함량을 측정하여 종자 구매자가 구입하는 종자량과 수분량을 파악할 수 있게 한다. 종자 내 수분함량은 종자의 품질에 가장 큰 영향을 미치는 요인으로 종자의 수명과 밀접한 관계가 있다.

(2) 정 의

수분함량 측정 규정에 따라 건조할 때 중량상의 감량을 말하며 원래 시료의 중량에 대한 백분율로 나타낸다.

2. 측정에 필요한 장비

(1) 필요장비

분쇄기, 항온기, 수분측정관 및 데시케이터 등 부속품, 분석용 저울, 체, 간이 수분측정기 등이 있다.

(2) 장비의 조건

① 분쇄기

㉠ 비흡수성 물질로 만들어져야 한다.

㉡ 가루가 되는 종자가 분쇄되는 동안 주변 공기로부터 보호되도록 만들어져야 한다.

㉢ 분쇄 시 분쇄기에 열이 나지 않아야 하며 수분을 잃게 되는 공기의 흐름을 최소화시킬 수 있어야 한다.

㉣ 제시한 입도를 얻을 수 있도록 조절이 가능할 수 있어야 한다.

② 항온기와 부속물

㉠ 온도 조절에 의한 전기 가열로 단열이 잘되고, 챔버 내의 구석구석까지 일정한 온도를 유지시킬 수 있으며 챔버 위에 온도계를 설치한 것 이어야 한다.

㉡ 다공식 또는 철망 식의 분리 가능한 선반을 갖추고, 0.5℃까지 정확히 표시되는 온도계가 있어야 한다.

㉢ 가열능력은 필요 온도로 사전에 가열한 뒤 문을 열고 수분측정관을 넣어서 15분 이내에 필요 온도에 다시 도달시켜야 한다.

㉣ 측정관은 비부식성이며, 습기의 흡수나 방출을 최소화 할 수 있도록 적합한 뚜껑과 바닥은 평평하고 가장자리는 수평이 잡혀 있어야 한다.

㉣ 측정관과 뚜껑은 같은 번호가 있어 식별되어야 한다.

㉤ 사용 전 측정관은 건조절차와 같게 130℃로 1시간 건조시킨 후 데시케이터에서 식힌다.

㉥ 유효 표면은 0.3g/cm^2 이하로 검사시료가 펴질 수 있어야만 된다.

③ 분석용 저울 : 0.001g 단위까지 신속히 측정할 수 있어야 한다.

④ 체 : 0.50mm, 1.00mm, 2.00mm, 4.00mm 목의 철제 그물체가 필요하다.

⑤ 절단 기구 : 수목 종자나 경실 수목 종자와 같은 대립종자는 절단을 위하여 외과용 메스 또는 날의 길이가 최소 4cm가 되는 전지가위 등을 사용해야 한다.

3. 분쇄 및 예비건조

(1) 분 쇄

종자 사이즈가 큰 종자와 수분손실 방지의 종피를 가진 종자들은 건조 전 분쇄가 필요하다.

① 미세한 분말입자를 요하는 종 : 곱게 분쇄해야하는 종은 분말의 최소 50%는 0.50mm 체를 통과해야하고 10%만이 1.00mm 체에 남아있어야 한다.

② 굵은 분말입자를 요하는 종 : 굵게 분쇄해야하는 종은 분말의 최소 50%는 4.00mm 체를 통과해야하고 약 55% 이하는 2.0mm 체에 남아있어야 한다.

③ 절단을 요하는 종 : 큰종자(천립중 200g 이상), 딱딱한 종피를 가진 관목종자, 콩과 종자는 분쇄하는 대신 7mm 이하로 절단한다.

(2) 예비건조

수분이 17% 이상(콩 10% 이상, 벼 13% 이상)인 것은 예비건조가 필요하다.

(3) 종별 수분함량 검사를 위한 건조방법

작물명	분 쇄	건조방법	건조시간	예비건조
벼	미 세	고온항온	2시간	13% 이하로
밀	미 세	고온항온	2시간	17% 이하로
옥수수	미 세	고온항온	4시간	
수박, 보리	굵 은	고 온	1시간	17% 이하로
배추, 무, 고추	–	저 온	17시간	
당근, 상추, 토마토	–	고 온	1시간	17% 이하로

4. 수분함량 측정방법

(1) 주의사항

시료접수 후 가능한 빨리 시작해야 하며 수분측정용으로 접수된 종자는 접수된 상태의 용기에서 꺼내어 건조용기에 집어넣을 때까지 2분 이상을 경과해선 안 된다.

(2) 측정방법

저온항온건조기법, 고온항온건조기법, 보조 수분측정법이 있다.

(3) 항온건조기법에 의한 수분함량 검사 : 종자 건조 시 무게 감량분의 원 시료중량에 대한 백분율로 나타낸다.

① **저온항온건조기법** : 전기열 방식으로 시료가 건조되는 동안 오븐 내부가 101°C~ 105°C로 유지되는 항온기에 넣은 후 16~18시간 동안 건조시키는 방법이다.

㉠ 건조의 시작은 필요한 온도가 도달한 시간부터이다.

㉡ 규정 온도까지 30분 안에 올라가야 하며 검정시료들은 동시에 건조시켜야 한다.

② **고온항온건조기법** : 오븐 내부를 130°C~133°C로 유지하고 건조시간은 검사대상 종자의 종에 따라 달라진다.

③ **결과의 계산** : 수분함량(%) = $\frac{M_2 - M_3}{M_2 - M_1} \times 100$

여기서, M_1 = 수분측정관 무게(g), M_2 = 건조 전 총무게(g), M_3 = 건조 후 총무게(g)

(4) 간이수분측정기

전기저항식 수분계, 전열건조식 수분계, 적외선조사식 수분계 등 보조 수분측정법을 이용할 수 있다.

03 종자 순도검사

1. 목적과 정의

(1) 목 적

시료의 구성요소(정립, 이종종자, 협잡물)를 중량백분율로 산출하여 소집단 전체의 구성요소를 추정하고, 품종의 동일성과 종자에 섞여 있는 이물질을 확인하는데 있다.

(2) 정 의

① 정 립

㉠ 검사신청자가 신청서에 명시한 대상작물로 검사대상식물의 종자이다.

㉡ 포함 범위

- 미숙립, 발아립, 주름진립, 소립
- 원래 크기의 1/2보다 큰 종자 쇄립
- 병해립 : 맥각병해립, 균핵병해립, 깜부기병해립 및 선충에 의한 충영립은 제외한다.

② 이종종자 : 대상작물 이외의 다른 작물의 종자나 잡초 종자를 말한다.

③ 이 물

㉠ 정립과 이종종자로 구분되지 않은 종자구조를 가졌거나 모든 다른 물질을 말한다.

㉡ 포함 범위

- 진실종자가 아닌 종자
- 볏과 종자에서 내영 길이의 1/3미만인 영과가 있는 소화(라이그래스, 페스큐, 개밀)
- 임실소화에 붙은 불임소화는 귀리, 오처드그라스, 페스큐, 브로움그래스, 수수, 수단그라스, 라이그래스를 제외하고는 떼어내어 이물로 처리
- 원래 크기의 절반 미만인 쇄립 또는 피해립
- 부속물은 정립종자 정의에서 정립종자로 구분되지 않은 것
- 종피가 완전히 벗겨진 콩과, 십자화과의 종자
- 콩과에서 분리된 자엽
- 회백색 또는 회갈색으로 변한 새삼과 종자
- 배아가 없는 잡초종자

• 쭉정이, 줄기, 바깥껍질, 안껍질, 잎, 솔방울, 인편, 꽃, 맥각, 깜부기 같은 균체, 흙, 모래, 돌 등 종자가 아닌 모든 물질

2. 순도검사에 필요한 장비

종자시료, 핀셋, 전자저울, 시약접시, 조명기구, 체, 확대경, 현미경 등

3. 결과의 계산

(1) 순종자율과 타종자율

① $순종자율(\%) = \frac{순종자\ 무게(g)}{전체\ 종자\ 무게(g)} \times 100$

② $타종자율(\%) = \frac{타종자\ 무게(g)}{전체\ 종자\ 무게(g)} \times 100$

(2) 재검사가 필요한 경우

① 정립, 이종종자, 협잡물의 무게가 원래 무게와 5% 이상 차이가 날 때
② 반복 간 항목별 허용범위를 넘을 때

04 종자 발아검사

1. 목적과 정의

(1) 정 의

종자의 발아능을 검정하는 것으로 묘가 필수구조를 가졌는지, 묘가 적절한 토양 등 알맞은 환경에서 장차 정상적인 식물체로 생장할 수 있는지의 여부를 판단하는 것을 말한다.

(2) 목 적

① 종자집단의 최대 발아능력을 판정함으로써 포장 출현률에 대한 정보를 얻고, 다른 소집단 간의 품질을 비교할 수 있게 하는 데 있다.
② 종자 발아검사의 표준을 마련하는 국제기구 : 국제종자검정협회(ISTA)

2. 묘의 판단

(1) 묘의 필수구조

뿌리, 싹, 자엽, 초엽 4가지이다.

(2) 발아묘의 유형

정상묘, 비정상묘, 불발아종자(경실종자, 신선종자, 죽은종자)가 있다.

① **정상묘** : 양질의 토양과 적절한 외부환경 하에서 생장할 때 만족할 만한 식물체로 지속 생장할 가능성을 보이는 묘로서 발아 및 유묘생장기 동안에 유묘의 필수구조들이 건전하고 올바른 기능을 가진 묘를 말한다. 완전묘, 경결함묘, 2차감염묘가 속한다.

㉠ 완전묘 : 모든 필수구조가 잘 발달하고 무병하며 균형이 완전한 묘이다. 유묘의 필수구조인 뿌리, 싹, 떡잎, 끝눈, 초엽(벼과)이 잘 발달했다.

㉡ 경결함묘 : 완전묘와 비교하여 균형 있게 발달하고 다른 조건도 만족할 만한 묘이지만 필수구조에 가벼운 결함이 있는 묘이다.

㉢ 2차 감염묘 : 완전묘, 경결함묘로서 종자 자체의 전염이 아닌 외부의 다른 원인으로 진균이나 세균의 감염을 받은 묘이다. 1차 감염이 아니며 묘의 모든 필수구조가 정상이라면 정상묘로 판단한다.

② **비정상묘** : 양질의 토양과 적절한 외부환경하에서 생장할 때 만족할 만한 식물체로 지속 생장할 가능성을 보이지 않는 묘를 말한다. 피해묘, 기형묘, 부패묘 등이 속한다.

㉠ 피해묘 : 어떤 필수구조가 없거나 균형 있는 성장을 기대할 수 없는 심한 장해를 받은 묘이다.

㉡ 모양을 갖추지 못한 기형묘 또는 부정형묘 : 약하게 생장했거나 생리적인 손상 또는 필수구조가 형을 갖추지 못했거나 균형을 잃은 묘이다.

㉢ 부패묘 : 필수구조가 종자 자체로부터 감염되어 발병 또는 부패로 정상 발달이 어려운 묘이다.

③ **복수 발아종자 단위** : 한 개의 종자 중에서 두 개 이상의 묘가 나오는 것을 말한다.

④ **불발아종자**

㉠ 경실종자 : 물을 흡수하지 못하여 시험기간이 끝나도 단단하게 남은 종자를 말한다.

㉡ 신선종자 : 경실이 아닌 종자로 주어진 조건에서 발아하지는 못하였으나 깨끗하고 건실하여 확실히 활력이 있는 종자를 말한다.

㉢ 죽은종자 : 경실종자도 신선종자도 아니면서 시험기간이 끝나도 묘의 어느 부분도 출현하지 않은 종자를 말한다.

㉣ 기타 범주 : 쭉정이, 무배종자, 충해종자가 있다.

- 쭉정이 : 종자 안이 완전히 비었거나 일부 조직만 있는 것을 말한다.
- 무배종자 : 배우체 조직이 없거나 또는 성숙하지 않은 배유로 된 종자를 말한다.
- 충해종자 : 유충이 있어 심하게 감염된 종자를 말한다.

3. 발아 관련 용어

(1) 발아시

파종된 종자 중에서 최초 1개체가 발아한 날을 말한다.

(2) 발아기

전체 종자수의 약 40%가 발아한 날을 말한다.

(3) 발아전

종자의 대부분 80% 이상이 발아한 날을 말한다.

(4) 평균발아일수

① 파종 후 발아까지 걸리는 평균 일수이다.

② $\text{평균발아일수} = \dfrac{\text{치상 후 조사일수} \times \text{조사당일의 발아수의 합}}{\text{총발아수}}$

(5) 평균발아속도

총 정상묘의 수를 총 조사일수로 나눴을 때의 일수로서 최대 발아율을 보이는 평균 기간을 말한다.

4. 발아검사의 재료

종자시료, 종이배지(여과지, 흡습지, 수건), 모래, 흙, 혼합물(모래, 토탄, 진주암, 질석), 물, 계수장치, 발아장치 등이 있다.

(1) 배지의 공통 조건

① 수분보유력이 있어야 하고, pH는 6.0~7.5를 유지해야 한다.
② 청결하고 무독해야 하며 전기전도도 40ms/m 이하를 만족해야 한다.
③ 일반적으로 흙(상토)은 사용되지 않는다.

(2) 종이배지의 일반 조건

① 종이 위에서 뿌리가 생장해야하므로 충분히 질겨야 한다.
② 종이는 다공성 재질이어야 하나 묘 뿌리가 종이 속으로 들어가지 않고 위에서 자라야 한다.

(3) 모래 또는 유기배지의 일반 조건

① 모래 및 유기배지의 입자는 둥근 입자여야 하고 모래의 약 90%가 직경 0.8mm보다 작아야 한다.

② 유기배지의 경우 유기물이 약 20% 정도 함유되어 있어야 한다.

5. 발아검사의 방법

(1) 발아율

① 파종된 총 종자 수에 대한 발아종자의 비율

② $\text{발아율}(\%) = \dfrac{\text{발아종자수}}{\text{파종종자수}} \times 100$

(2) 발아세

① 치상 후 정해진 시일 내의 발아율

② $\text{발아세}(\%) = \dfrac{\text{가장 많이 발아한 날 까지 발아한 종자수}}{\text{발아시험용 종자수}} \times 100$

6. 재검사 및 발아검사의 결과

(1) 발아검사의 반복 간 또는 검사실간의 결과에 있어서 편차가 허용범위를 벗어날 경우 재시험 판정을 할 수 있다.

(2) 재검사 실시 경우

① **휴면 중일 가능성이 있을 때** : 휴면이 의심될 경우 발아검사 규정에서 권고한 휴면타파 방법들 중 한 가지 이상을 적용하여 최상의 결과와 사용한 방법을 기록한다.

② **미생물 번식으로 신빙성이 없을 때** : 발아검사 결과가 식물 독이나 곰팡이, 박테리아 감염으로 신빙성이 없을 때 모래 또는 유기생장배지 등을 사용하여 최상의 결과와 사용한 방법을 기록한다.

③ **판정이 어려운 묘가 많을 때** : 발아검사 규정에 명시한 한 가지 또는 그 이상의 다른 방법을 사용하거나 모래 또는 유기생장배지 등을 사용하여 재검사한다.

④ **평가 및 계산에 잘못이 있을 때** : 시험조건, 평가 및 계산에 확실한 잘못이 있을 때는 같은 방법으로 재시험한다.

⑤ 재검사 결과가 허용범위를 넘었을 때 재시험을 실시한다.

(3) 발아검사의 결과 표시

100립씩 4반복의 평균으로 계산하고 4사5입 정수자리로 한다.

(4) 기타 발아능검사

전기전도율 검사, 배 절제법, X선 검사법, 유리지방산 검사법, 구아야콜 검사, 지베렐린과 티오요소의 혼합액 검사법 등이 있다.

05 종자 활력검사

1. 목 적

종자의 활력 및 휴면성을 신속하게 평가하고, 정상묘로 자랄 수 있는 잠재력을 측정하기 위함이다.

2. 테트라졸륨(TTC) 용액을 이용한 활력검사

(1) 방 법

① 재료준비

㉠ 테트라졸륨 용액 : 0.1~1.0% 테트라졸륨 용액(콩과 1%, 화본과 0.5%)을 사용하며 pH 6~8 사이에서 가장 좋은 염색을 나타낸다.

㉡ 증류수 pH 범위 : pH 6.5~7.5 이다.

② 종자흡수처리 : 테트라졸륨의 흡수를 돕기 위하여 식물종에 따라 종자를 뚫거나, 종자 절단, 횡단 절단, 횡단 배 자르기, 종피제거 방법이 사용된다.

곡류와 목초류 종자	귀리와 목초류 종자	목초류 종자	상추와 기타 국화과 종자
배는 완전히, 배유는 약 3/4 정도로 길게 절단한다.	배 가까이 가로로 자른다.	배유 끝 쪽을 완전히 자르거나 배유에 구멍을 뚫는다.	떡잎의 끝 쪽 절반을 길게 자른다.

③ 염 색

㉠ 적당한 농도의 테트라졸륨 용액을 종자가 완전히 잠길 정도로 붓는다.

㉡ 염색 후 종자를 증류수로 2~3회 씻어 과도한 염색을 제거한다.

㉢ 종자가 붉게 변하면 활력이 있는 것으로 판단한다.

(2) 장 점

① 종자의 활력을 빠르게 확인할 수 있다.

② 휴면종자나 비휴면종자, 발아에 장시간을 요하는 종자까지 검사가 가능하다.

(3) 테트라졸륨(TTC) 용액을 사용하여 종자 활력검사를 하는 경우

① 수확 후 얼마 지나지 않은 종자를 심어 활력검사가 필요한 경우

② 해당종자가 심한 휴면상태에 있는 경우

③ 발아가 느리게 출현하는 경우

3. 전기전도율 검사법

식물조직으로부터 누출된 전해질의 양을 측정하여 종자 활력을 추정하는 검사로, 전기전도도가 높게 측정되면 낮은 활력을 가진 것으로 간주한다.

CHAPTER 06

적중예상문제

01 시료추출의 목적을 쓰시오.

정답

채취된 시료를 검정하여 로트의 구성성분(정립, 이종종자, 이물) 및 품질(생리적 특성, 유전적 품질, 물리적 특성, 건전도)을 판단하기 위함이다.

02 시료추출의 규정을 제시하는 기관을 쓰시오.

정답

국제종자검정협회(ISTA)

03 로트(lot)의 정의를 쓰시오.

정답

생리적으로 동일한 종자들의 특성화된 중량을 말한다.

04 로트의 조건 3가지를 쓰시오.

정답

- 동일한 재질의 용기로 되어 있어야 한다.
- 용기는 목적에 맞게 봉인 및 라벨링이 되어 있어야 한다.
- 용기 안의 종자는 이형 없이 균일해야 한다.

05 시료채취 도구 중 균분기의 사용 목적을 쓰시오.

정답

시료를 균일하게 잘 혼합하고 균등하게 분할하는 목적으로 이용한다.

06 1차시료를 채취하고자 할 때 통일해야 하는 조건 3가지를 쓰시오.

정답

용기의 모양, 재질, 크기, 봉인 및 라벨링, 품종, 종자처리 상태를 통일해야 한다.

07 로트의 크기가 450kg일 때 채취할 1차시료의 최소개수를 쓰시오.

정답

5개

08 다음 빈칸에 들어갈 알맞은 말을 고르시오.

> 로트 크기가 501~3,000kg일 때 채취할 1차시료의 최소 개수는 매 (300kg / 500kg / 700kg)당 1개, 합계 최소 (5개 / 10개 / 40개) 이다.

정답

300kg, 5개

09 로트 크기가 20,001kg 이상일 때 채취할 1차시료의 최소 개수를 쓰시오.

정답

매 700kg 당 1개, 합계 최소 40개이다.

10 300kg 용기 5개의 소집단에서 종자가 있을 때 용기 당 추출하는 시료의 개수를 구하시오.

정답

1개

풀이

300kg × 5 = 1,500kg

각 300kg에서 1개의 1차시료이므로 1,500kg / 300kg = 5개

5개 / 5용기 = 1개

11 다음 빈칸에 들어갈 알맞은 말을 고르시오.

> 옥수수의 최대 로트 크기는 (10,000kg / 25,000kg / 40,000kg) 이며 곡물종자보다 더 큰 종자의 최대 로트 크기는 (10,000kg / 25,000kg / 40,000kg) 이다.

정답

40,000kg, 25,000kg

12 다음 빈칸에 들어갈 알맞은 말을 고르시오.

> 옥수수의 최대 로트 크기는 (10,000kg / 25,000kg / 40,000kg) 이며 허용범위는 (1% / 3% / 5%) 이다.

정답

40,000kg, 5%

13 제출시료에 기입해야할 정보 3가지를 쓰시오.

정답

출원인의 성명과 주소, 로트의 중량 및 고유번호, 종 및 품종명, 포장용기의 형태 및 개수, 시료채취관련 정보(시료채취방법, 시료채취한 날짜, 로트 봉인방법, 시료채취 장소 등)

14 벼의 최대 로트 크기를 쓰시오.

정답

30,000kg

15 벼의 제출시료, 순도검사, 이종종자 검사, 수분검사 시료의 최소중량을 쓰시오.

정답

제출시료 : 700g, 순도검사 : 70g, 이종종자 : 700g, 수분검사 : 100g

16 귀리의 순도검사 시료의 최소중량을 쓰시오.

정답

120g

17 다음 빈칸에 들어갈 알맞은 말을 고르시오.

> 밀의 최대 로트 크기는 (10,000kg / 20,000kg / 30,000kg) 이며 수분검사 시료의 최소중량은 (50g / 100g / 150g) 이다.

정답

30,000kg, 100g

18 다음 빈칸에 들어갈 알맞은 말을 고르시오.

> 배추의 제출시료 최소중량은 (7g / 70g) 이며 순도검사 시료 최소중량은 (7g / 70g), 수분검사 시료의 최소중량은 (50g / 100g) 이다.

정답

70g, 7g, 50,g

19 땅콩의 제출시료, 순도검사, 이종종자 검사, 수분검사 시료의 최소중량을 쓰시오.

정답

제출시료 : 1,000g, 순도검사 : 1,000g, 이종종자 : 1,000g, 수분검사 : 100g

20 유채의 제출시료, 순도검사, 이종종자 검사, 수분검사 시료의 최소중량을 쓰시오.

정답

제출시료 : 100g, 순도검사 : 10g, 이종종자 : 100g, 수분검사 : 50g

21 팥의 제출시료, 순도검사, 이종종자 검사, 수분검사 시료의 최소중량을 쓰시오.

정답

제출시료 : 1,000g, 순도검사 : 250g, 이종종자 : 1,000g, 수분검사 : 100g

22 수박의 제출시료, 순도검사, 이종종자 검사, 수분검사 시료의 최소중량을 쓰시오.

정답

제출시료 : 1,000g, 순도검사 : 250g, 이종종자 : 1,000g, 수분검사 : 100g

23 콩과 메밀의 제출시료의 최소중량을 쓰시오.

정답

콩 : 1,000g, 메밀 : 600g

24 종자저장고의 요건 3가지를 쓰시오.

정답

- 종자저장고 내 환경을 일정하게 유지할 수 있도록 제어한다.
- 종자저장고 내 분리 칸막이로 혼종이 되지 않도록 한다.
- 수시로 훈증제를 살포하고 청결을 유지하여 설치류 및 해충 등의 번식을 방제한다.
- 항온항습상태를 유지하도록 한다.
- 안전을 위한 화재예방 장치 있어야 하며, 종자를 쌓거나 지게차 등이 드나들 수 있도록 천장이 높고, 자연재해에 견딜 수 있어야 한다.

25 다음 빈칸에 들어갈 알맞은 말을 고르시오.

곡물 종자는 주로 수분함량 (3~5% / 12~13%) 조건에서 일반 저장고 기준 약 1년 정도 보관이 가능하며, 콩과작물 종자는 수분함량 (10~11% / 15~17%), 온도 20℃인 조건에서 1년 이상 저장이 가능하다.

정답

12~13%, 10~11%

26 종자 수분함량 측정의 목적을 쓰시오.

정답

규정된 방법으로 종자의 수분함량을 측정하기 위함이다.

27 수분함량 측정에 필요한 장비 3가지를 쓰시오.

정답

분쇄기, 항온기, 수분측정관, 데시케이터, 분석용 저울, 체, 간이수분측정기 등

28 수분함량 측정 장비 중 분쇄기의 조건 3가지를 쓰시오.

정답

- 비흡수성 물질로 만들어져야 한다.
- 가루가 되는 종자가 분쇄되는 동안 주변 공기로부터 보호되도록 만들어져야 한다.
- 분쇄 시 분쇄기에 열이 나지 않아야 하며 수분을 잃게 되는 공기의 흐름을 최소화시킬 수 있어야 한다.
- 제시한 입도를 얻을 수 있도록 조절이 가능할 수 있어야 한다.

29 수분함량 측정 장비 중 분석용 저울이 측정할 수 있어야하는 최소 단위를 쓰시오.

정답

0.001g

30 수분함량 측정 장비 중 필요한 체의 크기 4가지를 쓰시오.

정답

0.50mm, 1.00mm, 2.00mm, 4.00mm 목의 철제 그물체가 필요하다.

31 다음 빈칸에 들어갈 알맞은 말을 고르시오.

> 종자 사이즈가 큰 종자들은 건조 전 분쇄가 필요한데 미세한 분말입자를 요하는 종일 경우 분말의 최소 50%는 (0.50mm / 1.00mm) 체를 통과해야하고, 10%만이 (0.50mm / 1.00mm) 체에 남아있어야 한다. 그리고 천립중이 200g 이상인 큰종자는 분쇄하는 대신 (5mm / 7mm) 이하로 절단한다.

정답

0.50mm, 1.00mm, 7mm

32 굵은 분말입자를 요하는 종일 경우 분말의 최소 50%가 몇 mm의 체를 통과해야 하는지 쓰시오.

정답

4.00mm

33 다음 빈칸에 들어갈 알맞은 말을 고르시오.

> 일반적으로 수분함량 측정 전 수분이 (13% / 15% / 17%) 이상인 것은 예비건조가 필요한데, 벼일 경우 (13% / 15% / 17%) 이상일 때 예비건조를 실시한다.

정답

17%, 13%

34 수분함량 측정 방법 3가지를 쓰시오.

정답

고온항온건조기법, 저온항온건조기법, 전기저항식 수분계 이용, 전열건조식 수분계 이용, 적외선조사식 수분계 이용 등

35 항온건조기법을 이용할 때 수분함량 계산식을 쓰시오.

정답

$$\frac{M_2 - M_3}{M_2 - M_1} \times 100$$

여기서, M_1 = 수분측정관 무게(g), M_2 = 건조 전 총무게(g), M_3 = 건조 후 총무게(g)

36 다음 빈칸에 들어갈 알맞은 말을 고르시오.

일반적으로 수분함량 측정 전 수분이 (13 / 15 / 17)% 이상인 것은 예비건조가 필요한데, 벼일 경우 (13 / 15 / 17)% 이상일 때 예비건조를 실시한다.

정답

17, 13

37 다음 빈칸에 들어갈 알맞은 말을 고르시오.

수분함량 측정 시 저온항온건조기법인 경우 오븐 내부를 (101~105 / 110~115)℃로 유지해야 하고 고온항온건조기법인 경우엔 (130~133 / 141~145)℃로 유지해야 한다.

정답

101~105, 130~133

38 종자 순도검사의 목적을 쓰시오.

정답

순도검사의 목적은 시료의 구성요소(정립, 이종종자, 협잡물)를 중량백분율로 산출하여 소집단 전체의 구성요소를 추정하고, 품종의 동일성과 종자에 섞여 있는 이물질을 확인하는 데 있다.

39 종자 순도검사 시료의 구성요소 3가지를 쓰시오.

정답

정립, 이종종자, 협잡물

40 종자 순도검사에서 정립의 정의를 쓰시오.

정답

검사신청자가 신청서에 명시한 대상작물로 검사대상식물의 종자이다.

41 다음 중 종자 순도검사에서 정립에 포함되는 것을 있는 대로 고르시오.

균핵병해립, 미숙립, 종피가 완전히 벗겨진 콩과 종자, 회백색으로 변한 새삼과 종자, 발아립, 맥각

정답

미숙립, 발아립

42 종자 순도검사에서 정립에 포함되는 범위 3가지를 쓰시오.

정답

- 미숙립, 발아립, 주름진립, 소립
- 원래 크기의 1/2보다 큰 종자 쇄립
- 병해립 : 맥각병해립, 균핵병해립, 깜부기병해립 및 선충에 의한 충영립은 제외한다.

43 종자 순도검사에서 정립에서 제외되는 병해립 3가지를 쓰시오.

정답

맥각병해립, 균핵병해립, 깜부기병해립, 선충에 의한 충영립은 제외한다.

44 종자 순도검사에서 이물에 포함되는 범위 3가지를 쓰시오.

정답

- 진실종자가 아닌 종자
- 볏과 종자에서 내영 길이의 1/3미만인 영과가 있는 소화(라이그래스, 페스큐, 개밀)
- 임실소화에 붙은 불임소화는 명시된 속을 제외하고는 떼어내어 이물로 처리
- 원래 크기의 절반 미만인 쇄립 또는 피해립
- 부속물은 정립종자 정의에서 정립종자로 구분되지 않은 것
- 종피가 완전히 벗겨진 콩과, 십자화과의 종자
- 콩과에서 분리된 자엽
- 회백색 또는 회갈색으로 변한 새삼과 종자
- 배아가 없는 잡초종자
- 쭉정이, 줄기, 바깥껍질, 안껍질, 잎, 솔방울, 인편, 꽃, 맥각, 깜부기 같은 균체, 흙, 모래, 돌 등 종자가 아닌 모든 물질

45 종자 순도검사에서 이종종자의 정의를 쓰시오.

정답

대상작물 이외의 다른 작물의 종자나 잡초 종자를 말한다.

46 종자 순도검사에 필요한 장비 3가지를 쓰시오.

정답

종자시료, 핀셋, 전자저울, 시약접시, 조명기구, 체, 확대경, 현미경 등

47 다음을 보고 검사시료(콩)에 대한 순종자율을 구하시오.

시 료	완전한 콩	종피가 전부 벗겨진 콩	쭉정이	돌
무게(g)	124	0.5	0.2	0.3

[정답]

99.2%

[풀이]

124g / 125g × 100 = 99.2%

48 콩 검사시료 120g에 대하여 완전한 정립 115g, 주름진 콩 종자 1g, 외종피가 붙어 있는 콩 종자 2g, 완전하게 외종피가 없는 콩 종자 0.5g, 잡초종자 1.5g일 때, 콩에 대한 순종자율을 구하시오.

[정답]

9.83%

[풀이]

$$\frac{115g + 1g + 2g}{120g} \times 100 = 98.3\%$$

49 종자 순도검사에서 재검사가 필요한 경우를 쓰시오.

[정답]

- 정립, 이종종자, 협잡물의 무게가 원래 무게와 5% 이상 차이가 날 때
- 반복 간 항목별 허용범위를 넘을 때

50 종자 발아검사의 정의를 쓰시오.

[정답]

종자의 발아능을 검정하는 것으로 묘가 필수구조를 가졌는지, 묘가 적절한 토양 등 알맞은 환경에서 장차 정상적인 식물체로 생장할 수 있는지의 여부를 판단하는 것을 말한다.

51 종자 발아검사의 목적을 쓰시오.

정답

종자집단의 최대 발아능력을 판정함으로써 포장 출현률에 대한 정보를 얻고, 다른 소집단간의 품질을 비교할 수 있게 하는 데 있다.

52 종자 발아검사의 표준을 마련하는 국제기구의 이름을 쓰시오.

정답

국제종자검정협회(ISTA)

53 종자 발아검사에서 묘를 판단할 때의 기준인 묘의 필수구조 4가지를 쓰시오.

정답

뿌리, 싹, 자엽, 초엽

54 종자 발아검사에서 발아묘의 유형 3가지를 쓰시오.

정답

정상묘, 비정상묘, 불발아종자

55 종자 발아검사에서 정상묘로 판단되는 묘의 범주 3가지를 쓰시오.

정답

완전묘, 경결함묘, 2차 감염묘

56 종자 발아검사에서 경결함묘의 기준을 쓰시오.

정답

완전묘와 비교하여 균형 있게 발달하고 다른 조건도 만족할 만한 묘이지만 필수구조에 가벼운 결함이 있는 묘이다.

57 다음 중 정상묘를 있는 대로 고르시오.

㉠ 뿌리가 없는 묘
㉡ 떡잎에 가벼운 결함이 있는 묘
㉢ 제대로 모양을 갖추지 못한 기형묘
㉣ 한 개의 종자 중에서 두 개 이상의 묘가 나온 것
㉤ 종자 자체의 전염이 아닌 외부의 다른 원인으로부터 감염을 받은 묘

정답

㉡, ㉤

58 종자 발아검사에서 비정상묘로 판단되는 묘의 범주 3가지를 쓰시오.

정답

피해묘, 모양을 갖추지 못한 기형묘 또는 부정형묘, 부패묘

59 경실종자에 대해 설명하시오.

정답

물을 흡수하지 못하여 시험기간이 끝나도 단단하게 남은 종자를 말한다.

60 신선종자에 대해 설명하시오.

정답

경실이 아닌 종자로 주어진 조건에서 발아하지는 못하였으나 깨끗하고 건실하여 확실히 활력이 있는 종자를 말한다.

61 다음 빈칸에 들어갈 알맞은 말을 쓰시오.

> 발아기란 파종된 종자 중에서 약 (①)%가 발아한 날이며, 발아전이란 전체 종자수의 약 (②)%가 발아한 날을 뜻한다.

정답

① 40, ② 80

62 발아시에 대해 설명하시오.

정답

파종된 종자 중에서 최초 1개체가 발아한 날

63 다음을 보고 평균발아일수를 구하시오.

치상일수	3일	4일	5일	6일	7일	8일	9일
발아개수	0개	4개	13개	20개	11개	1개	1개

정답

5.9일

풀이

$$\frac{16+65+120+77+8+9}{50}=5.9\text{일}$$

64 발아 배지의 공통 조건 3가지를 쓰시오.

[정답]

- 수분보유력이 있어야 하고, pH는 6.0~7.5를 유지해야 한다.
- 청결하고 무독해야 하며 전기전도도 40ms/m 이하를 만족해야 한다.
- 일반적으로 흙(상토)은 사용되지 않는다.

65 상추 종자 100개에 대한 발아율과 발아세를 구하시오.

작물명	치상일수	1일	2일	3일	4일	5일	6일	7일
상 추	발아개수	0개	6개	56개	30개	4개	1개	0개

[정답]

- 발아율 : 97%
- 발아세 : 62%

[풀이]

- 발아율 : $\frac{6+56+30+4+1}{100} \times 100 = 97\%$
- 발아세 : $\frac{0+6+56}{100} \times 100 = 62\%$

66 오이 종자 500개에 대한 발아검정 결과 완전묘 470개, 경결함묘 18개, 피해묘 9개, 경실종자 3개로 평가되었을 때 발아율을 구하시오.

[정답]

98%

[풀이]

$\frac{470+18}{500} \times 100 = 97.6\%$

67 옥수수 종자 300개에 대한 발아검정 결과 완전묘 282개, 필수구조에 가벼운 결함이 있는 묘 10개, 2차감염묘 5개, 무배종자 3개로 평가되었을 때 발아율을 구하시오.

정답

99%

풀이

$$\frac{282 + 10 + 5}{300} \times 100 = 99\%$$

68 발아검사 후 재검사가 필요한 경우 3가지를 쓰시오.

정답

- 휴면 중일 가능성이 있을 때
- 미생물 번식으로 신빙성이 없을 때
- 판정이 어려운 묘가 많을 때
- 평가 및 계산에 잘못이 있을 때
- 재검사 결과가 허용범위를 넘었을 때

69 기타 발아능검사법 3가지를 쓰시오.

정답

전기전도율 검사, 배 절제법, X선 검사법, 유리지방산 검사법, 구아야콜 검사, 지베렐린과 티오요소의 혼합액 검사법 등이 있다.

70 종자 활력검사의 목적을 쓰시오.

정답

종자의 활력 및 휴면성을 신속하게 평가하고, 정상묘로 자랄 수 있는 잠재력을 측정하기 위함이다.

71 다음 빈칸에 알맞은 말을 고르시오.

> 테트라졸륨 용액을 이용한 활력검사의 시약은 (0.05~0.1% / 0.1~1.0% / 0.5~2.0%) 테트라졸륨 용액을 사용하며 pH(5~6.5 / 6~8 / 7.5~9) 사이에서 가장 좋은 염색을 나타낸다.

정답

0.1~1.0%, 6~8

72 테트라졸륨 용액을 이용한 활력검사에서 활력 유무 판단의 기준을 쓰시오.

정답

종자가 붉게 변하면 활력이 있는 것으로 판단한다.

73 테트라졸륨 용액을 이용한 활력검사의 장점을 쓰시오.

정답

- 종자의 활력을 빠르게 확인할 수 있다.
- 휴면종자나 비휴면종자, 발아에 장시간을 요하는 종자까지 검사가 가능하다.

74 테트라졸륨 용액을 이용한 활력검사가 필요한 경우 3가지를 쓰시오.

정답

- 수확 후 얼마 지나지 않은 종자를 심어 활력검사가 필요한 경우
- 해당종자가 심한 휴면상태에 있는 경우
- 발아가 느리게 출현하는 경우

75 테트라졸륨을 이용한 활력검사 시 사용되는 증류수의 pH 범위를 쓰시오.

정답

pH 6.5~7.5

76 다음 빈칸에 알맞은 말을 고르시오.

테트라졸륨 용액을 이용한 활력검사에서 종자가 (붉게 / 검게) 물들면 활력이 있는 것으로 판정하며, 전기전도율 검사를 이용한 활력검사에서는 전기전도도가 (낮게 / 높게) 측정되면 낮은 활력을 가진 것으로 간주한다.

정답

붉게, 높게

종자 및 화서 식별하기

01 종자 형태 식별하기

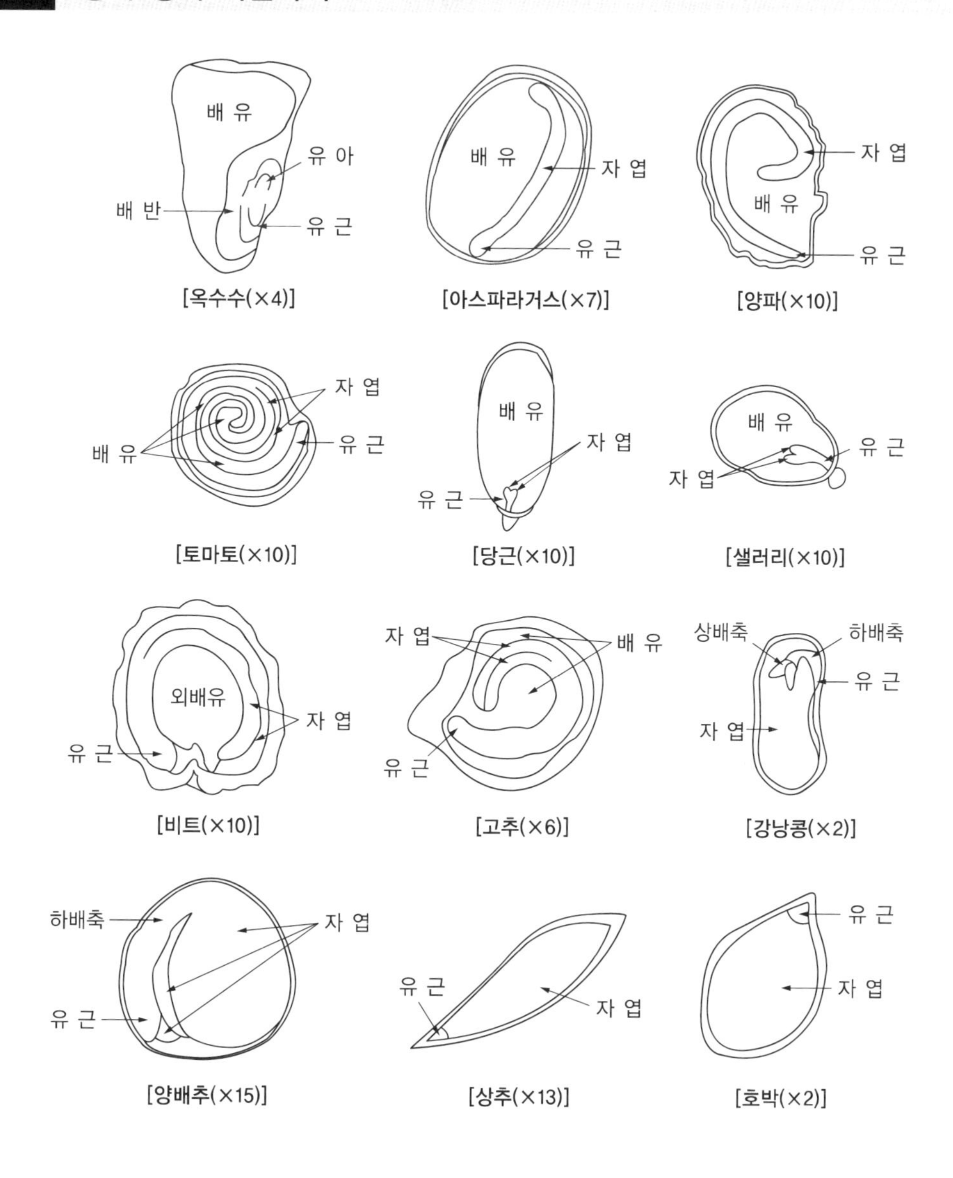

02 화서 구별하기

1. 유한화서

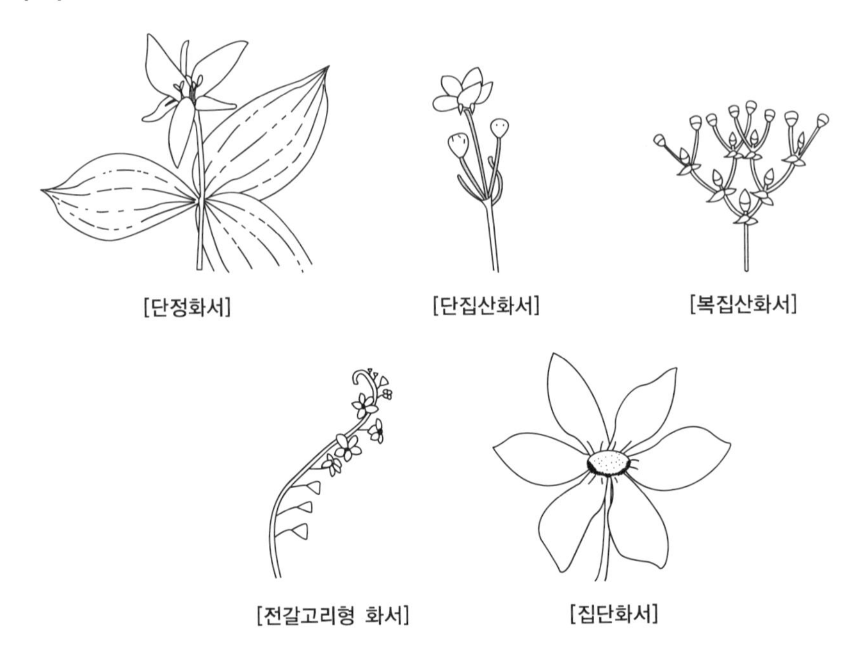

2. 무한화서

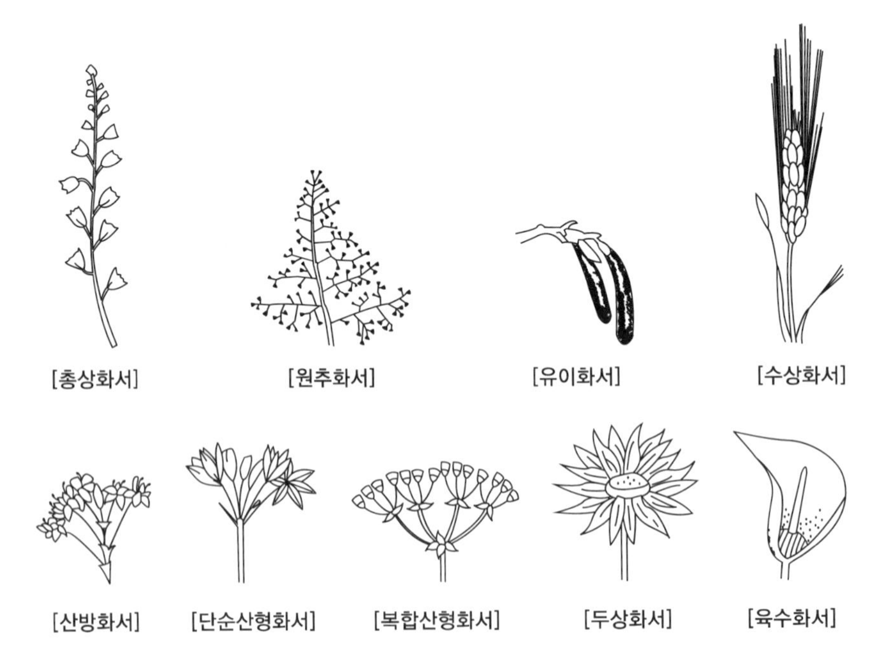

적중예상문제

01 다음 그림에서 배유, 유아, 배반, 유근을 찾아 쓰고 해당 종자의 이름을 쓰시오.

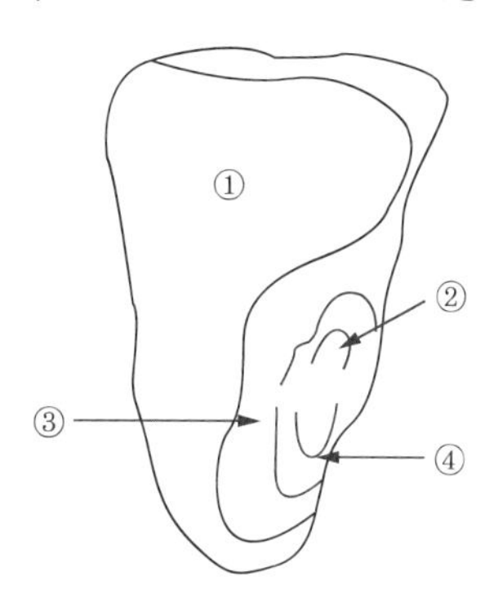

정답

① 배유, ② 유아, ③ 배반, ④ 유근, ⑤ 종자 이름 : 옥수수

02 다음 그림에서 배유, 유근, 자엽을 찾아 쓰고 해당 종자의 이름을 쓰시오.

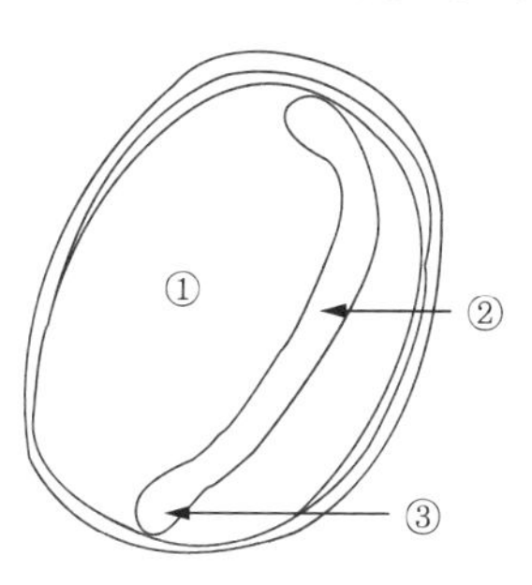

정답

① 배유, ② 자엽(떡잎), ③ 유근, ④ 종자 이름 : 아스파라거스

03 다음 그림에서 배유, 유근, 자엽을 찾아 쓰고 해당 종자의 이름을 쓰시오.

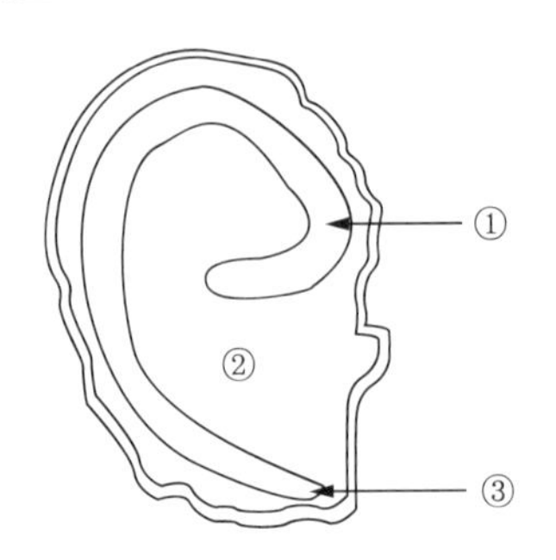

정답

① 자엽(떡잎), ② 배유, ③ 유근, ④ 종자 이름 : 양파

04 다음 그림에서 배유, 유근, 자엽을 찾아 쓰고 해당 종자의 이름을 쓰시오.

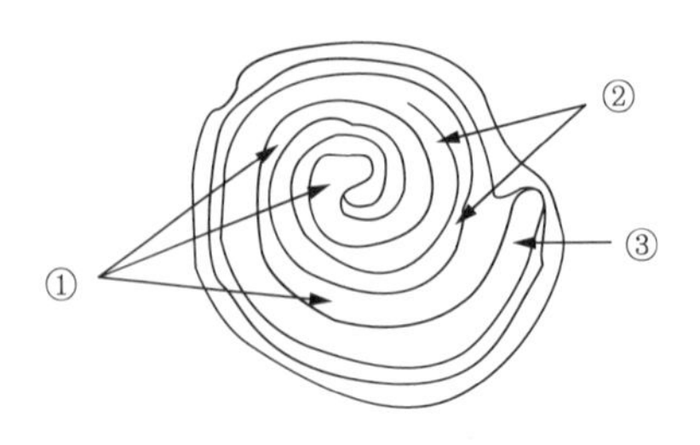

정답

① 배유, ② 자엽(떡잎), ③ 유근, ④ 종자 이름 : 토마토

05 **다음 그림에서 배유, 유근, 자엽을 찾아 쓰고 해당 종자의 이름을 쓰시오.**

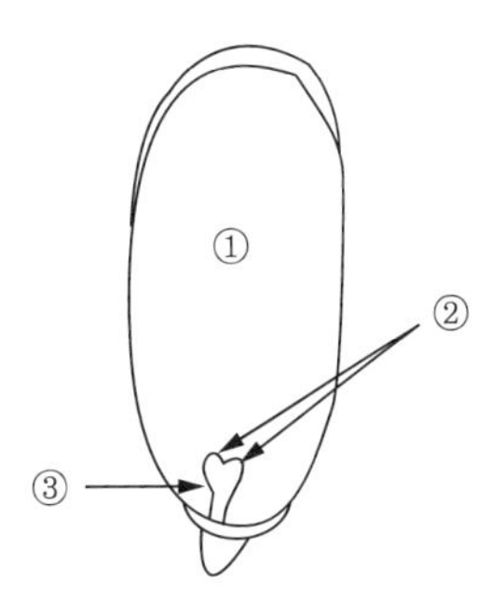

정답

① 배유, ② 자엽(떡잎), ③ 유근, ④ 종자 이름 : 당근

06 **다음 그림에서 배유, 유근, 자엽을 찾아 쓰고 해당 종자의 이름을 쓰시오.**

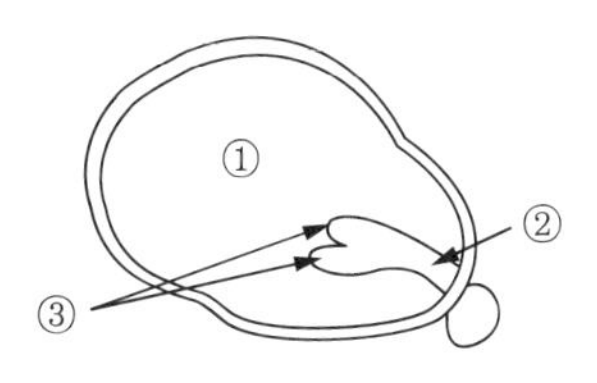

정답

① 배유, ② 유근, ③ 자엽(떡잎), ④ 종자 이름 : 셀러리

07 다음 그림에서 외배유, 유근, 자엽을 찾아 쓰고 해당 종자의 이름을 쓰시오.

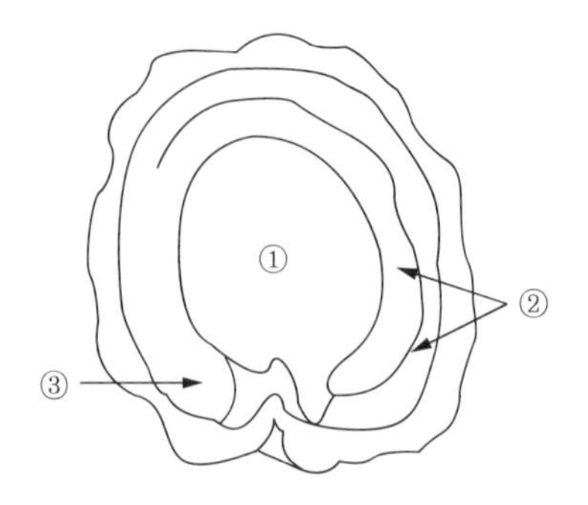

정답

① 외배유, ② 자엽(떡잎), ③ 유근, ④ 종자 이름 : 비트

08 다음 그림에서 배유, 유근, 자엽을 찾아 쓰고 해당 종자의 이름을 쓰시오.

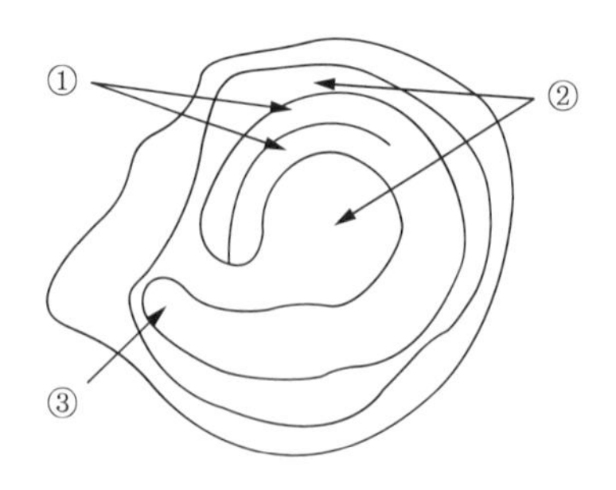

정답

① 자엽(떡잎), ② 배유, ③ 유근, ④ 종자 이름 : 고추

09 다음 그림에서 자엽, 유근, 상배축, 하배축을 찾아 쓰고 해당 종자의 이름을 쓰시오.

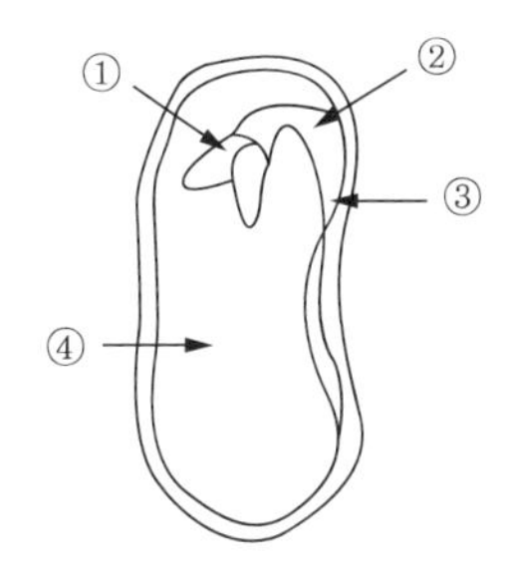

정답

① 상배축, ② 하배축, ③ 유근, ④ 자엽(떡잎), ⑤ 종자 이름 : 강낭콩

10 다음 그림에서 자엽, 유근, 하배축을 찾아 쓰고 해당 종자의 이름을 쓰시오.

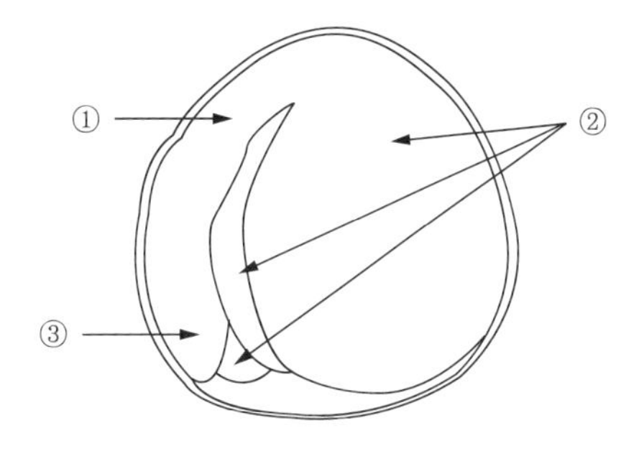

정답

① 하배축, ② 자엽(떡잎), ③ 유근, ④ 종자 이름 : 양배추

11 다음 그림에서 유근, 자엽을 찾아 쓰고 해당 종자의 이름을 쓰시오.

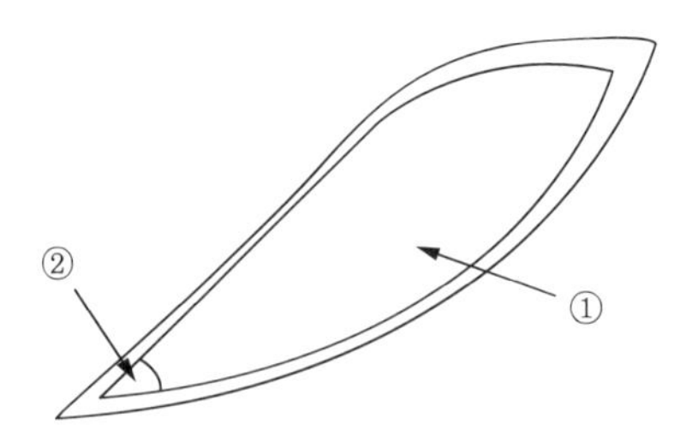

정답

① 자엽(떡잎), ② 유근, ③ 종자 이름 : 상추

12 다음 그림에서 유근, 자엽을 찾아 쓰고 해당 종자의 이름을 쓰시오.

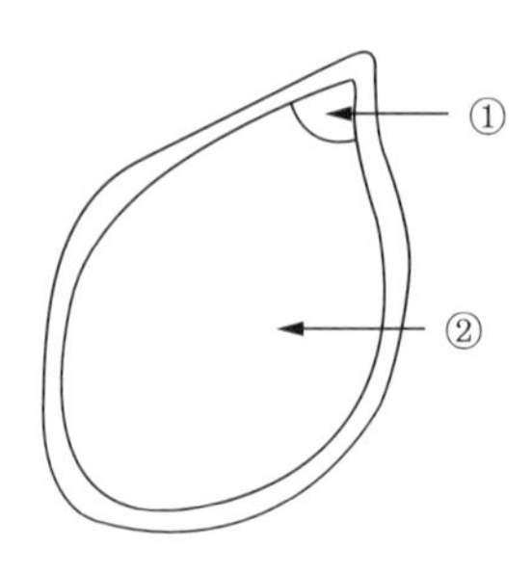

정답

① 유근, ② 자엽(떡잎), ③ 종자 이름 : 호박

13 다음 그림에 해당하는 화서의 명칭을 쓰시오.

1)

2)

3)
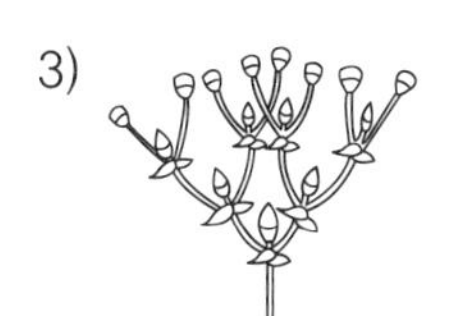

4)
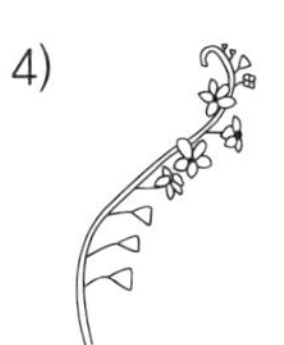

5)
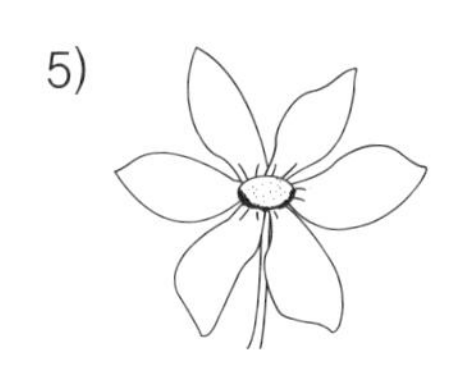

6)
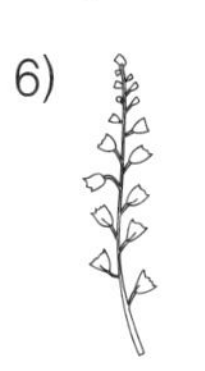

7)
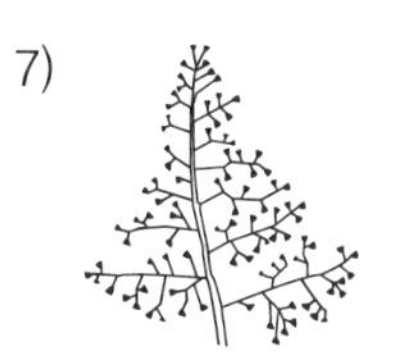

8)
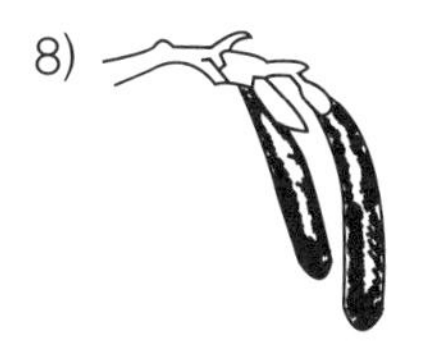

9)

10)
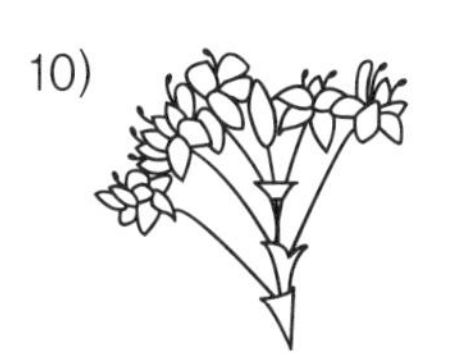

11)
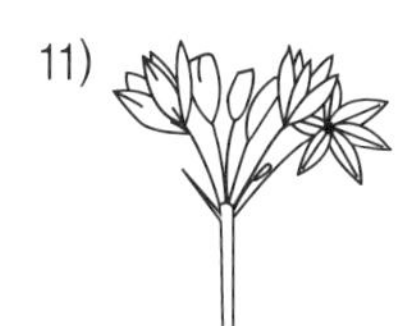

12)
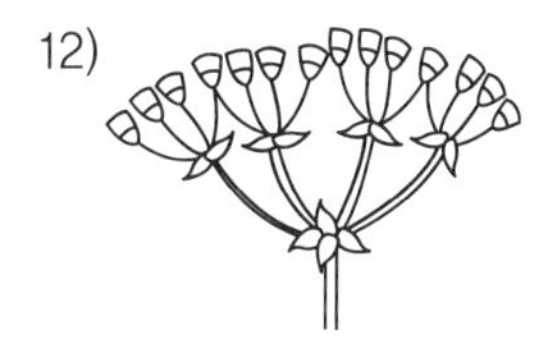

13)

14)
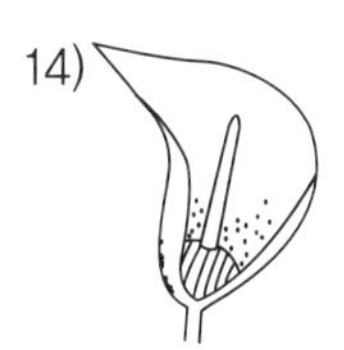

정답

1) 단정화서
2) 단집산화서
3) 복집산화서
4) 전갈고리형 화서
5) 집단화서
6) 총상화서
7) 원추화서
8) 유이화서
9) 수상화서
10) 산방화서
11) 단순산형화서
12) 복합산형화서
13) 두상화서
14) 육수화서

작물 병해충 식별하기

01 병해 식별 및 방제법

작물명	병 명	병 징	방제법
벼	깨씨무늬병	• 초기병반은 암갈색 타원형 괴사부위 주위에 황색을 띠고, 시간이 지나면 원형의 대형병반으로 윤문이 생긴다. • 줄기에 초기의 흑갈색의 미세한 무늬와 후에 확대하여 합쳐지면 줄기 전체가 담갈색으로 변한다. • 이삭줄기에서는 흑갈색 줄무늬로 되어, 후에는 전체가 흑갈색으로 변한다. • 벼 알에서는 암갈색의 반점과 회백색 붕괴부위 등이 보인다.	• 심경하여 비료를 장기간 안정하게 흡수하도록 한다. • 객토, 퇴구비, 칼륨, 규산 자재 등을 적절히 사용한다. • 생육후기에 벼의 생육이 쇠퇴하지 않도록 비료를 분시한다.
	도열병	• 잎에는 방추형의 병반이 형성된다. • 이삭목이나 이삭가지는 옅은 갈색으로 말라 죽으며 습기가 많으면 표면에 잿빛의 곰팡이가 핀다.	• 저항성 품종을 식재한다. • 질소 시비 과용을 회피한다. • 파종기나 본답 이앙시기가 지연되지 않도록 한다. • 생육기 찬물 유입되지 않도록 관리한다. • 계분, 돈분 등의 가축분 퇴비의 과용을 삼간다.
	세균성 벼알마름병	벼알은 기부부터 황백색으로 변색되며 점점 확대되어 벼알 전체가 변색된다.	• 최아 온도를 28℃ 이하로 낮춘다. • 육묘상을 가능한 빨리 담수 상태로 침적하고 상토 표면이 건조하지 않도록 관리한다. • 병에 걸린 묘는 즉시 제거한다. • 발병포장은 수확 후 볏짚을 모두 모아 태운다.
	줄무늬 잎마름병	• 잎의 기부에 황록색의 작은 반점이 나타나며, 이후에 나오는 잎은 모두 병징이 나타나는데 묘판말기 감염된 어린모는 이식 초기가 되면 새로운 잎이 황색을 띠며 말려서 늘어져 죽게 된다. • 후기에 감염될 경우 지엽에 황백색의 병반이 나타나는데, 넓은 황색줄무늬 혹은 황화 증상이 나타나고, 잎이 정상적으로 전개되지 못하고 도장하면서 뒤틀리거나 아래로 처진다. • 출수가 되지 않으며, 출수한다 하여도 기형의 이삭을 형성하거나 이삭을 생성하지 못한다.	• 저항성 품종을 식재한다. • 질소 시비 과용을 회피한다. • 병에 걸린 묘는 즉시 제거한다. • 매개충인 애멸구를 방제한다. • 주변 논둑, 제방 근처의 잡초를 제거하여 매개충의 서식처를 줄인다.
	잎집무늬 마름병	• 잎집에 물에 데친 것처럼 수침상의 타원형에서 암녹색으로 확대되면서 병반 주위가 연한 갈색으로 변한다. • 병반의 크기는 일정하지 않고 7월 하순~8월 상순에 대부분 균핵을 형성하며 벼가 자라면서 병반이 점차 위로 올라가게 된다.	• 저항성 품종을 식재한다. • 질소 시비 과용을 회피한다. • 지나친 밀식을 방지한다. • 통풍을 좋게 한다. • 조기이앙을 피한다. • 모내기 전 써레질 후 논 구석에 몰려 떠있는 균핵을 수거하여 전염원의 양을 줄인다.

작물명	병 명	병 징	방제법
벼	키다리병	• 잎의 벌어진 각도가 45° 이상이다. • 줄기 표면에 흰가루 모양의 포자가 형성된다. • 분얼이 적고 마디는 담갈색으로 변하며, 흔히 위쪽의 마디에서 헛뿌리가 나오고 출수가 되지 않고 말라죽는 경우가 많으며, 출수가 된다하더라도 잘 여물지 못한다.	• 종자염수선 및 건전 종자를 사용한다. • 고온육묘 시 발병이 증가하므로 적정온도 관리를 한다. • 병든 식물은 즉시 제거하여 소각 혹은 매몰한다. • 종자전염병이므로 종자 소독 후 사용한다. • 밀식을 피하고 적정량을 파종한다.
	흰잎마름병	• 묘판 후기에 아래 잎에 침윤상의 적은 병반이 나타나며, 병반은 수일이 경과 후 황색으로 변하고 선단부터 하얗게 건조되어 급속히 잎이 말라죽게 된다. • 묘 이앙 후 20~30일경부터 분얼최성기까지는 묘가 갑자기 말라서 고사하며, 잎의 가장자리나 잎 끝에 좁쌀보다 작은 점괴가 보인다. • 분얼최성기 이후 하엽의 잎 가장자리에 침윤상의 작은 병반이 생기며, 이 병반 표면에 옅은 우유색의 이슬이 맺히고 이것이 마르면 황색의 점괴가 된다.	• 저항성 품종을 식재한다. • 작물 재식 전 논둑 및 수로의 기주 잡초를 제거한다. • 배수로 정비 등의 포장 관리를 통한 1차 전염원을 제거한다. • 물에 의해 전염되므로 저지대나 홍수 시 침수되지 않도록 하고, 침수되어도 되도록 빠른 시일 내에 배수한다. • 농작업 시 기계적인 상처가 생기지 않도록 유의한다.
	이삭누룩병	• 벼 알에서만 발생하며, 초기에는 벼 알의 표면에 황록색을 나타낸다. • 시간이 지나면 벼 껍질이 약간 열리고 황록색의 돌출물이 보이며 표면이 검은색으로 변한다. • 벼알의 껍질을 벗겨보면 내부는 흰색이나 겉은 짙은 녹색 혹은 검은색을 나타낸다.	• 발병되지 않은 포장의 건전한 종자를 사용한다. • 질소 비료나 유기질 비료의 과용을 피한다. • 규산질 비료의 시용은 발병을 억제시키는 효과가 있으므로 적절히 사용한다. • 발병된 논에서는 피해 받은 이삭을 뽑아 제거한다.
옥수수	깜부기병	• 병든 부위는 이상비대로 인해 혹으로 변한다. • 초기 광택이 있는 하얀 막에 싸여 있으나 후에 이 막이 터지고 속에서 검은 가루 모양의 후막 포자가 나온다.	• 저항성 품종을 이용한다. • 종자 소독 후 파종한다. • 재배 시 식물체에 상처가 나지 않도록 주의한다. • 질소 과용 회피 및 균형시비를 한다. • 병든 식물체는 발견 즉시 제거한다.
맥 류	붉은곰팡이병	이삭은 처음 일부 갈색으로 변색되고 점차 진전되면 껍질부위에 홍색의 곰팡이로 뒤덮인다.	• 수확 즉시 건조하여 병원균의 생장을 억제하고 감염 곡실을 많이 제거한다.
	녹 병	• 잎, 잎집, 줄기, 이삭 등에 발생하고 적갈색의 작은 점무늬가 생겨 이것이 짙어지면 그 속에서 하포자가 비산한다. • 나중에 병무늬에 인접해서 회갈색의 짧은 선모양의 병무늬가 생기는데, 찢어지는 일은 없다.	• 조생종 품종 선정하여 병해를 회피한다. • 저항성 품종을 이용한다. • 질소질 비료 시비를 적절히 한다. • 배수 관리를 철저히 한다.
감 자	더뎅이병	괴경에 코르크층을 형성한다.	• 괴경 발달 초기에 6주 정도 관수하여 토양 습도를 유지해 주고 토양산도를 pH 5.2 이하로 낮춘다. • 돌려짓기(윤작)를 한다. • 다량의 미숙퇴비 사용을 회피한다. • 무병씨감자를 사용한다.
	둘레썩음병	유관속에서 냄새가 없는 세균이 나오고 연노랑에서 연갈색의 치즈 같은 부패 증상을 보인다.	• 무병씨감자를 사용한다. • 절단용 칼 및 기구를 소독하여 사용한다.
	역 병	• 초기 연녹색이나 진한 녹색의 부정형 작은 반점이 잎에 나타난다. • 적갈색의 큰 괴저 병반이 잎에 생기고, 나중에 포기 전체에 퍼져 말라죽는다.	• 무병씨감자를 사용한다. • 저장 전 건전 종서 선별을 철저히 한다. • 통풍을 잘하여 저장고가 과습하지 않도록 관리한다. • 재배 포장 배수에 유의하여 침수되지 않도록 관리한다.

작물명	병 명	병 징	방제법
고구마	검은무늬병	• 묘에서는 어린 줄기의 지상부에서 검은 반점으로 나타나고, 이 반점이 확대되어 줄기를 둘러싸게 되면 잎이 누렇게 변한다. • 병반 부위를 잘라보면 괴근 내부까지 검게 변해 썩어 있다.	• 내병성 품종을 이용한다. • 병에 걸리지 않은 괴근을 파종한다. • 건전묘 선별하여 이식한다. • 병든 식물체는 발견 즉시 제거한다. • 병이 발생된 포장에서 사용한 농기구는 잘 씻은 다음 사용한다. • 돌려짓기(윤작)를 한다.
	자주날개무늬병	• 섬유질 뿌리가 있는 끝부터 썩기 시작하여 괴경 전체로 퍼진다. • 저장 고구마는 대개 괴경의 끝부터 중앙 부위로 썩어 들어오면서 알코올 냄새가 난다.	• 병든 식물의 잔재물이나 토양이 고구마 재배포장에 유입되지 않도록 한다. • 병든 식물체는 발견 즉시 제거한다. • 돌려짓기(윤작)를 한다. • 토양 관리를 통해 떼알구조를 형성한다. • 극조생종 품종 재배를 통해 병해를 회피한다.
콩 류	탄저병	• 잎에서는 처음에 갈색의 다각형 병반으로 나타나고, 병이 진전되면 갈색 내지 암갈색의 부정형 병반으로 확대된다. • 줄기에서는 갈색의 타원형 내지 부정형 병반이 형성된다. • 꼬투리에서는 초기에 갈색 내지 암갈색의 원형 혹은 타원형 병반 나타난다.	• 무병지에서 채종한 종자를 파종한다. • 수확 후 병든 식물체를 제거하여 불에 태워버리거나 깊게 경운해준다. • 병 발생이 심한 포장은 돌려짓기를 한다.
	오갈병	초기에 감염되면 잎이 좁고 길어지며 잎면은 요철상이 된다.	• 내병성 품종을 이용한다. • 병든 식물체는 발견 즉시 제거하고 소각한다. • 재배 적지를 선정한다.
감 귤	궤양병	잎, 가지, 과실에 발생하는 세균성 병해로 처음 0.3~0.5mm 정도의 반점이 생성되고, 심하면 차츰 커지게 되면서 중앙부의 표피가 파괴되어 코르크화되고 황갈색으로 변하게 된다.	• 바람에 의한 상처를 최소화하기 위해 방풍 시설을 설치한다. • 전정 시 병든 잎 및 가지를 제거한다. • 밀식 지양하여 통풍을 원활하게 관리한다. • 질소 과용을 회피한다. • 귤굴나방 방제를 철저히 한다.
	더뎅이병	주로 잎과 과실에 큰 피해를 주며 처음에는 황갈색의 파리똥 같은 작은 반점이 생기고 차츰 돌출해 원뿔모양의 회갈색을 나타낸다.	• 저항성 품종을 이용한다. • 병든 부위는 즉시 제거한다.
배	검은별무늬병 (흑성병)	• 눈의 비늘조각, 잎, 과실 및 햇가지 등에 발생한다. • 잎에는 황백색, 다각형 흠집 모양의 병무늬가 생기지만 나중에는 검은색 그을음 모양으로 변한다. • 과실에서 발생한 경우 수확기에 가면 과실 표면은 움푹 들어가고 병반이 거칠며 굳어져 기형과가 된다.	• 병든 잎은 즉시 소각한다. • 주변 낙엽을 소각하여 병원체가 있을 곳을 제거한다. • 살균제를 살포한다.
	붉은가지 마름병	• 함몰된 소형의 병반이 형성되고 점차 확대된다. • 좁쌀알 크기의 붉은 혹이 많이 형성된다.	• 비배관리를 철저히 한다. • 병든 가지를 즉시 제거한다. • 동해나 병해충이 발생하지 않도록 관리를 철저히 한다.

작물명	병 명	병 징	방제법
배	붉은별무늬병 (적성병)	• 잎 묘면에 등황색의 작은 점무늬가 생기고 병반이 커지면서 과립체를 형성한다. • 과립체는 점차 검은색으로 변하고 끈끈한 물질을 분비한다. • 병반부위의 잎은 점차 두터워지고 6월 상순경이 되면 병반 잎 뒤에 담황색의 돌기가 나타나기 시작한다.	• 기주식물인 향나무류와 1km 이상 격리시킨다. • 살균제를 살포한다. • 비온 뒤 반드시 약제를 살포해준다.
	잎검은점병	• 잎이 굳어진 성엽에서 발생하는데, 초기에는 잎 표면에 황색반점이 나타나기 시작하면서 황색반점의 표면이 점차 적자색으로 변하고 후기에는 회백화되어 구멍이 뚫리기도 한다. • 신초나 어린잎에는 발생하지 않고 도장지의 기부 잎 또는 과총잎에서 많이 발생한다.	• 건전 묘목을 심고 과수원의 비배관리를 철저히 한다. • 병이 발생하지 않은 그루를 선택해 접을 하여 갱신한다.
	겹무늬병	• 가지에 사마귀 증상이 나타난다. • 사마귀 형성 초기에는 갈색을 나타내지만 후기에는 회색으로 변하고 일반적으로 수개의 사마귀가 집합적으로 나타난다. • 잎에는 초기에 갈색의 작은 반점이 생겨 점차 병반이 확대되면서 동심윤문을 나타낸다.	• 줄기 및 가지의 사마귀상 돌기를 봄에 일찍이 긁어 없애고, 도포제 또는 구리제나 석회황합제 원액을 발라준다. • 전정할 때 자른 가지를 과수원에서 빨리 없앤다. • 휴면기에는 석회황합제를 해마다 살포하여 줄기의 사마귀상 돌기의 발생을 막는다. • 과실에 심하게 발생하는 곳은 봉지 씌우기를 해준다. • 비배관리를 철저히 하여 나무를 튼튼하게 키운다.
복숭아	세균성구멍병	• 잎에는 수침상으로 작은 반점이 발생하며, 증상이 심해지면 반점부위의 구멍이 뚫린다. • 과실에는 수침상 반점이 발생하고 확대되면서 갈라진다.	• 전정 시 감염된 가지를 제거한다. • 방풍시설을 설치한다. • 질소 과용 금지한다.
	잎오갈병	처음에는 잎 표면에 적색내지 황색의 융기 현상 나타나고, 점차 비후해져 잎은 주름살이 생기고 오그라든다.	• 병든 잎은 즉시 제거한다. • 과습하지 않게 관리한다. • 동해를 방지한다. • 개화 직전 약제를 살포한다.
	잿빛무늬병	• 과실표면에 갈색반점이 생기고 점차 확대되어 대형의 원형병반을 형성한다. • 오래된 병반에는 회백색의 포자덩어리가 무수히 형성되며 과실 전체가 부패하여 심한 악취가 발생한다.	• 병든 잎은 일찍 제거하여 소각한다. • 밀식을 지양하고 통풍이 잘 되도록 관리한다. • 봉지를 씌워 병원균의 침입을 차단한다. • 꽃피기 전에 등록약제를 살포한다.
사 과	부란병	수피가 갈색으로 변색되어 부풀어 오르고 쉽게 벗겨지며 알코올 냄새가 난다.	• 비배 관리를 철저히 한다. • 병든 부위 깎아 낸 후 약제를 발라주고, 동해를 방지해준다. • 병든 가지는 즉시 제거 및 소각한다.
	줄기마름병	• 수피가 부패하여 병든 부위가 암갈색으로 변하고 움푹 들어간다. • 부란병과 비슷하나 알코올 냄새가 없다.	• 비배 관리를 철저히 한다. • 과습지에는 배수 관리를 철저히 한다. • 병든 가지는 즉시 제거 및 소각한다.
	탄저병	• 처음에는 과실의 표면에 검은 점이 발생한다. • 점점 진전되면 연한 갈색의 둥근 무늬가 생기고 병반이 커지면서 움푹 들어가게 된다. • 병반이 확대되면 표면에 검은색의 작은 점들이 생기고 원형의 무늬가 만들어진다. • 대기습도가 높을 때는 병반 위에 분홍색의 점액이 분비되기도 한다.	• 중간기주인 아카시아 나무를 사과원 주변에서 제거한다. • 병든 과실을 제거한다. • 배수 관리를 철저히 한다. • 봉지를 씌워 병원균의 침입을 차단한다.

작물명	병 명	병 징	방제법
사 과	갈색무늬병	• 잎과 과실에 발생하지만 주로 잎에서 발생한다. • 잎에 원형의 흑갈색반점 형성 후 확대되며 병반 위에서는 포자가 생성된다. • 잎은 2~3주 후 낙엽이 되나 황변하지 않고 남아 있는 것도 있다.	• 관수와 배수 관리를 철저히 한다. • 적정시비를 한다. • 전정을 통해 통풍을 원활하게 해준다. • 병든 낙엽은 땅에 묻어 월동 전염원을 제거한다.
	겹무늬썩음병	• 수확기 과일에 갈색의 윤문으로 무늬가 발생하고, 가지에 발생하는 마귀 모양의 돌기가 나타난다. • 5월~10월에 비가 많이 오거나 자주 올 때 발생이 심하며 6월 하순~7월에 어린 가지에 많이 발생한다.	• 봉지를 씌워 병원균의 침입을 차단한다. • 전정한 나뭇가지를 과수원에 두지 않는다.
포 도	갈색무늬병	• 흑색의 작은 반점으로 시작한다. • 병반 주위는 노란 환문이 생기며, 병이 진전 되면서 직경 1~2cm 크기의 다각형 병반을 형성한다.	• 질소 과용을 회피한다. • 전염원이 되는 병든 낙엽 소각 • 월동기 포도나무 발아 전 석회유황합제를 살포한다.
	노균병	• 잎에서 발병 초기에는 윤곽이 확실하지 않은 담황색 부정형 병반 발생한다. • 병반 형성 후에 잎의 표면에 흰백색의 흰가루병과 비슷한 곰팡이를 형성하고 점차 갈색으로 변하다가 심하면 잎 전체가 말라 낙엽이 된다. • 늦게 감염된 포도알은 시들고 갈색으로 변하며 결국 미이라과가 되어 열매꼭지로부터 떨어지게 된다. • 잎 뒷면에 손에 잘 묻지 않는 백색의 포자덩이가 생긴다.	• 병원균 월동지인 낙엽을 소각한다. • 질소시비 과용을 회피한다. • 내병성 품종을 이용한다. • 발병하면 방제가 어려우므로 발병 전 예방 약제를 살포한다.
	탄저병 (만부병)	• 담갈색의 작은 반점이 전면에 발생한다. • 진전되면 적갈색이고 원형인 반점이 점점 불규칙한 병반을 형성한다.	• 비가림 시설을 설치한다. • 봉지를 씌워 병원균의 침입을 차단한다. • 밀식을 회피하고 전정 통해 통풍 관리를 한다. • 질소 과용을 회피한다. • 배수 관리를 철저히 한다. • 포도나무 발아 전에 석회유황합제를 살포한다.
	새눈무늬병	• 봄철에 비가 자주 오면 조직이 경화되기 전 잎, 줄기, 덩굴손, 과실에 발생한다. • 잎에 흑갈색의 작은 반점이 생기고 후기에는 구멍이 뚫리고 기형이 되기도 한다. • 꽃에 발생하면 흑갈색으로 고사되어 꽃떨이 현상을 나타낸다. • 과실에는 작은 갈색 점무늬가 생겨 점차 검게 확대되며 약간 오목해진다. • 새의 눈과 흡사한 병반으로 회색 또는 회백색의 중앙부와 검은색 가장자리 사이에 선홍색 또는 보랏빛 띠가 여러 겹 둥글게 된다.	• 병든 잎과 줄기를 발견 즉시 제거한다. • 건전한 묘목을 식재한다. • 살균제를 살포한다.

작물명	병 명	병 징	방제법
채소류	노균병	• 오이, 참외, 수박 등 박과 채소의 잎 앞면에 엷은 황색을 띠고, 잎 뒷면에는 불분명하게 보인다. • 병은 아래 잎에서 먼저 발생하여 위로 번지고 잎맥사이로 다각형의 황백색 병반이 발생한다.	• 환기를 철저히 하고 과습하지 않도록 관리한다. • 온도를 낮추어 관리한다. • 병든 잎은 조기에 제거하여 소각하거나 깊게 묻는다. • 발생 전후 주기적으로 약제를 살포한다. • 밑거름으로 규산질과 소석회를 1:2로 섞어서 시용한다.
	역 병	• 가지과 채소와 박과 채소에서 심하게 발생한다. • 뿌리에서 발병하지만 병원균이 빗물에 튀어 올라 열매 등 지상부를 침해하기도 한다. • 육묘할 때 발병하며 그루 전체가 심하게 시들고 죽는다. • 심한 경우 뿌리 뿐 아니라 줄기의 지표면 부분과 표피층이 변색하며, 뿌리 부근이 부패하여 흑갈색으로 변한다.	• 발병된 토양에는 토양을 소독해야 한다. • 강우 때는 침수되지 않도록 배수구를 깊게 파고 이랑을 높게 만든다. • 병든 포기는 발견 즉시 제거한다. • 돌려짓기를 한다. • 토양을 멀칭하여 강우나 관수 시 전염을 막을 수 있다. • 역병에 강한 대목을 이용하여 접목한 모종을 이용한다.
	탄저병	• 딸기, 고추 등 주로 과실에서 발생하고 처음에는 감염부위가 수침상의 작은 반점이 생기고, 진전되면 원형 내지 오목하게 되고 둥근 겹무늬 증상으로 확대된다. • 병반부위에는 담황색 내지 황갈색의 포자덩어리가 형성되고, 심하게 병든 과실은 비틀어지고 말라버린다.	• 건전한 종자를 구입하여 종자를 소독하고 파종한다. • 무병묘를 이식한다. • 저항성 품종을 식재한다. • 생육 초기에 질소질 비료를 과용하지 않는다. • 식물이 강하게 생육하도록 관리한다.
	잎곰팡이병	• 토마토에서 많이 발생한다. • 처음에는 잎의 표면에 흰색 또는 담회색의 반점이 생기고, 이것이 진전하면 황갈색으로 변하며 확대된다. • 잎 뒷면에는 암회색 또는 암갈색의 미세한 곰팡이가 발생한다. • 오래된 병반에는 잎의 표면에도 곰팡이가 생긴다.	• 병든 잎을 신속히 제거한다. • 통풍이 잘되도록 관리한다. • 밀식하지 않는다. • 질소질 비료의 과용을 피한다. • 수확 후 병든 잎을 긁어모아 소각한다.
	흰가루병	• 오이, 딸기, 토마토 등의 잎에 많이 발생한다. • 잎의 감염 부위에는 흰색 병반이 생기고 진전되면 잎 전면에 밀가루를 뿌려 놓은 것 같은 증상으로 나타난다. • 고온조건 하에서 과습과 건조가 반복될 때 잘 발생한다.	• 너무 건조하거나 낮은 온도에서의 작물 재배를 피한다. • 하우스 내부 기온을 흰가루병 포자가 사멸하는 온도인 45℃ 이상으로 일시적으로 상승시켜 발생을 억제한다. • 저항성 품종을 식재한다.
가 지	균핵병	감염부위는 누렇게 변색되어 마르고, 흰 균사가 자라면서 후에 부정형의 검은 균핵이 형성된다.	• 병든 포기는 뿌리 주변 흙과 함께 조기에 제거한다. • 시설재배 포장에서는 저온다습하지 않도록 관리한다. • 멀칭 재배를 통해 방지할 수 있다. • 물 가두기하여 균핵을 부패시킨다.

작물명	병 명	병 징	방제법
토마토	시들음병	• 병든 식물체는 생육이 억제되며 아래 잎이 시들고 밑으로 처진다. • 기온이 상승한 낮 동안 심하게 시들고, 아침과 저녁에 다소 회복되기도 한다.	• 돌려짓기(윤작)를 실시한다. • 석회를 시용하고 미숙퇴비 시용을 억제한다. • 토양 선충이나 토양 미소동물에 의해 뿌리에 상처가 나지 않도록 관리한다. • 토양 내 염류 농도가 높지 않게 주의한다. • 토양 담수 및 태양열 소독을 실시한다.
	배꼽썩음병	• 꽃이 달려있었던 부위에서 썩기 시작하는 병해의 일종이다. • 석회결핍이나 토양수분의 급격한 변화에 의하여 발생한다.	칼슘 및 석회를 시용한다.
	풋마름병	• 지상부는 푸른 상태로 시들고, 진전되면 식물체 전체가 변색되어 말라죽는다. • 병든 줄기 내부 암갈색으로 변화한다.	• 농작업에 사용하는 기구를 소독 후 사용한다. • 돌려짓기(윤작)를 한다. • 발병된 포장에는 담수재배를 하여 병원균을 사멸한다.
딸 기	잿빛곰팡이병	• 과실에 작은 수침상의 담갈색 병반이 나타난다. • 점차 진전되면 과실이 부패하고 잿빛의 분생포자로 뒤덮인다.	• 병든 식물체는 비닐봉지 등에 모아 매몰하거나 소각한다. • 시설 내 온도와 습도관리를 철저히 하여 저온다습이 되지 않도록 한다. • 밀식재배를 하지 않고 식물체가 웃자라지 않도록 관리한다. • 꽃잎이나 병든 잔사물이 과실이나 잎에 붙지 않도록 한다. • 질소질 비료를 줄이고 칼리질 비료를 함께 시용한다. • 저항성 품종을 식재한다.
	모잘록병 (묘입고병)	• 병원균은 식물의 조직 또는 토양에서 월동하며, 관개수나 토양에 의해 전염된다. • 습기가 많을 때 발생하며 온실, 묘상, 노지 등에서 자라고 있는 어린 묘에서 발생한다.	• 종자를 소독한 뒤 파종한다. • 토양 소독을 실시한다. • 병든 식물체는 발견 즉시 제거한다. • 살균제를 살포한다. • 밀식을 방지한다.
수박, 참외	덩굴마름병 (만고병)	줄기에는 처음 수침상의 갈색반점으로 나타나고 진전되면 담갈색 또는 회갈색의 병반으로 변한다.	• 병든 잔재물은 즉시 제거한다. • 하우스 내 과습을 방지하고 통풍 관리를 철저히 한다. • 하우스 외부의 배수로를 잘 정비하여 빗물이 유입되지 않도록 한다. • 질소 비료 과용을 회피한다. • 식물체가 웃자라지 않도록 관리한다.
	덩굴쪼김병	유묘기에는 잘록 증상으로 나타나며, 생육기에는 잎이 퇴록되고 포기 전체가 시든다.	• 돌려짓기(윤작)를 한다. • 저항성인 박이나 호박을 대목으로 사용하여 접목한다. • 석회를 시용한다. • 사질토양에서 재배를 지양한다. • 토양 선충이나 곤충에 의해 뿌리에 상처가 나지 않도록 관리한다. • 미숙퇴비 시용을 회피한다. • 답전윤환 또는 토양 담수를 하여 병원균을 죽인다.

작물명	병 명	병 징	방제법
오 이	파녹병	• 기온이 낮고 비가 자주와 습기가 많을 때 발생이 많아진다. • 잎과 꽃줄기에 타원형의 부푼 병반이 생기고 그 안에는 적황색의 가루가 들어 있으며 후에는 담갈색포자로 된다. • 생육 후기에 쇠약하게 자라면 발생이 많다.	• 적정 시비를 통한 건전 생육을 도모한다. • 살균제를 살포한다. • 병든 식물체는 발견 즉시 제거한다.
배 추	무름병 (연부병)	잎의 밑둥에 처음에는 수침상의 반점으로 나타나고, 진전되면 담갈색 내지 회갈색의 부정형 병반으로 변해 썩기 시작하여 점점 잎의 위쪽으로 진전된다.	• 벼과나 콩과 작물로 돌려짓기를 실시한다. • 배수와 통풍을 철저히 관리한다. • 비가 온 직후에 수확을 회피한다. • 내병성 품종을 이용한다.
	뿌리혹병 (무사마귀병)	병든 그루의 뿌리는 이상비대되어 뿌리에는 작거나 큰 부정형의 혹이 여러 개 형성된다.	• 토양 과습을 방지한다. • 병든 식물체의 뿌리혹 제거하여 소각한다. • 석회를 시용하여 토양 산도를 pH 7.2 이상으로 교정한다. • 병원균에 오염된 토양이 다른 포장에 유입되지 않도록 주의한다. • 병원균에 오염된 포장에서 작업한 농기구는 깨끗이 세척한다. • 내병성 품종을 이용한다. • 돌려짓기(윤작)를 실시한다.
국 화	흰녹병 (백수병)	• 잎 뒷면에 흰색으로 융기한 반점이 나타나고, 돌기 모양으로 변한다. • 돌기모양의 색깔은 오래되면 담갈색으로 변하고, 병반은 주위가 담황색을 띤 반점으로 나타난다.	• 내병성 품종을 이용한다. • 하우스 내 환기를 철저히 한다. • 병든 식물체는 발견 즉시 제거한다.
	검은녹병 (흑수병)	• 잎의 뒷면과 표면에 병반이 생기고 잎의 안쪽에 청백색의 가늘고 작은 반점이 많이 나타난다. • 반점은 분질의 갈색 무늬 속에 거품 모양으로 부풀어 올라 흑색의 가루가 비산한다. • 병세 진전에 따라 조그만 흑반이 증가하며 9월경부터 발생한다.	• 병든 잎은 즉시 제거하고 소각한다. • 연작을 피한다. • 살균제(옥사보, 훼나리)를 살포한다. • 건전묘를 사용한다.
글라디올러스	모자이크병	잎에 황록색 또는 황색 부분과 짙은 녹색 부분이 모자이크 모양으로 얼룩이 나타난다.	• 병든 식물체는 발견 즉시 제거하고 소각한다. • 내병성 품종을 이용한다. • 진딧물 등의 매개충을 방제한다. • 재배적지 선정 및 재배 환경 개선을 실시한다.
달리아	반엽병	• 고온다습한 기후가 계속되고 포장의 배수가 불량하면 발생한다. • 잎에서 암갈색 원형의 반점을 형성하며 후에 점차 커져 병반이 합쳐지고 결국 잎이 고사한다. • 산도가 높은 경우 아연의 결핍으로 발생할 수 있다.	• 피해 받은 잎을 모아서 소각한다. • 토양의 산도를 조절한다. • 토양 소독을 실시한다.
튤 립	모자이크병	꽃에 흰색의 모자이크 모양 얼룩이 나타난다.	• 진딧물 등의 매개충을 방제한다. • 내병성 품종을 이용한다. • 병든 식물체는 발견 즉시 제거하고 소각한다. • 재배적지를 선정하여 재배한다. • 건전한 생육환경을 조성한다.

작물명	병 명	병 징	방제법
백 합	모자이크병	잎에 짙고 옅은 모자이크 또는 퇴록반점을 형성한다.	• 건전한 구근 이용하여 번식한다. • 종자 번식을 이용한다. • 병든 식물체는 발견 즉시 제거한다. • 토양 소독을 하거나 건전한 토양에 재배한다. • 한랭사 이용하여 진딧물을 방제한다. • 조직배양을 통한 무병주 생산 후 이용한다.
	역 병	• 땅에 맞닿는 줄기가 검게 변하며 지상부가 급격히 시들어버리는 증상을 나타낸다. • 식물체 전체에 발생하지만 직접 피해를 받는 부분은 땅가 부분의 줄기이며 처음에는 담갈색으로 변색하여 물러 썩는다. • 병징이 진전되면 생육이 불량해지고 식물체 전체가 시들며 급격히 말라죽는다.	• 병든 식물체는 발견 즉시 제거한다. • 베드 및 화분 등을 소독한다.
장 미	근두암종병	• 주로 나무줄기 및 뿌리와 뿌리 땅가 부분에 발생한다. • 최초에는 상구에 암종이 생기는데 회색 혹은 담황색의 부드러운 암이지만, 점차 비대하고 딱딱하게 목화하여 표면에는 균열이 생기고 거칠어지며 암갈색으로 변한다.	• 건전묘를 사용한다. • 재배 중 근부에 상처를 받지 않도록 주의한다. • 병든 식물체는 가능한 빨리 제거한다. • 전정도구들 깨끗이 씻고 자주 소독해준다. • 밧사미드입제를 시용하여 방제한다.

02 해충 식별 및 방제법

해 충	특징 및 피해 양상	방제법
애멸구	• 바이러스병의 매개충이다(벼줄무늬잎마름병, 벼검은줄오갈병). • 벼의 양분을 직접 흡즙하지만 피해는 크지 않다.	• 발생량을 정확하게 예찰하고, 이앙 전에 등록된 약제 육묘상 처리하여 방제한다. • 저항성 품종을 이용한다. • 질소질 비료 과용을 회피하다.
이화명나방	• 제1세대 부화 유충은 초기 엽초를 가해하다가 점차 줄기 속으로 먹어 들어간다. • 그 결과 엽초가 갈색으로 변하고 점차 줄기 전체가 갈색으로 변하면서 말라 죽는다. • 제2세대 알에서 부화한 어린 유충은 엽초 내부에 집단으로 서식하여 피해를 준다. • 중령 유충 이후에는 분산하여 건전한 줄기 속으로 파고 들어가 가해하여 백수현상을 일으킨다.	• 월동유충이 벼의 그루터기에서 월동하므로 겨울에 1개월 동안 논에다 물을 대 질식사시킨다. • 조기이앙을 피하고 적기에 이앙한다. • 유충이 이동하기 전에 심엽이 시들기 시작한 것을 뽑아 없애고, 제2화기의 경우에는 잎집이 변색된 줄기를 뽑아 없앤다.
혹명나방	• 유충이 벼 잎을 좌우로 길게 원통형으로 말고, 그 속에서 갉아먹는 특성이 있다. • 피해를 받은 잎은 표피만 남고 백색으로 변한다.	• 질소질 비료 과용을 회피한다. • 늦게 이앙하는 것을 지양하고 적기에 이앙한다. • 잎 속의 유충을 널빤지 등을 이용해 눌러 죽인다.
벼물바구미	• 벼물바구미 성충은 엽맥을 따라 잎의 표피만 갉아먹고 뒷면은 남겨두는 특징이 있다. • 유충은 뿌리를 갉아먹기 때문에 분얼이 억제되고, 줄기수가 감소되고, 심하면 생육이 정지된다. • 성충은 벼 이삭을 가해하며 천공미를 유발한다.	• 조기 이앙을 피한다. • 야산 인접 논, 논둑과 가까운 지점에서 많이 발생하므로 유의한다. • 유효경수가 확보된 논은 말리는 방법을 선택한다.

해 충	특징 및 피해 양상	방제법
벼멸구	• 볏대의 즙액을 빨아 생육을 위축시키고 심하면 벼가 말라 죽는다. • 집단으로 가해하기 때문에 논의 일부 면적에 집중적으로 말라죽는 피해가 발생한다.	• 저항성 품종을 이용한다. • 살충제를 살포한다.
온실가루이	• 토마토, 오이, 멜론 등의 식물체 즙액을 빨아먹는다. • 잎과 새순의 생장이 저해되거나 퇴색, 위조, 고사 등의 직접적인 피해를 입는다. • 피해가 진전되면 기주식물의 주위에 배설물에 의한 그을음병이 발생한다.	• 온실 내부나 외부 잡초에 발생한 온실가루이가 침입하여 발생할 수 있으므로 작물 주변 잡초를 없애거나 방제를 철저히 한다. • 온실의 경우 측창과 환기구에 망사를 설치한다. • 해충에 감염되지 않은 건전한 모종을 이용한다. • 천적을 이용한다(온실가루이좀벌).
배추좀나방	• 배추, 무, 양배추 등 십자화과 채소의 잎에 많이 발생한다. • 유충이 초기에 엽육 속으로 굴을 파고 들어가 표피만 남기고 잎뒷면에서 엽육을 갉아 먹어 흰색의 표피를 남기며, 심하면 구멍을 뚫고 엽맥만 남기거나 잎 전체를 먹어치우기도 한다.	• 스프링클러에 의한 관수를 하면 유충이나 성충이 타격을 받아 밀도가 낮아진다. • 십자화과 식물 이외에 다른 식물을 간작한다. • 동일계통 농약보다 다른 계통의 농약으로 바꿔 살포한다.
뿌리혹선충	• 감자, 고구마, 파, 딸기 등 뿌리 조직에 혹 모양을 만들고 기주한다. • 기생이 적을 때에는 문제가 되지 않지만 선충의 밀도가 높을 때에는 뿌리혹이 많이 생기며 뿌리가 잘 자라지 않고 양, 수분 흡수를 방해한다.	• 돌려짓기(윤작)을 한다. • 태양열 소독 등의 토양 소독을 실시한다. • 담수처리를 통해 선충을 죽인다. • 저항성 품종을 이용한다. • 객토를 통해 선충의 피해가 없는 토양으로 바꿔준다.
목화진딧물	• 고추, 오이, 가지 등위 작물의 어린 싹이나 잎의 뒷면을 흡즙하고, 배설물에 의한 그을음병이 발생한다. • 주로 어린잎을 가해하여 즙액을 빨아먹으므로 생육이 저하된다. • 바이러스병의 주요 감염원이 되기도 한다.	• 천적을 이용한다(무당벌레, 기생벌, 꽃등에 등). • 시설재배 시 창에 망사를 씌워 외부로부터 유입을 차단한다. • 살충제를 살포한다.
아메리카 잎굴파리	• 유충은 잎에 구불구불한 굴을 뚫어 가해하며, 성충은 잎에 붙어 즙을 핥아먹거나 산란하여 잎에 작은 반점을 남기는 피해를 준다. • 유충이 엽육 속에서 굴을 파고 다니면서 가해하며 피해 흔적이 흰색으로 보인다.	• 시설재배 시에는 방충망을 설치하여 성충의 유입을 차단한다. • 유충의 피해가 없는 건전한 모종을 사용한다. • 천적을 이용한다(굴파리좀벌, 잎굴파리고치벌).
복숭아혹 진딧물	• 배설물로 인해 그을음병 유발한다. • 잎의 즙액을 빨아먹어 피해부위가 생장을 멈추고 위축하며 바이러스병을 매개한다.	• 시설재배 시 방충망 설치하여 침입을 차단한다. • 천적을 이용한다(콜레마니진디벌, 진디혹파리, 무당벌레, 풀잠자리, 꽃등에 등). • 건조하면 발생이 많아지므로 적정 습도를 유지시킨다.
배추흰나비	• 유충은 30mm 정도로 녹색이고 몸에 잔털이 빽빽하게 나있다. • 성충은 대개 백색이며 앞날개 앞쪽에 검은 반점이 2개, 뒷날개에는 1개가 있다.	• 수확 잔재물을 태우거나 먼 곳에 버린다. • 천적을 이용한다(배추나비고치벌). • 살충제를 살포한다.
감꼭지나방	• 감에서 가장 문제가 되는 해충으로 연 2회 발생한다. • 줄기나 가지 사이 또는 거친 껍질 밑에서 고치를 만들고, 그 속에서 유충으로 월동한다.	• 피해 과실을 제거한다. • 살충제를 살포한다. • 월동기 유충을 제거한다.
귤굴나방	• 알에서 부화한 유충이 어린잎이나 가지의 연약한 부분의 표피를 뚫고 들어가 엽육을 먹어 들어간다. • 유충이 들어간 곳에는 구불구불한 굴이 생기고 배설한 배설물이 검은 줄 형태로 남는다. • 성충 형태로 잎 뒷면이나 잡초 등에서 월동하고, 5월부터 활동한다.	신아 발아 후 경화될 때까지 6~7일 간격으로 살충제를 살포한다.

해 충	특징 및 피해 양상	방제법
귤이세리아 깍지벌레	• 수간이나 가지, 잎에 기생하여 흡즙하고 약충 및 성충의 형태로 월동한다. • 그을음병을 유발하고, 수세가 약해지며 어린잎은 변형되기도 한다.	• 천적을 이용한다(베달리아무당벌레). • 살충제를 살포한다.
루비깍지벌레	• 연 1회 발생하며 수정한 암컷 성충의 형태로 가지에서 월동한다. • 성충의 몸길이는 6mm 정도이며 주로 잎과 녹지에 기생하며 수액을 흡즙한다. • 분비물에 의해 그을음병이 발생한다.	• 월동기 알을 파괴한다. • 유아기에 살충제를 살포한다(디노테퓨란).
복숭아유리나방	• 1년에 1회 발생하며, 5월 하순부터 9월 하순에 걸쳐 발생하나 최성기는 9월 중순이다. • 유충이 껍질과 목질부 사이를 가해하며 피해를 받으면 적갈색의 굵은 배설물과 함께 수액이 흘러나온다. • 피해가 심할 경우 수지병 또는 동고병을 유발하여 나무가 쇠약해지고 고사한다.	• 겨울철 전정 시 월동 유충을 제거한다. • 살충제를 살포한다. • 6월경 유충을 포살한다.
복숭아심식나방	• 유충이 과실내부를 종횡무진 가해하고, 기형과가 나타난다. • 침입구는 바늘로 찌른듯하고 즙액이 흘러나와 말라붙는다. • 탈출구는 송곳으로 찌른듯하고 배설물은 배출하지 않는다.	• 피해 과실 보이는 대로 따서 물에 담궈 과실 속 유충을 제거한다. • 봉지 씌우기를 실시한다. • 살충제를 살포한다.
복숭아으름나방	• 1년에 수회 발생하고 성충으로 월동한다. • 성충이 야간에 날아와 직접 과실을 가해하여 피해부위가 스폰지화되고 병원균에 감염되어 썩게 된다.	• 봉지 씌우기를 실시한다. • 조명 점등을 통해 유인하여 죽인다. • 방아망을 설치한다.
복숭아순나방	• 5월 상순경부터 한여름에 걸쳐 새 가지와 웃자란 가지의 순의 심부를 먹어 들어가 순이 시들고 구부러진다. • 연 3~5회 발생하고 7월 하순~9월 상순경이 최대 발생기이다.	• 새 가지의 순이 시드는 것을 발견하면 그 즉시 처리한다. • 살충제를 살포한다. • 월동 유충은 모아서 소각한다. • 피해 과실은 발견 즉시 제거한다.
배가루깍지벌레	• 백색의 분비물로 오염되고, 표면이 움푹움푹 들어가 기형을 보인다. • 배설물에 의해 심한 그을음병을 발생한다. • 다른 깍지벌레와 달리 깍지가 없고 부화 약충기 이후에도 자유로이 운동하고 사과, 복숭아 등에도 피해를 준다.	• 월동기 알을 파괴한다. • 천적을 이용한다(기생봉). • 살충제를 살포한다.
점박이응애	• 작아서 눈으로 구별하기 어려우며 1년에 7~8번 발생한다. • 암컷 성충으로 나무줄기 껍질 틈새나 잡초, 낙엽에서 월동한다. • 덥고 건조하면 응애 많이 발생한다. • 사과응애와 달리 잎 뒷면에만 주로 서식한다.	• 천적을 이용한다(이리응애류). • 여러 종류의 살비제를 번갈아 살포한다.
사과응애	• 매우 작아 초기 발견 어렵다. • 피해 잎을 만지면 손이 붉은 색으로 얼룩진다. • 건조하고 고온이 지속될 경우 많이 발생한다.	• 천적을 이용한다(이리응애류). • 스프링클러나 점적관수를 적절히 실시하여 수관내의 온도 낮추고 적정 습도를 유지시킨다. • 적당한 착과량을 조절한다. • 기계유유제를 발아기 직전에 살포한다.

해 충	특징 및 피해 양상	방제법
사과혹진딧물	• 초기 어린 잎에 붉은 반점이 생기며 잎의 뒤쪽을 향해 가로로 말린다. • 본엽 잎가에서 엽맥쪽을 향하여 뒤쪽으로 세로로 말린다.	• 기계유유제를 살포해 사과응애와 동시에 방제한다. • 개화 전 또는 낙화 후에 약제를 1회 살포한다.
포도뿌리혹벌레	• 즙액을 빨아먹어 생육이 떨어지고 심하면 나무 전체가 말라 죽는다. • 포도나무의 뿌리나 잎에 붙어서 수액을 흡수하고 피해 부위에는 혹이 생긴다. • 수분 부족으로 꽃이 과실의 일부에 밀착한다.	• 뿌리혹벌레가 감염되지 않은 묘목을 구입하여 식재한다. • 저항성 대목으로 접목한 모종을 이용한다. • 등록약제를 토양처리하고 관수처리하여 약액이 뿌리까지 도달할 수 있도록 한다.
포도유리나방	• 연 1회 발생하고 고추 등 가지속 식물에서 유충으로 월동한다. • 유충이 새가지 속을 가해하고 그 부분은 약간 볼록하게 부푼다. • 유충이 들어간 구멍은 자색으로 변하고 말라버린다.	• 전정 시에 유충이 들어 있는 곳을 찾아서 송곳으로 찔러 죽인다. • 병든 줄기나 똥이 배출된 줄기는 잘라 한곳에 모아 소각한다. • 피해 구멍에 살충제를 살포한다.
포도호랑하늘소	• 유충이 목질부를 파먹어서 가해부 윗부분이 말라 죽는다. • 피해가 진전되면 바람 또는 작업 중 가지가 쉽게 꺾인다.	• 병든 가지를 즉시 제거하고 소각한다. • 살충제를 살포한다.
알락하늘소	나무 줄기에 표면 또는 심부에 갱도를 만들며 가해하고 겉에 구멍을 내서 그 곳으로 톱밥과 같은 나무조각을 배출한다.	• 하늘소류의 피해가 우려되는 사과원은 매년 9월부터 산란 부위를 찾아 제거한다. • 천적을 이용한다(고치벌류, 맵시벌류, 기생파리류 등). • 피해목이나 가지를 제거하여 소각한다. • 철사 등을 침입공으로 넣어 서식하고 있는 유충을 찔러 죽인다. • 줄기 속에서 가해하는 애벌레를 적용살충제를 이용하여 방제한다.

기출 Point **방제법이 정말 기억이 안난다면 다음과 같은 경종적 방제법 적기!!**

1. 적정한 환경 조절
2. 윤 작
3. 내병성 품종의 선택
4. 무병종묘 이용
5. 적정 시비를 통한 강건한 생육

CHAPTER

08 적중예상문제

01 벼 깨씨무늬병의 방제법 3가지를 쓰시오.

정답

- 심경하여 비료를 장기간 안정하게 흡수하도록 한다.
- 객토, 퇴구비, 가리 규산 자재 등을 적절히 사용한다.
- 생육후기에 벼의 생육이 쇠퇴하지 않도록 비료를 분시한다.

02 벼 도열병의 방제법 3가지를 쓰시오.

정답

- 저항성 품종을 식재한다.
- 질소 시비 과용을 회피한다.
- 파종기나 본답 이앙시기가 지연되지 않도록 한다.
- 생육기 찬물 유입되지 않도록 관리한다.
- 계분, 돈분 등의 가축분 퇴비의 과용을 삼간다.

03 벼 세균성알마름병의 방제법 3가지를 쓰시오.

정답

- 최아 온도를 28℃ 이하로 낮춘다.
- 육묘상을 가능한 빨리 담수 상태로 침적하고 상토 표면이 건조하지 않도록 관리한다.
- 병에 걸린 묘는 즉시 제거한다.
- 발병포장은 수확 후 볏짚을 모두 모아 태운다.

04 벼 줄무늬잎마름병의 방제법 3가지를 쓰시오.

정답

- 저항성 품종을 식재한다.
- 질소 시비 과용을 회피한다.
- 병에 걸린 묘는 즉시 제거한다.
- 매개충인 애멸구를 방제한다.
- 주변 논둑, 제방 근처의 잡초를 제거하여 매개충의 서식처를 줄인다.

05 벼 잎집무늬마름병의 방제법 3가지를 쓰시오.

정답

- 저항성 품종을 식재한다.
- 질소 시비 과용을 회피한다.
- 지나친 밀식을 방지한다.
- 통풍을 좋게 한다.
- 조기이앙을 피한다.
- 모내기 전 써레질 후 논 구석에 몰려 떠있는 균핵을 수거하여 전염원의 양을 줄인다.

06 벼 키다리병의 방제법 3가지를 쓰시오.

정답

- 종자염수선 및 건전 종자를 사용한다.
- 고온육묘 시 발병이 증가하므로 적정온도 관리를 한다.
- 병든 식물은 즉시 제거하여 소각 혹은 매몰한다.
- 종자전염병이므로 종자 소독 후 사용한다.
- 밀식을 피하고 적정량을 파종한다.

07 벼 흰잎마름병의 방제법 3가지를 쓰시오.

정답

- 저항성 품종을 식재한다.
- 작물 재식 전 논둑 및 수로의 기주 잡초를 제거한다.
- 배수로 정비 등의 포장 관리를 통한 1차 전염원을 제거한다.
- 물에 의해 전염되므로 저지대나 홍수 시 침수되지 않도록 하고, 침수되어도 되도록 빠른 시일 내에 배수한다.
- 농작업 시 기계적인 상처가 생기지 않도록 유의한다.

08 벼 이삭누룩병의 방제법 3가지를 쓰시오.

정답

- 발병되지 않은 포장의 건전한 종자를 사용한다.
- 질소 비료나 유기질 비료의 과용을 피한다.
- 규산질 비료의 시용은 발병을 억제시키는 효과가 있으므로 적절히 사용한다.
- 발병된 논에서는 피해 받은 이삭을 뽑아 제거한다.

09 맥류 깜부기병의 방제법 3가지를 쓰시오.

정답

- 저항성 품종을 이용한다.
- 종자 소독 후 파종한다.
- 재배 시 식물체에 상처가 나지 않도록 주의한다.
- 질소 과용 회피 및 균형시비를 한다.
- 병든 식물체는 발견 즉시 제거한다.

10 맥류 붉은곰팡이병과 감자 둘레썩음병의 방제법을 쓰시오.

정답

- 맥류 붉은곰팡이병 : 수확 즉시 건조하여 병원균의 생장을 억제하고 감염 곡실을 많이 제거할 수 있다.
- 감자 둘레썩음병 : 무병씨감자를 사용하고 절단용 칼 및 기구를 소독하여 사용한다.

11 맥류 녹병의 방제법 3가지를 쓰시오.

정답

- 조생종 품종 선정하여 병해를 회피한다.
- 저항성 품종을 이용한다.
- 질소질 비료 시비를 적절히 한다.
- 배수 관리를 철저히 한다.

12 감자 더뎅이병의 방제법 3가지를 쓰시오.

정답

- 괴경 발달 초기에 6주 정도 관수하여 토양 습도를 유지해 주고 토양산도를 pH 5.2 이하로 낮춘다.
- 돌려짓기(윤작)를 한다.
- 다량의 미숙퇴비 사용을 회피한다.
- 무병씨감자를 사용한다.

13 감자 역병의 방제법 3가지를 쓰시오.

정답

- 무병씨감자를 사용한다.
- 저장 전 건전 종서 선별을 철저히 한다.
- 통풍을 잘하여 저장고가 과습하지 않도록 관리한다.
- 재배 포장 배수에 유의하여 침수되지 않도록 관리한다.

14 고구마 검은무늬병의 방제법 3가지를 쓰시오.

정답

- 내병성 품종을 이용한다.
- 병에 걸리지 않은 괴근을 파종한다.
- 건전묘 선별하여 이식한다.
- 병든 식물체는 발견 즉시 제거한다.
- 병이 발생된 포장에서 사용한 농기구는 잘 씻은 다음 사용한다.
- 돌려짓기(윤작)를 한다.

15 고구마 자주날개무늬병의 방제법 3가지를 쓰시오.

정답

- 병든 식물의 잔재물이나 토양이 고구마 재배포장에 유입되지 않도록 한다.
- 병든 식물체는 발견 즉시 제거한다.
- 돌려짓기(윤작)를 한다.
- 토양 관리를 통해 떼알구조를 형성한다.
- 극조생종 품종 재배를 통해 병해를 회피한다.

16 콩류 탄저병의 방제법 3가지를 쓰시오.

정답

- 무병지에서 채종한 종자를 파종한다.
- 수확 후 병든 식물체를 제거하여 불에 태워버리거나 깊게 경운해준다.
- 병 발생이 심한 포장은 돌려짓기를 한다.

17 콩류 오갈병의 방제법 3가지를 쓰시오.

정답

- 내병성 품종을 이용한다.
- 병든 식물체는 발견 즉시 제거하고 소각한다.
- 재배 적지를 선정한다.

18 감귤 궤양병의 방제법 3가지를 쓰시오.

정답

- 바람에 의한 상처를 최소화하기 위해 방풍 시설을 설치한다.
- 전정 시 병든 잎 및 가지를 제거한다.
- 밀식 지양하여 통풍을 원활하게 관리한다.
- 질소 과용을 회피한다.
- 귤굴나방 방제를 철저히 한다.

19 배 흑성병의 방제법 3가지를 쓰시오.

정답

- 병든 잎은 즉시 소각한다.
- 주변 낙엽을 소각하여 병원체가 있을 곳을 제거한다.
- 살균제를 살포한다.

20 감귤 더뎅이병과 배 적성병의 방제법을 쓰시오.

정답

- 감귤 더뎅이병 : 저항성 품종을 이용하며 병든 부위는 즉시 제거한다.
- 배 적성병 : 기주식물인 향나무류와 1km 이상 격리시킨다.

21 배 겹무늬병의 방제법 3가지를 쓰시오.

정답

- 줄기 및 가지의 사마귀상 돌기를 봄에 일찍이 긁어 없애고, 도포제 또는 구리제나 석회황합제 원액을 발라준다.
- 전정할 때 자른 가지를 과수원에서 빨리 없앤다.
- 휴면기에는 석회황합제를 해마다 살포하여 줄기의 사마귀상 돌기의 발생을 막는다.
- 과실에 심하게 발생하는 곳은 봉지 씌우기를 해준다.
- 비배관리를 철저히 하여 나무를 튼튼하게 키운다.

22 복숭아 세균성구멍병의 방제법 3가지를 쓰시오.

정답

- 전정 시 감염된 가지를 제거한다.
- 방풍시설을 설치한다.
- 질소 과용 금지한다.

23 복숭아 잎오갈병의 방제법 3가지를 쓰시오.

정답

- 병든 잎은 즉시 제거한다.
- 과습하지 않게 관리한다.
- 동해를 방지한다.
- 개화 직전 약제를 살포한다.

24 복숭아 잿빛무늬병의 방제법 3가지를 쓰시오.

정답

- 병든 잎은 일찍 제거하여 소각한다.
- 밀식을 지양하고 통풍이 잘 되도록 관리한다.
- 봉지를 씌워 병원균의 침입을 차단한다.
- 꽃피기 전에 등록약제를 살포한다.

25 사과 부란병의 방제법 3가지를 쓰시오.

정답

- 비배 관리를 철저히 한다.
- 병든 부위 깎아 낸 후 약제를 발라주고, 동해를 방지해준다.
- 병든 가지는 즉시 제거 및 소각한다.

26 사과 줄기마름병의 방제법 3가지를 쓰시오.

정답

- 비배 관리를 철저히 한다.
- 과습지에는 배수 관리를 철저히 한다.
- 병든 가지는 즉시 제거 및 소각한다.

27 사과 탄저병의 방제법 3가지를 쓰시오.

정답

- 중간기주인 아카시아 나무를 사과원 주변에서 제거한다.
- 병든 과실을 제거한다.
- 배수 관리를 철저히 한다.
- 봉지를 씌워 병원균의 침입을 차단한다.

28 사과 갈색무늬병의 방제법 3가지를 쓰시오.

정답

- 관수와 배수 관리를 철저히 한다.
- 적정시비를 한다.
- 전정을 통해 통풍을 원활하게 해준다.
- 병든 낙엽은 땅에 묻어 월동 전염원을 제거한다.

29 포도 갈색무늬병의 방제법 3가지를 쓰시오.

정답

- 질소 과용을 회피한다.
- 전염원이 되는 병든 낙엽 소각
- 월동기 포도나무 발아 전 석회유황합제를 살포한다.

30 포도 노균병의 방제법 3가지를 쓰시오.

정답

- 병원균 월동지인 낙엽을 소각한다.
- 질소시비 과용을 회피한다.
- 내병성 품종을 이용한다.
- 발병하면 방제가 어려우므로 발병 전 예방 약제를 살포한다.

32 포도 만부병의 방제법 3가지를 쓰시오.

정답

- 비가림 시설을 설치한다.
- 봉지를 씌워 병원균의 침입을 차단한다.
- 밀식을 회피하고 전정 통해 통풍 관리를 한다.
- 질소 과용을 회피한다.
- 배수 관리를 철저히 한다.
- 포도나무 발아 전에 석회유황합제를 살포한다.

33 포도 새눈무늬병의 방제법 3가지를 쓰시오.

정답

- 병든 잎과 줄기를 발견 즉시 제거한다.
- 건전한 묘목을 식재한다.
- 살균제를 살포한다.

34 박과 채소 노균병의 방제법 3가지를 쓰시오.

정답

- 환기를 철저히 하고 과습하지 않도록 관리한다.
- 온도를 낮추어 관리한다.
- 병든 잎은 조기에 제거하여 소각하거나 깊게 묻는다.
- 발생 전후 주기적으로 약제를 살포한다.
- 밑거름으로 규산질과 소석회를 1 : 2로 섞어서 사용한다.

35 토마토, 고추 역병의 방제법 3가지를 쓰시오

정답

- 발병된 토양에는 토양을 소독해야 한다.
- 강우 때는 침수되지 않도록 배수구를 깊게 파고 이랑을 높게 만든다.
- 병든 포기는 발견 즉시 제거한다.
- 돌려짓기를 한다.
- 토양을 멀칭하여 강우나 관수 시 전염을 막을 수 있다.
- 역병에 강한 대목을 이용하여 접목한 모종을 이용한다.

36 탄저병의 방제법 3가지를 쓰시오.

정답

- 건전한 종자를 구입하여 종자를 소독하고 파종한다.
- 무병묘를 이식한다.
- 저항성 품종을 식재한다.
- 생육 초기에 질소질 비료를 과용하지 않는다.
- 식물이 강하게 생육하도록 관리한다.

37 토마토 잎곰팡이병의 방제법 3가지를 쓰시오.

정답

- 병든 잎을 신속히 제거한다.
- 통풍이 잘되도록 관리한다.
- 밀식하지 않는다.
- 질소질 비료의 과용을 피한다.
- 수확 후 병든 잎을 긁어모아 소각한다.

38 딸기 흰가루병의 방제법 3가지를 쓰시오.

정답

- 너무 건조하거나 낮은 온도에서의 작물 재배를 피한다.
- 하우스 내부 기온을 흰가루병 포자가 사멸하는 온도인 45℃ 이상으로 일시적으로 상승시켜 발생을 억제한다.
- 저항성 품종을 식재한다.

39 가지 균핵병의 방제법 3가지를 쓰시오.

정답

- 병든 포기는 뿌리 주변 흙과 함께 조기에 제거한다.
- 시설재배 포장에서는 저온다습하지 않도록 관리한다.
- 멀칭 재배를 통해 방지할 수 있다.
- 물 가두기하여 균핵을 부패시킨다.

40 토마토 시들음병의 방제법 3가지를 쓰시오.

정답

- 돌려짓기(윤작)를 실시한다.
- 석회를 시용하고 미숙퇴비 시용을 억제한다.
- 토양 선충이나 토양 미소동물에 의해 뿌리에 상처가 나지 않도록 관리한다.
- 토양 내 염류 농도가 높지 않게 주의한다.
- 토양 담수 및 태양열 소독을 실시한다.

41 토마토 배꼽썩음병의 원인과 방제법을 쓰시오.

정답

석회결핍이나 토양수분의 급격한 변화에 의하여 발생하며 칼슘 및 석회를 시용하여 방제할 수 있다.

42 토마토 풋마름병의 방제법 3가지를 쓰시오.

정답

- 농작업에 사용하는 기구를 소독 후 사용한다.
- 돌려짓기(윤작)를 한다.
- 발병된 포장에는 담수재배를 하여 병원균을 사멸한다.

43 딸기 잿빛곰팡이병의 방제법 3가지를 쓰시오.

정답

- 병든 식물체 비닐봉지 등에 모아 매몰하거나 소각한다.
- 시설 내 온도와 습도관리를 철저히 하여 저온다습이 되지 않도록 한다.
- 밀식재배를 하지 않고 식물체가 웃자라지 않도록 관리한다.
- 꽃잎이나 병든 잔사물이 과실이나 잎에 붙지 않도록 한다.
- 질소질 비료를 줄이고 칼리질 비료를 함께 시용한다.
- 저항성 품종을 식재한다.

44 딸기 모잘록병의 방제법 3가지를 쓰시오.

정답

- 종자를 소독한 뒤 파종한다.
- 토양 소독을 실시한다.
- 병든 식물체는 발견 즉시 제거한다.
- 살균제를 살포한다.
- 밀식을 방지한다.

45 박과채소 덩굴마름병의 방제법 3가지를 쓰시오.

정답

- 병든 잔재물은 즉시 제거한다.
- 하우스 내 과습을 방지하고 통풍 관리를 철저히 한다.
- 하우스 외부의 배수로를 잘 정비하여 빗물이 유입되지 않도록 한다.
- 질소 비료 과용을 회피한다.
- 식물체가 웃자라지 않도록 관리한다.

46 박과채소 덩굴쪼김병의 방제법 3가지를 쓰시오.

정답

- 돌려짓기(윤작)를 한다.
- 저항성인 박이나 호박을 대목으로 사용하여 접목한다.
- 석회를 시용한다.
- 사질토양에서 재배를 지양한다.
- 토양 선충이나 곤충에 의해 뿌리에 상처가 나지 않도록 관리한다.
- 미숙퇴비 시용을 회피한다.
- 답전윤환 또는 토양 담수를 하여 병원균을 죽인다.

47 배추 무름병의 방제법 3가지를 쓰시오.

정답

- 벼과나 콩과 작물로 돌려짓기를 실시한다.
- 배수와 통풍을 철저히 관리한다.
- 비가 온 직후에 수확을 회피한다.
- 내병성 품종을 이용한다.

48 배추 무사마귀병의 방제법 3가지를 쓰시오.

정답

- 토양 과습을 방지한다.
- 병든 식물체의 뿌리혹 제거하여 소각한다.
- 석회를 시용하여 토양 산도를 pH 7.2 이상으로 교정한다.
- 병원균에 오염된 토양이 다른 포장에 유입되지 않도록 주의한다.
- 병원균에 오염된 포장에서 작업한 농기구는 깨끗이 세척한다.
- 내병성 품종을 이용한다.
- 돌려짓기(윤작)를 실시한다.

49 국화 흰녹병의 방제법 3가지를 쓰시오.

정답

- 내병성 품종을 이용한다.
- 하우스 내 환기를 철저히 한다.
- 병든 식물체는 발견 즉시 제거한다.

50 국화 검은녹병의 방제법 3가지를 쓰시오.

정답

- 병든 잎은 즉시 제거하고 소각한다.
- 연작을 피한다.
- 살균제(옥사보, 훼나리)를 살포한다.
- 건전묘를 사용한다.

51 글라디올러스 모자이크병의 방제법 3가지를 쓰시오.

정답

- 병든 식물체는 발견 즉시 제거하고 소각한다.
- 내병성 품종을 이용한다.
- 진딧물 등의 매개충을 방제한다.
- 재배적지 선정 및 재배 환경 개선을 실시한다.

52 달리아 반엽병의 방제법 3가지를 쓰시오.

정답

- 피해받은 잎을 모아서 소각한다.
- 토양의 산도를 조절한다.
- 토양 소독을 실시한다.

53 튤립 모자이크병의 방제법 3가지를 쓰시오.

정답

- 진딧물 등의 매개충을 방제한다.
- 내병성 품종을 이용한다.
- 병든 식물체는 발견 즉시 제거하고 소각한다.
- 재배적지를 선정하여 재배한다.
- 건전한 생육환경을 조성한다.

54 백합 모자이크병의 방제법 3가지를 쓰시오.

정답

- 건전한 구근 이용하여 번식한다.
- 종자 번식을 이용한다.
- 병든 식물체는 발견 즉시 제거한다.
- 토양 소독을 하거나 건전한 토양에 재배한다.
- 한랭사 이용하여 진딧물을 방제한다.
- 조직배양을 통한 무병주 생산 후 이용한다.

55 장미 근두암종병의 방제법 3가지를 쓰시오.

정답

- 건전묘를 사용한다.
- 재배 중 근부에 상처를 받지 않도록 주의한다.
- 병든 식물체는 가능한 빨리 제거한다.
- 전정도구들 깨끗이 씻고 자주 소독해준다.
- 밧사미드입제 시용하여 방제한다.

56 벼에서 발생한 애멸구의 방제법 3가지를 쓰시오.

정답

- 발생량을 정확하게 예찰하고 이앙 전에 등록된 약제 육묘상 처리하여 방제한다.
- 저항성 품종을 이용한다.
- 질소질 비료 과용을 회피한다.

57 벼에서 발생한 이화명나방의 방제법 3가지를 쓰시오.

정답

- 월동유충이 벼의 그루터기에서 월동하므로 겨울에 1개월 동안 논에다 물을 대 질식사시킨다.
- 조기이앙을 피하고 적기에 이앙한다.
- 유충이 이동하기 전에 심엽이 시들기 시작한 것을 뽑아 없애고, 제2화기의 경우에는 잎집이 변색된 줄기를 뽑아 없앤다.

58 벼에서 발생한 혹명나방의 방제법 3가지를 쓰시오.

정답

- 질소질 비료 과용을 회피한다.
- 늦게 이앙하는 것을 지양하고 적기에 이앙한다.
- 잎 속의 유충을 널빤지 등을 이용해 눌러 죽인다.

59 벼에서 발생한 벼물바구미의 방제법 3가지를 쓰시오.

정답

- 조기 이앙을 피한다.
- 야산 인접 논, 논둑과 가까운 지점에서 많이 발생하므로 유의한다.
- 유효경수가 확보된 논은 말리는 방법을 선택한다.

60 멜론에서 발생한 온실가루이의 방제법 3가지를 쓰시오.

정답

- 온실 내부나 외부 잡초에 발생한 온실가루이가 침입하여 발생할 수 있으므로 작물 주변 잡초를 없애거나 방제를 철저히 한다.
- 온실의 경우 측창과 환기구에 망사를 설치한다.
- 해충에 감염되지 않은 건전한 모종을 이용한다.
- 천적을 이용한다(온실가루이좀벌).

61 양배추에서 발생한 배추좀나방의 방제법 3가지를 쓰시오.

정답

- 스프링클러에 의한 관수를 하면 유충이나 성충이 타격을 받아 밀도가 낮아진다.
- 십자화과 식물 이외에 다른 식물을 간작한다.
- 동일계통 농약보다 다른 계통의 농약으로 바꿔 살포한다.

62 고구마에서 발생한 뿌리혹선충의 방제법 3가지를 쓰시오.

정답

- 돌려짓기(윤작)를 한다.
- 태양열 소독 등의 토양 소독을 실시한다.
- 담수처리를 통해 선충을 죽인다.
- 저항성 품종을 이용한다.
- 객토를 통해 선충의 피해가 없는 토양으로 바꿔준다.

63 고추에서 발생한 목화진딧물의 방제법 3가지를 쓰시오.

정답

- 천적을 이용한다(무당벌레, 기생벌, 꽃등애 등).
- 시설재배 시 창에 망사를 씌워 외부로부터 유입을 차단한다.
- 살충제를 살포한다.

64 토마토에서 발생한 아메리카잎굴파리의 방제법 3가지를 쓰시오.

정답

- 시설재배 시에는 방충망을 설치하여 성충의 유입을 차단한다.
- 유충의 피해가 없는 건전한 모종을 사용한다.
- 천적을 이용한다(굴파리좀벌, 잎굴파리고치벌).

65 토마토에서 발생한 복숭아혹진딧물의 방제법 3가지를 쓰시오.

정답

- 시설재배 시 방충망 설치하여 침입을 차단한다.
- 천적을 이용한다(콜레마니진디벌, 진디혹파리, 무당벌레, 풀잠자리, 꽃등에 등).
- 건조하면 발생이 많아지므로 적정 습도를 유지시킨다.

66 배추흰나비의 방제법 3가지를 쓰시오.

정답

- 수확 잔재물을 태우거나 먼 곳에 버린다.
- 천적을 이용한다(배추나비고치벌).
- 살충제를 살포한다.

67 감에서 발생한 감꼭지나방의 방제법 3가지를 쓰시오.

정답

- 피해 과실을 제거한다.
- 살충제를 살포한다.
- 월동기 유충을 제거한다.

68 귤에서 발생한 귤굴나방과 귤이세리아깍지벌레의 방제법을 쓰시오.

정답

- 귤굴나방 : 신아 발아 후 경화될 때까지 6~7일 간격으로 살충제를 살포한다.
- 귤이세리아깍지벌레 : 천적(베달리아무당벌레)을 이용하거나 살충제를 살포한다.

69 복숭아유리나방 및 복숭아심식나방의 방제법을 쓰시오.

정답

- 복숭아유리나방 : 겨울철 전정 시 월동 유충을 제거하거나 살충제를 살포 및 6월경 유충을 포살한다.
- 복숭아심식나방 : 피해 과실 보이는 대로 따서 물에 담궈 과실 속 유충을 제거하고 봉지 씌우기를 실시한다.

70 복숭아으름나방의 방제법 3가지를 쓰시오.

정답

- 봉지 씌우기를 실시한다.
- 조명 점등을 통해 유인하여 죽인다.
- 방아망을 설치한다.

71 복숭아순나방의 방제법 3가지를 쓰시오.

정답

- 새 가지의 순이 시드는 것을 발견하면 그 즉시 처리한다.
- 살충제를 살포한다.
- 월동 유충은 모아서 소각한다.
- 피해 과실은 발견 즉시 제거한다.

72 사과에서 발생한 사과응애의 방제법 3가지를 쓰시오.

정답

- 천적을 이용한다(이리응애류).
- 스프링클러나 점적관수를 적절히 실시하여 수관내의 온도 낮추고 적정 습도를 유지시킨다.
- 적당한 착과량을 조절한다.
- 기계유유제를 발아기 직전에 살포한다.

73 사과에서 발생한 사과혹진딧물과 점박이응애의 방제법을 쓰시오.

정답

- 사과혹진딧물 : 기계유유제를 살포해 사과응애와 동시에 방제하고 개화 전 또는 낙화 후에 약제를 1회 살포한다.
- 점박이응애 : 천적(이리응애)을 이용하거나 여러 종류의 살비제를 번갈아 살포한다.

74 포도에서 발생한 포도뿌리혹벌레의 방제법 3가지를 쓰시오.

정답

- 뿌리혹벌레가 감염되지 않은 묘목을 구입하여 식재한다.
- 저항성 대목으로 접목한 모종을 이용한다.
- 등록약제를 토양처리하고 관수처리하여 약액이 뿌리까지 도달할 수 있도록 한다.

75 포도유리나방의 방제법 3가지를 쓰시오.

정답

- 전정 시에 유충이 들어 있는 곳을 찾아서 송곳으로 찔러 죽인다.
- 병든 줄기나 똥이 배출된 줄기는 잘라 한곳에 모아 소각한다.
- 피해 구멍에 살충제를 살포한다.

76 과수나무에 발생한 알락하늘소의 방제법 3가지를 쓰시오.

정답

- 하늘소류의 피해가 우려되는 사과원은 매년 9월부터 산란 부위를 찾아 제거한다.
- 천적을 이용한다(고치벌류, 맵시벌류, 기생파리류 등).
- 피해목이나 가지를 제거하여 소각한다.
- 철사 등을 침입공으로 넣어 서식하고 있는 유충을 찔러 죽인다.
- 줄기 속에서 가해하는 애벌레를 적용살충제를 이용하여 방제한다.

PART 02

필답형 기출복원문제

2021~2022년 과년도 기출복원문제

2023년 최근 기출복원문제

종자기능사 실기 한권으로 끝내기

www.**sdedu**.co.kr

과년도 기출복원문제

01 다음 그림에 해당하는 화서의 명칭을 쓰시오.

정답

유이화서

02 육묘장소로 적합한 곳 3가지를 쓰시오.

정답

• 본포에서 가까운 곳
• 관개수를 얻기 쉽고 집에서 멀지 않아 관리가 편리한 곳
• 저온기의 육묘는 양지바르고 따뜻하며 강한 바람을 막도록 방풍이 가능한 곳
• 온상의 설치는 배수가 잘되는 곳, 못자리는 오수와 냉수가 침입하지 않는 곳
• 인축, 동물, 병충해 등의 피해 염려가 없는 곳

03 오이, 호박의 과명을 쓰시오.

정답

박 과

04 가지 잎곰팡이병 방제법 3가지를 쓰시오.

정답

- 온실재배 시 내부가 다습하지 않도록 환기관리
- 병든 잎 제거 후 소각
- 종자소독
- 건전묘 사용
- 저항성품종 식재

05 오이총채벌레 방제법 3가지를 쓰시오.

정답

- 해충에 안전한 건전묘 사용
- 시설재배 시 한랭사를 설치하여 해충 유입 방지
- 잡초와 같은 발생원 제거 및 토양 소독
- 끈끈이트랩을 통해 유인 후 사멸
- 온실 소독 및 고온으로 사멸

06 다음 옥수수 종자 그림에서 배젖, 유아, 유근을 찾아 쓰시오.

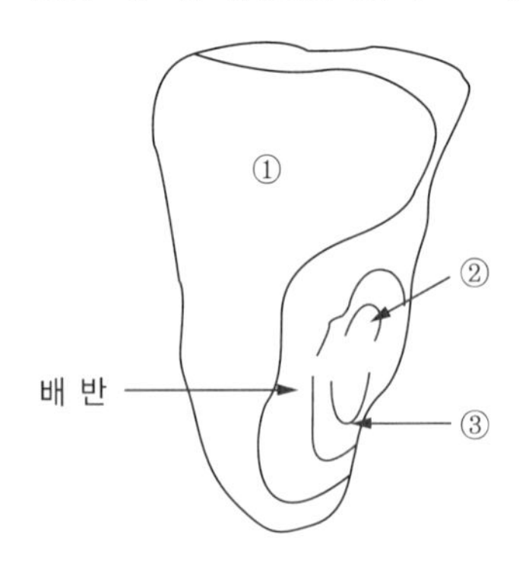

정답

① 배젖, ② 유아, ③ 유근

07 옥수수 최대중량 40톤에 대한 시료의 최소중량(제출시료, 순도검사용, 이종종자용, 수분검사용)을 쓰시오.

정답

제출시료 : 1,000g, 순도검사용 : 900g, 이종종자용 : 1,000g, 수분검사용 : 100g

08 종자 100개 중 20개만 발아했을 때의 발아율과 계산식을 쓰시오.

정답

20/100 × 100 = 20%

09 다음 빈칸에 들어갈 알맞은 말을 쓰시오.

미세종자를 파종할 경우 파종상 밑에 (①)을 깔고 상토 (②), 모래 (③) 만큼을 채운 뒤 미세종자와 모래를 (④)의 비율로 섞어 뿌린다.

정답

① 망사(망), ② 4/5, ③ 1/5, ④ 1 : 20

10 화훼류를 접목하는 목적 2가지를 쓰시오.

정답

- 새 품종을 빠르게 증식할 수 있다.
- 결과연령을 단축시킬 수 있다.
- 병해충 저항성을 증진시킬 수 있다.
- 토양·환경적응성을 증진시킬 수 있다.

11 MA저장 기술에 대해 서술하시오.

정답

수확한 농산물을 이산화탄소와 산소에 대해 약간의 투과도를 가진 포장재(주로 0.05mm두께의 폴리에틸렌필름 봉지)로 포장하여 생산물의 호흡에 따라 자연적으로 가스 농도가 변화하는 것을 이용한 저장법이다. 농산물이 호흡함에 따라 고이산화탄소, 저산소로 변화한다.

12 꺾꽂이의 단점 2가지를 쓰시오.

정답

- 바이러스 감염 시 제거하기가 어렵다.
- 번식에 특정한 기술 또는 지식이 필요하다.
- 종자번식을 할 때보다 보관과 이동이 어렵다.

13 다음에서 고구마 및 단옥수수 수확시기를 고르시오.

1) 고구마는 (7월 / 10월 초중순 / 12월)에 수확한다. 2) 단옥수수는 수염 발생 (27일 전 / 27일 후 / 50일 후)에 수확한다.

정답

1) 10월 초중순
2) 27일 후

14 종자테이프에 대해 서술하시오.

정답

수용성 또는 분해되는 종이 띠에 종자를 한 개에서 수립씩 넣어 한 줄로 배치한 것이다.

15 복숭아, 자두의 과명을 쓰시오.

정답

핵 과

16 순종자율을 구하는 식을 쓰시오.

정답

$$\frac{\text{순종자무게}}{\text{전체 종자무게}} \times 100$$

17 사과나무 깎기접 주의사항 2가지를 쓰시오.

정답

- 대목과 접수의 접목친화성이 있을 것
- 접수와 대목의 형성층이 서로 접착되게 할 것
- 접목 시기에 맞게 실시할 것
- 절단면의 건조 및 부패를 막을 것

18 가식 관리 방법에 대해 서술하시오.

정답

- 잘 진압하고 충분히 관수하며 건조가 심할 경우 지표면을 피복한다.
- 도복 우려가 있을 때는 지주를 세운다.

2021년 제2회 과년도 기출복원문제

01 수확적기의 벼, 밀, 귀리 종자의 수분함량을 쓰시오.

정답

벼, 보리 : 17~23%, 밀 : 16~19%, 귀리 : 19~21%
※ 옥수수 : 20~25%, 콩 : 14%

02 다음 당근 종자에서 배유, 자엽, 유근을 찾아 쓰시오.

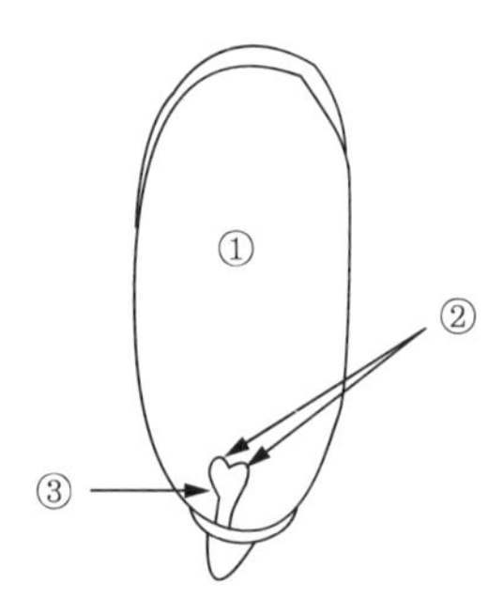

정답

① 배유, ② 자엽(떡잎), ③ 유근

03 다음 그림에 해당하는 화서의 명칭을 쓰시오.

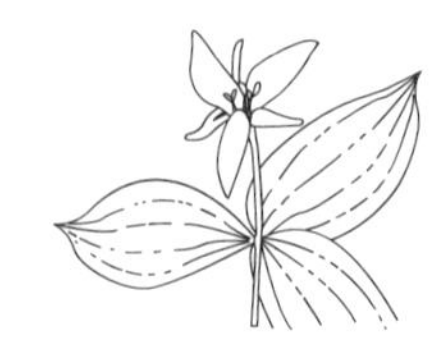

정답

단정화서

04 관행육묘와 비교한 플러그육묘의 장점 3가지를 쓰시오.

정답

- 묘가 균일하고 건실하다.
- 정식 작업 시 시간이 단축되고 노동력이 절감된다
- 병해충 발생이 없고 소질이 좋은 묘 생산이 가능하다.
- 재배시기에 관계없이 연중 육묘가 가능하다.
- 정식 후 활착이 빠르고 초기생육이 왕성하다.
- 운반이 용이하다.
- 자동화된 공정 과정에서 대량생산되어 육묘 비용이 절감된다.
- 자동정식기 이용이 가능하다.

05 화훼 접목의 단점 3가지를 쓰시오.

정답

- 상당한 수준의 기술과 노력이 필요하다.
- 종자번식보다 대량번식이 어렵다.
- 바이러스 감염의 우려가 있다.
- 접목묘의 운반과 저장이 어렵다.

06 줄뿌림에 대해 서술하시오.

정답

뿌림골을 만들어 종자를 줄지어 뿌리는 방법으로 통풍과 통광이 좋고 관리 작업이 편리하다.

07 꺾꽂이 장점 2가지를 쓰시오.

정답

- 짧은 기간에 모본 형질과 동일한 개체를 생산할 수 있다.
- 우수한 특성을 지닌 개체를 골라서 번식하는 것이 가능하다.
- 종자번식에 비하여 개화와 결실이 빠르다.
- 접붙이기 등 다른 영양번식보다 비교적 쉽게 번식시킬 수 있다.

08 땅콩 순도분석 시 시료의 최소중량을 쓰시오.

정답

1,000g

09 가지, 토마토 종자 과명을 쓰시오.

정답

가지과

10 갓 작물에서 발생한 모자이크병의 방제법 3가지를 쓰시오.

정답

- 내병성 품종재배
- 재배적지 선정 및 재배
- 생육환경 개선
- 돌려짓기(이어짓기 피하기)
- 병든 포기 제거
- 진딧물 구제
- 십자화과 잡초 제거

11 종자 선택 시 고려사항 3가지를 쓰시오.

정답

균일성, 우수성, 영속성

12 안전저장을 위한 시금치, 가지, 토마토 종자의 최대수분함량을 쓰시오.

정답

시금치 : 7.8%, 가지 : 6.3%, 토마토 : 5.7%

13 100개의 종자를 파종해서 30개의 종자가 발아했을 때 발아율 계산 과정과 답을 쓰시오.

정답

$30/100 \times 100 = 30\%$

14 담배거세미나방 방제법 3가지를 쓰시오.

정답

- 방충망을 설치하여 외부 침입을 막음
- 야간 황색등을 설치하여 교미를 못하게 함
- 유충 때 약제 살포(클로로페나피르 액상 수화제)
- 곤충 병원성 선충 살포

15 순도분석의 목적을 서술하시오.

정답

순도분석의 목적은 시료의 구성요소(정립, 이종종자, 이물)를 중량백분율로 산출하여 소집단 전체의 구성요소를 추정하고, 품종의 동일성과 종자에 섞여있는 이물질을 확인하는 데 있다.

16 육묘용 비료 조건 3가지를 쓰시오.

정답

- 토양의 물리적 성질(통기성, 배수성, 보수성)이 좋아야 한다.
- 병충해가 없어야한다.
- 잡초종자가 없어야한다.
- 토양의 산도(pH)에 알맞아야 한다.

17 종자 수분측정 시 필요한 장비 3가지를 쓰시오.

정답

분쇄기, 항온기, 분석용 저울, 체, 절단 기구 등

18 펠릿종자에 대해 서술하시오.

정답

종자 코팅의 일종으로 종자의 취급이나 파종을 간편화하기 위해 표면을 코팅한다. 코팅 물질에 살균제, 살충제, 안정제, 미량요소, 유용미생물, 염료, 생장조절제 등을 첨가하고 일정 크기 및 모양으로 정형화 하는 종자처리기술이다.

19 수박 접붙이기 유의사항 2가지를 쓰시오(단, 안전에 관한 것은 제외).

정답

- 대목과 접수의 형성층을 맞춰야한다.
- 접목 친화성이 있는 품종을 사용한다.
- 도구 소독을 철저하게 해서 병충해 피해를 줄인다.
- 접목 시기를 지킨다.
- 접목 후 관리를 철저히 한다.

20 다음은 계대배양 소독에 대한 설명이다. 빈칸에 알맞은 말을 쓰시오.

- 배양식물체가 들어 있는 용기와 계대할 배양용기의 일부를 (①)% 에탄올로 분무하여 소독하고 클린벤치에 넣는다.
- 핀셋과 메스는 (②) 소독하고 거치대에서 냉각시킨다.

정답

① 70, ② 알콜램프로 화염

2021년 제3회

과년도 기출복원문제

01 셀러리, 상추, 담배, 양파, 수박, 무를 혐광성 종자와 호광성 종자로 분류하시오.

정답

- 혐광성 종자 : 양파, 수박, 무
- 호광성 종자 : 담배, 셀러리, 상추

02 토마토, 파프리카 종자의 과명을 쓰시오.

정답

가지과

03 순도분석의 목적을 서술하시오.

정답

순도분석의 목적은 시료의 구성요소(정립, 이종종자, 협잡물)를 중량백분율로 산출하여 소집단 전체의 구성요소를 추정하고, 품종의 동일성과 종자에 섞여 있는 이물질 확인하는 데 있다.

04 조파에 대해 서술하시오.

정답

이랑을 만들어 종자를 줄지어 뿌리는 방법으로 수분 및 양분의 공급이 좋고 통풍과 투광이 잘 되며 관리 작업에도 편리하다.

05 고구마 더뎅이병 방제법 3가지를 쓰시오.

정답

- 괴경 발달 초기에 6주 정도 관수하여 토양 습도를 유지
- 토양산도를 pH 5.2 이하로 낮춤
- 돌려짓기(윤작)
- 다량의 미숙퇴비 사용 회피
- 무병씨감자 사용

06 배의 가루깍지벌레 방제법 3가지를 쓰시오.

정답

- 월동기 알 파괴
- 천적 이용(기생봉)
- 살충제 방제
- 석회유황합제 살포

07 관행육묘와 공정육묘를 비교했을 때 공정육묘의 장점 2가지를 쓰시오.

정답

- 묘가 균일하고 건실하다.
- 정식 작업 시 시간이 단축되고 노동력이 절감된다
- 병해충 발생이 없고 소질이 좋은 묘 생산이 가능하다.
- 재배시기에 관계없이 연중 육묘가 가능하다.
- 정식 후 활착이 빠르고 초기생육이 왕성하다.
- 운반이 용이하다.
- 자동화된 공정 과정에서 대량생산되어 육묘 비용이 절감된다.
- 자동정식기 이용이 가능하다.

08 다음은 계대배양 소독에 대한 설명이다. 빈칸에 알맞은 말을 쓰시오.

- 배양식물체가 들어 있는 용기와 계대할 배양용기의 일부를 (①)% 에탄올로 분무하여 소독하고 클린벤치에 넣는다.
- 핀셋과 메스는 (②) 소독하고 거치대에서 냉각시킨다.

정답

① 70, ② 알콜램프로 화염

09 벼 로트의 최대중량이 30톤일 때 순도검사 시료의 최소중량을 쓰시오.

정답

70g

10 다음 빈칸에 알맞은 말을 쓰시오.

미세종자를 파종할 때엔 복토를 (①), 밑에서 물이 스며들도록 하는 (②)를 실시한다.

정답

① 하지 않거나 가볍게 눌러주고, ② 저면관수

11 수박 접목 장점 3가지를 쓰시오.

정답

- 새 품종을 빠르게 증식할 수 있다.
- 결과연령을 단축시킬 수 있다.
- 병해충 저항성을 증진시킬 수 있다.
- 토양・환경적응성(저온 신장성 등)을 증진시킬 수 있다.
- 덩굴쪼김병을 예방할 수 있다.

12 과수 접목 장점 3가지를 쓰시오.

정답

- 새 품종을 빠르게 증식할 수 있다.
- 결과연령을 단축시킬 수 있다.
- 병해충 저항성을 증진시킬 수 있다.
- 토양・환경적응성을 증진시킬 수 있다.
- 과수의 왜성화를 통해 생육관리를 편하게 할 수 있다.
- 늙은 과수를 새 품종으로 갱신할 수 있다.

13 수분측정 분쇄기 조건 3가지를 쓰시오.

정답

- 비흡수성 물질로 만들어져야 한다.
- 가루가 되는 종자가 분쇄되는 동안 주변 공기로부터 보호되도록 만들어져야 한다.
- 분쇄 시 분쇄기에 열이 나지 않아야 하며, 수분을 잃게 되는 공기의 흐름을 최소화시킬 수 있어야 한다.
- 제시한 입도를 얻을 수 있도록 조절이 가능할 수 있어야 한다.

14 평휴법과 휴립구파법을 이랑과 고랑을 중심으로 서술하시오.

[정답]

평휴법은 이랑을 평평하게 하여 이랑과 고랑의 높이가 같게 하는 방식이고, 휴립구파법은 이랑을 세우고 낮은 골에 파종하는 방식이다.

15 벼, 콩, 옥수수 수확적기의 수분함량으로 적합한 것을 고르시오.

> 1) 벼의 적합한 수분함량은 (13~17% / 17~23% / 23~30%) 이다.
> 2) 콩의 적합한 수분함량은 (7% / 14% / 18%) 이다.
> 3) 옥수수의 적합한 수분함량은 (7~10% / 13~18% / 20~25%) 이다.

[정답]

1) 17~23%, 2) 14%, 3) 20~25%

16 다음 셀러리 종자 그림에서 배유, 자엽, 유근을 찾아 쓰시오.

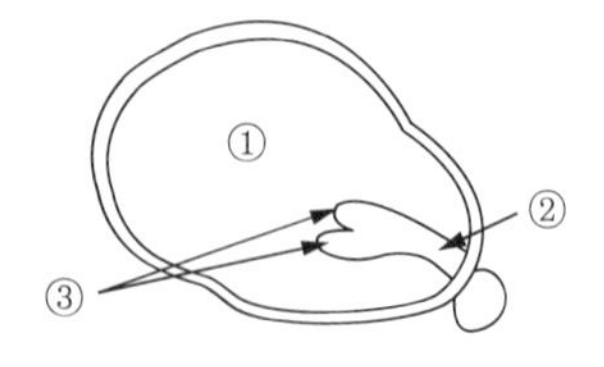

[정답]

① 배유, ② 유근, ③ 자엽(떡잎)

17 다음 그림에 해당하는 화서의 명칭을 쓰시오.

정답

집단화서

18 적아와 적엽의 정의를 쓰시오.

정답

- 적아 : 곁순을 따주는 것으로 원줄기와 잎 사이 겨드랑이에서 발생하는 어린 측지 또는 눈을 제거하는 것이다.
- 적엽 : 노화된 잎, 필요 없는 잎 등을 적절하게 떼어내는 것이다.

19 팬지 및 박과채소의 잎이 몇 개일 때 가식을 해야 하는지 고르시오.

- 팬지의 가식 시기는 잎이 (1~2개 / 2~3개 / 3~4개) 나왔을 때 실시한다.
- 박과 채소의 가식 시기는 (떡잎 때 / 본잎 1장 출현 후 / 본잎 2장 출현 후) 실시한다.

정답

3~4개, 떡잎 때

※ 토마토와 같은 일반 채소는 본잎 2~3장 나왔을 때 가식한다.

20 100개의 종자를 파종해서 20개의 종자가 발아했을 때 발아율 계산 과정과 답을 쓰시오.

정답

$20 / 100 \times 100 = 20\%$

과년도 기출복원문제

01 다음 그림에 해당하는 화서의 명칭을 쓰시오.

정답

집단화서

02 다음 셀러리 종자 그림에서 배유, 자엽, 유근을 찾아 쓰시오.

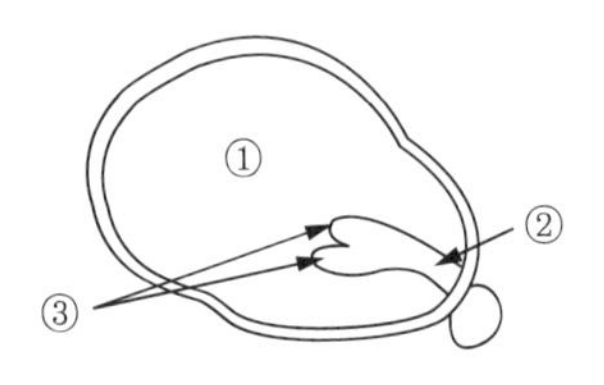

정답

① 배유, ② 유근, ③ 자엽(떡잎)

03 휴립휴파와 휴립구파의 정의를 쓰시오.

정답

- 휴립휴파법 : 이랑을 세우고 이랑 위에 파종하는 방식이다.
- 휴립구파법 : 이랑을 세우고 낮은 골에 파종하는 방식이다.

04 경실종자의 휴면타파법 5가지를 쓰시오.

정답

딱딱한 종피에 상처내기(종피파상법), 화학물질처리(진한 황산처리), 건열처리 및 습열처리 등의 온도처리(고온 및 저온처리하기), 생장조절체처리, 수세 및 침지 등

05 우량품종의 구비조건 5가지를 [보기]에서 골라 쓰시오.

보기

순도가 높은, 저장력이 좋은, 발아력이 우수한, 병충해에 감염되지 않은, 수요자의 기호에 맞는, 경쟁력이 있는, 유전적으로 우수한

정답

순도가 높은, 발아력이 우수한, 병충해에 감염되지 않은, 경쟁력이 있는, 유전적으로 우수한(신규성, 구별성, 균일성, 우수성, 영속성 또는 안전성)

06 파종법 중 조파의 정의를 쓰시오.

정답

이랑을 만들어 종자를 줄지어 뿌리는 방법으로 보통종자가 적합하다.

07 고추, 가지, 수박, 옥수수를 단명종자와 장명종자로 구분하시오.

정답

- 단명종자 : 고추, 옥수수
- 장명종자 : 가지, 수박

08 박과 및 가지과 채소의 가식 시기에 대한 설명으로 옳은 것을 고르시오.

> 1) 박과는 (떡잎일 때 / 본잎이 2~3장일 때) 가식하면 불량하다.
> 2) 가지과는 (본잎이 2~3장일 때 / 본잎이 5~6장일 때) 가식하면 불량하다.

정답

1) 본잎이 2~3장일 때, 2) 본잎이 5~6장일 때

09 가지 역병 방제 방법 3가지를 쓰시오.

정답

- 발병된 토양에는 토양을 소독해야 한다.
- 강우 때는 침수되지 않도록 배수구를 깊게 파고 이랑을 높게 만든다.
- 병든 포기는 발견 즉시 제거한다.
- 돌려짓기를 한다.
- 토양을 멀칭하여 강우나 관수 시 전염을 막을 수 있다.
- 역병에 강한 대목을 이용하여 접목한 모종을 이용한다.

10 고추 목화 진딧물 방제 방법 3가지를 쓰시오.

정답

- 천적(무당벌레, 기생벌, 꽃등애 등)을 이용한다.
- 시설재배 시 창에 망사를 씌워 외부로부터 유입을 차단한다.
- 살충제를 살포한다.

11 다음 중 파종 시 복토를 10cm 이상 하는 종자를 고르시오.

> 양파, 파, 담배, 나리, 튤립

정답

나리, 튤립

12 종자 100개를 파종했을 때 총 40개가 발아하였다. 이때의 발아율을 계산 과정과 함께 쓰시오.

정답

$$발아율(\%) = \frac{발아한\ 종자수}{파종한\ 종자수} \times 100$$

$$= \frac{40}{100} \times 100 = 40\%$$

13 과수나무를 접목했을 때 얻을 수 있는 장점 5가지를 쓰시오.

정답

- 새 품종을 빠르게 증식할 수 있다.
- 결과연령을 단축시킬 수 있다.
- 병해충저항성을 증진시킬 수 있다.
- 토양, 환경적응성을 증진시킬 수 있다.
- 과수의 왜성화를 통해 생육관리를 편하게 할 수 있다.
- 늙은 과수를 새 품종으로 갱신할 수 있다.

14 배양실의 실험 환경에 대한 설명으로 옳은 것을 고르시오.

1) 배양실의 온도는 (20~25℃ / 40~45℃)가 적당하다. 2) 배양실의 습도는 (50~60% / 70~80%)가 적당하다.

정답

1) 20~25℃, 2) 70~80%

15 종자 수분측정 시 사용되는 분쇄기의 조건 2가지를 쓰시오.

정답

- 비흡수성 물질로 만들어져야 한다.
- 가루가 되는 종자가 분쇄되는 동안 주변 공기로부터 보호되도록 만들어져야 한다.
- 분쇄 시 분쇄기에 열이 나지 않아야 하며 수분을 잃게 되는 공기의 흐름을 최소화시킬 수 있어야 한다.
- 제시한 입도를 얻을 수 있도록 조절이 가능할 수 있어야 한다.

16 다음 종자가 속하는 과를 쓰시오.

정답

호박, 수박 종자이므로 박과이다.

17 다음은 사과 깎기접에 대한 유의사항이다. 빈칸에 들어갈 알맞은 말을 쓰시오.

- 대목과 접수의 (①)이 잘 맞도록 한 후 비닐 테이프를 감는다.
- 접목을 실시 한 후 (②)에 약제를 도포한다.

정답

① 형성층, ② 접수 끝

18 종자 순도검사 시 상추의 정립종자 정의 2가지를 쓰시오.

정답

- 미숙립, 발아립, 주름진립, 소립에 해당되는 상추 종자
- 원래 크기의 1/2보다 큰 상추 종자
- 맥각병해립, 균핵병해립, 깜부기병해립 및 선충에 의한 충영립은 제외한 상추 병해립

19 다음 생리적 수확시기로 옳은 것을 고르시오.

1) 단옥수수는 (수염 난 후 27일 / 수염 난 후 50일)에 수확한다.
2) 콩은 꽃이 피고 (10일 / 40일) 후에 수확한다.

정답

1) 수염 난 후 27일, 2) 40일

20 종자검사 시 시료 채취의 목적을 쓰시오.

정답

생산된 대량의 종자에 대한 품질을 검사하기 위해서 적당한 크기의 시료를 로트(lot)에서 채취하여 획득하기 위함이다.

2022년 제2회

과년도 기출복원문제

01 파종법 중 산파의 정의를 쓰시오.

정답

포장 전면에 종자를 흩어 뿌리는 방법으로 미세종자에 적합하다.

02 조직배양의 목적 3가지를 쓰시오.

정답

육종에의 이용, 무병묘 생산, 급속대량증식

03 다음 아스파라거스 종자 그림에서 배유, 유근, 자엽을 찾아 쓰시오.

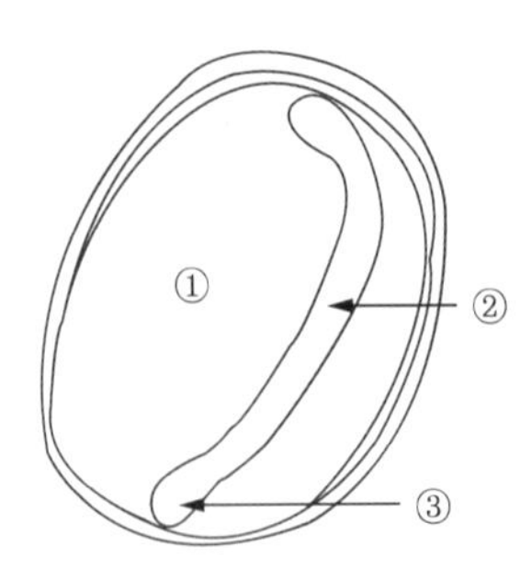

정답

① 배유, ② 자엽(떡잎), ③ 유근

04 우량종자 조건 3가지를 쓰시오.

정답

- 종자는 우량품종에 속하고, 유전적으로 순수하고 이형종자의 혼입이 없어야 한다.
- 발아가 빠르고 균일하며, 발아율이 높은 초기신장성이 좋아야 한다.
- 종자전염의 병충원을 지니지 않은 종자여야 한다.

05 다음 종자가 속하는 과를 쓰시오.

정답

무, 배추 종자이므로 십자화과이다.

06 발아율을 구하는 계산식을 쓰시오.

정답

$$발아율(\%) = \frac{발아한\ 종자수}{파종한\ 종자수} \times 100$$

07 다음 빈칸에 들어갈 알맞은 말을 쓰시오.

> 미세종자를 파종할 때는 파종상자에 망사를 깐 뒤, 왕모래를 (①) 정도 채우고 파종 상토를 (②) 정도 채운다. 그 위에 미세종자와 모래를 1 : 20의 비율로 섞어 고르게 파종한다. 복토는 (③) 저면관수하여 마무리 한다.

정답

① 1/5, ② 4/5, ③ 복토는 하지 않거나 신문지를 덮어

08 종자 수분 분석 시 사용되는 분석용 저울의 단위를 쓰시오.

정답

0.001g 단위까지 신속히 측정할 수 있어야 한다.

09 수박 접붙이기 유의사항 2가지를 쓰시오.

정답

- 접수와 대목의 형성층이 서로 접착되게 한다.
- 접수와 대목의 극성이 다르지 않게 한다.
- 접목친화성이 있어야 한다.
- 절단면의 건조를 막아야 한다.
- 접목시기에 맞게 접목을 실시하여야 한다.

10 다음 그림에 해당하는 화서의 명칭을 쓰시오.

정답

총상화서

11 수확 후 처리인 예냉의 원리를 쓰시오.

정답

수확 후 가능한 빠른 시간 내에 품온을 낮춰 호흡, 증산 등 생리작용을 저하시켜 저장성을 증대시킨다.

12 다음 빈칸에 들어갈 알맞은 중량을 쓰시오.

작 물	로트의 최대 중량 (톤)	시료의 최소중량(g)			
		제출시료	순도검사	이종종자	수분검사
녹 두	30	①	②	③	④

정답

① 1,000g, ② 120g, ③ 1,000g, ④ 50g

13 가지 아메리카잎굴파리 방제 방법 2가지를 쓰시오.

정답

- 시설재배 시에는 방충망을 설치하여 성충의 유입을 차단한다.
- 유충의 피해가 없는 건전한 모종을 사용한다.
- 천적을 이용한다(굴파리좀벌, 잎굴파리고치벌).

14 감자 무름병 방제 방법 3가지를 쓰시오.

정답

- 벼과나 콩과 작물로 돌려짓기를 실시한다.
- 배수와 통풍을 철저히 관리한다.
- 비가 온 직후에 수확을 회피한다.
- 내병성 품종을 이용한다.

15 종자 층적 저장의 정의를 쓰시오.

정답

젖은 모래나 톱밥을 종자와 층층으로 쌓아서 저장하는 방법이다.

16 순도검사 시 거칠거칠한 종자에 대한 설명 2가지를 쓰시오.

정답

- 서로 부착되어 있거나 다른 물체에 부착되기 쉬운 것
- 타 종자를 붙이거나 타 종자에 붙기 쉬운 것
- 정선, 혼합 또는 시료채취 등이 용이하지 않은 것으로 거칠거칠한 구조물. 만약, 시료가 Chaffy 구조를 한 것이 시료량의 1/3 이상일 때 Chaffy로 본다(Chaffy : 왕겨).

17 농약의 구비 조건 3가지를 쓰시오.

정답

- 적은 양으로 약효가 확실할 것
- 농작물에 대한 약해가 없을 것
- 인축에 대한 독성이 낮을 것
- 어류에 대한 독성이 낮을 것
- 다른 약제와의 혼용 범위가 넓을 것
- 천적 및 유해 곤충에 대하여 독성이 낮거나 선택적일 것
- 값이 쌀 것
- 사용방법이 편리할 것
- 대량 생산이 가능할 것
- 물리적 성질이 양호할 것
- 농촌진흥청에 등록되어 있을 것

18 박과와 가지과의 제1가식기를 쓰시오.

정답

- 가지과 : 본잎이 2~3장 정도 나온 시기에 가식
- 박과 : 떡잎 출현 후 가식

19 과수나무를 접목했을 때 얻을 수 있는 장점 3가지를 쓰시오.

정답

- 새 품종을 빠르게 증식할 수 있다.
- 결과연령을 단축시킬 수 있다.
- 병해충저항성을 증진시킬 수 있다.
- 토양, 환경적응성을 증진시킬 수 있다.
- 과수의 왜성화를 통해 생육관리를 편하게 할 수 있다.
- 늙은 과수를 새 품종으로 갱신할 수 있다.

20 채종재배를 위한 알맞은 수확적기를 고르시오.

1) 벼과 (유숙기, 황숙기, 고숙기)
2) 배추과 (백숙기, 갈숙기, 고숙기)

정답

1) 황숙기, 2) 갈숙기

과년도 기출복원문제

01 육묘 장소로 적합한 곳 3가지를 쓰시오.

정답

- 본포에서 가까운 곳
- 관개수를 얻기 쉽고 집에서 멀지 않아 관리가 편리한 곳
- 저온기의 육묘는 양지바르고 따뜻하며 강한 바람을 막도록 방풍이 가능한 곳
- 온상의 설치는 배수가 잘되는 곳, 못자리는 오수와 냉수가 침입하지 않는 곳
- 인축, 동물, 병충해 등의 피해 염려가 없는 곳

02 종자 100개를 파종했을 때 총 75개가 발아하였다. 이때의 발아율을 계산 과정과 함께 쓰시오.

정답

$$\text{발아율(\%)} = \frac{\text{발아한 종자수}}{\text{파종한 종자수}} \times 100$$

$$= \frac{75}{100} \times 100 = 75\%$$

03 다음은 미세종자 파종법에 대한 설명이다. 빈칸에 들어갈 알맞은 말을 쓰시오.

> 파종상자에 망사를 깐 뒤, 왕모래를 (①) 정도 채우고 파종 상토를 (②) 정도 채운다. 그 위에 미세종자와 모래를 (③)의 비율로 섞어 고르게 파종한다.

정답

① 1/5, ② 4/5, ③ 1 : 20

04 딸기, 무화과는 과수의 분류 중 어떤 과에 속하는지 쓰시오.

[정답]

장과류

05 수확적기의 벼, 밀, 귀리 종자의 수분함량을 쓰시오.

벼, 보리 : 17~23%, 밀 : 16~19%, 귀리 : 19~21%

※ 옥수수 : 20~25%, 콩 : 14%

06 다음 빈칸에 들어갈 알맞은 중량을 쓰시오.

작 물	로트의 최대 중량 (톤)	시료의 최소중량(g)			
		제출시료	순도검사	이종종자	수분검사
밀	30	①	②	③	④

[정답]

① 1,000g, ② 120g, ③ 1,000g, ④ 100g

07 순도분석의 목적을 쓰시오.

[정답]

순도분석의 목적은 시료의 구성요소(정립, 이종종자, 협잡물)를 중량백분율로 산출하여 소집단 전체의 구성요소를 추정하고, 품종의 동일성과 종자에 섞여 있는 이물질 확인하는데 있다.

08 수박 접붙이기 유의사항 2가지을 쓰시오.

정답

- 대목과 접수의 형성층을 맞춰야한다.
- 접목 친화성이 있는 품종을 사용한다.
- 도구 소독을 철저하게 해서 병충해 피해를 줄인다.
- 접목 시기를 지킨다.
- 접목 후 관리를 철저히 한다.

09 다음은 계대배양 소독에 대한 설명이다. 빈칸에 들어갈 알맞은 말을 쓰시오.

- 배양식물체가 들어 있는 용기와 계대할 배양용기의 일부를 (①)% 에탄올로 분무하여 소독하고 클린벤치에 넣는다.
- 핀셋과 메스는 (②) 소독하고 거치대에서 냉각시킨다.

정답

① 70, ② 알콜램프로 화염

10 파종법 중 조파의 정의를 쓰시오.

정답

이랑을 만들어 종자를 줄지어 뿌리는 방법으로 보통종자가 적합하다.

11 수분함량 측정 장비 중 분쇄기의 조건 3가지를 쓰시오.

정답

- 비흡수성 물질로 만들어져야 한다.
- 가루가 되는 종자가 분쇄되는 동안 주변 공기로부터 보호되도록 만들어져야 한다.
- 분쇄 시 분쇄기에 열이 나지 않아야 하며 수분을 잃게 되는 공기의 흐름을 최소화시킬 수 있어야 한다.
- 제시한 입도를 얻을 수 있도록 조절이 가능할 수 있어야 한다.

12 다음 그림에 해당하는 화서의 명칭을 쓰시오.

정답

육수화서

13 다음 양배추 종자 그림에서 자엽, 유근, 하배축을 찾아 쓰시오.

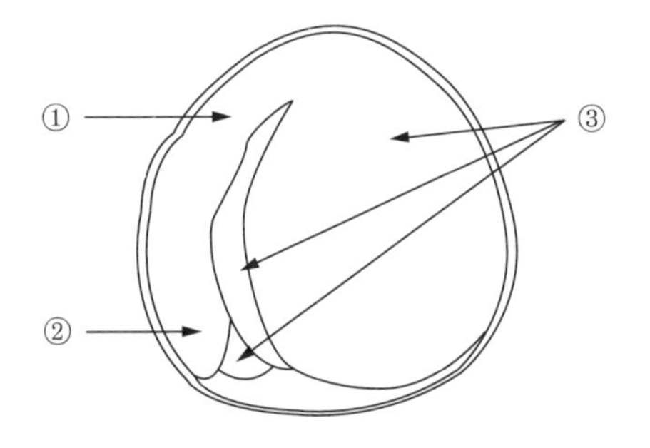

정답

① 하배축, ② 유근, ③ 자엽

14 다음 중 파종 시 5~9cm 정도 깊이로 복토하는 종자를 고르시오.

파, 고추, 생강, 밀, 감자, 양파, 튤립

정답

생강, 감자

15 다음 종자가 속하는 과를 쓰시오.

정답

무, 브로콜리 종자이므로 십자화과이다.

16 파 총채벌레 방제법 3가지를 쓰시오.

정답

- 해충에 안전한 건전묘 사용
- 시설재배 시 한랭사를 설치하여 해충 유입 방지
- 잡초와 같은 발생원 제거 및 토양 소독
- 끈끈이트랩을 통해 유인 후 사멸
- 온실 소독 및 고온으로 사멸

17 고구마 푸른곰팡이병 방제법 3가지를 쓰시오.

정답

- 수확, 선별, 혹은 포장 시 상처가 많이 생기지 않도록 주의하는 것이 제일 중요하다.
- 저장할 때는 병든 고구마가 건전한 고구마에 섞이지 않게 잘 골라내야 한다.
- 저장 시 온도가 10℃ 이하가 되지 않도록 한다.

18 배양실의 실험 환경에 대한 설명으로 옳은 것을 고르시오.

> 1) 배양실의 온도는 (20~25℃ / 40~45℃)가 적당하다.
> 2) 배양실의 습도는 (50~60% / 70~80%)가 적당하다.

정답

1) 20~25℃, 2) 70~80%

19 적심과 환상박피의 정의를 쓰시오.

정답

- 적심 : 더이상 수직 방향으로 새로운 가지가 자라나지 않도록 맨 끝 생장점 부분을 제거하는 것을 말한다.
- 환상박피 : 가지의 줄기를 따라 링모양으로 껍질을 제거하는 것을 말한다.

20 가지, 토마토, 시금치 종자의 안전저장을 위한 종자의 최대수분함량을 쓰시오.

정답

가지 : 6.3%, 시금치 : 7.8%, 토마토 : 5.7%

※ 종자의 안전저장을 위한 최대수분함량

품목	안전저장(%)	일반저장(%)	한계저장(%)
가지	6.3	8	9.8
시금치	7.8	9.9	11.9
토마토	5.7	7.8	9.2

최근 기출복원문제

01 토마토와 시금치 종자의 안전저장을 위한 최대수분함량을 쓰시오.

정답

토마토 : 5.7%, 시금치 : 7.8%

※ 종자의 안전저장을 위한 최대수분함량

품목	안전저장(%)	일반저장(%)	한계저장(%)
토마토	5.7	7.8	9.2
시금치	7.8	9.9	11.9

02 가지, 비트, 당근, 옥수수를 단명종자, 장명종자, 상명종자로 구분하시오.

정답

- 단명종자: 옥수수
- 장명종자: 비트
- 상명종자: 가지, 당근

03 양파, 상추, 담배, 우엉, 수박, 가지를 혐광성 종자와 호광성 종자로 분류하시오.

정답

- 혐광성 종자 : 양파, 수박, 가지
- 호광성 종자 : 상추, 담배, 우엉

04 다음은 미세종자 파종법에 대한 설명이다. 빈칸에 들어갈 알맞은 말을 쓰시오.

- 미세종자를 파종한 뒤 복토는 (①).
- 관수는 종자가 흩어지는 것을 방지하기 위해 (②)를 한다.

정답

① 하지 않는다, ② 저면관수

05 파종법 중 조파의 정의를 서술하시오.

정답

조파(줄뿌림)란 이랑을 만들어 종자를 줄지어 뿌리는 방법으로 보통종자가 적합하다.

06 과수에서 접목 장점 3가지를 쓰시오.

정답

- 새 품종을 빠르게 증식할 수 있다.
- 결과연령을 단축시킬 수 있다.
- 병해충저항성을 증진시킬 수 있다.
- 토양, 환경적응성을 증진시킬 수 있다.
- 과수의 왜성화를 통해 생육관리를 편하게 할 수 있다.
- 늙은 과수를 새 품종으로 갱신할 수 있다.

07 경실종자의 휴면타파법 3가지를 쓰시오.

정답

딱딱한 종피에 상처내기(종피파상법), 화학물질처리(진한 황산처리), 건열처리 및 습열처리 등의 온도처리(고온 및 저온처리하기), 생장조절체처리, 수세 및 침지 등

08 종자 100개를 파종했을 때 총 60개가 발아하였다. 이때의 발아율을 계산 과정과 함께 쓰시오.

정답

$$\text{발아율}(\%) = \frac{\text{발아한 종자수}}{\text{파종한 종자수}} \times 100$$

$$= \frac{60}{100} \times 100 = 60\%$$

09 육묘장소로 적합한 곳 3가지를 쓰시오.

정답

- 본포에서 가까운 곳
- 관개수를 얻기 쉽고 집에서 멀지 않아 관리가 편리한 곳
- 저온기의 육묘는 양지바르고 따뜻하며 강한 바람을 막도록 방풍이 가능한 곳
- 온상의 설치는 배수가 잘되는 곳, 못자리는 오수와 냉수가 침입하지 않는 곳
- 인축, 동물, 병충해 등의 피해 염려가 없는 곳

10 다음 종자가 속하는 과를 쓰시오.

정답

배추, 브로콜리 종자이므로 십자화과이다.

11 다음 양파 종자 그림에서 배유, 유근, 자엽을 찾아 쓰시오.

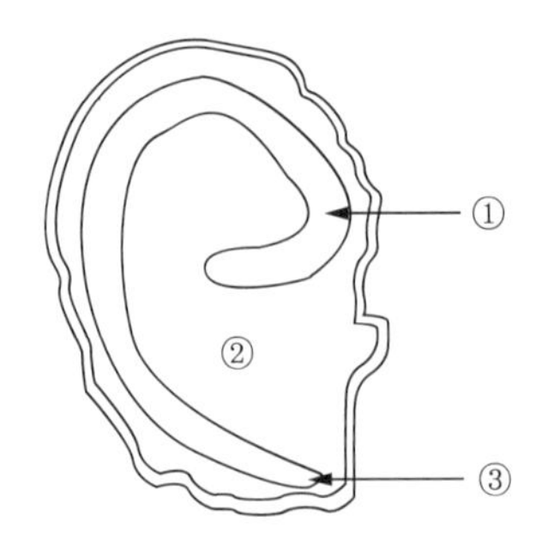

정답

① 자엽(떡잎), ② 배유, ③ 유근

12 갓 작물에서 발생한 모자이크병의 방제법 3가지를 쓰시오.

정답

- 내병성 품종재배
- 재배적지 선정 및 재배
- 생육환경 개선
- 돌려짓기(이어짓기 피하기)
- 병든 포기 제거
- 진딧물 구제
- 십자화과 잡초 제거

13 고추에서 발생한 목화진딧물의 방제법 3가지를 쓰시오.

정답

- 천적을 이용한다(무당벌레, 기생벌, 꽃등에 등).
- 시설재배 시 창에 망사를 씌워 외부로부터 유입을 차단한다.
- 살충제를 살포한다.

14 다음은 계대배양에 대한 설명이다. 빈칸에 들어갈 알맞은 말을 쓰시오.

- 배양식물체가 들어 있는 용기와 계대할 배양용기의 일부를 (①)% 에탄올로 분무하여 소독하고 클린벤치에 넣는다.
- 배양 시에는 (②)등을 끈다.
- 핀셋과 메스는 (③) 소독하고 거치대에서 냉각시킨다.

정답

① 70, ② 자외선, ③ 알코올램프 화염

15 배추의 소집단 최대중량 및 제출시료, 순도검사, 이종종자 검사, 수분검사 시료의 최소중량을 쓰시오.

정답

최대중량 10톤, 제출시료 70g, 순도검사 7g, 이종종자 70g, 수분검사 50g

16 종자 수분측정 시 필요한 장비 3가지를 쓰시오.

정답

분쇄기, 항온기, 수분측정관, 데시케이터, 분석용 저울, 체, 간이수분측정기 등

17 과수에서 꺾꽂이를 적용할 때 장점 3가지를 쓰시오.

정답

- 짧은 기간에 모본 형질과 동일한 개체를 생산할 수 있다.
- 우수한 특성을 지닌 개체를 골라서 번식하는 것이 가능하다.
- 종자번식에 비하여 개화와 결실이 빠르다.
- 접붙이기 등 다른 영양번식보다 비교적 쉽게 번식시킬 수 있다.

18 다음에서 단옥수수 및 콩의 수확시기를 고르시오.

> 1) 단옥수수는 수염 발생 (27일 후 / 40일 후)에 수확한다.
> 2) 콩은 꽃이 피고 (10일 후 / 40일 후)에 수확한다.

정답

1) 27일 후, 2) 40일 후

19 다음 그림에 해당하는 화서의 명칭을 쓰시오.

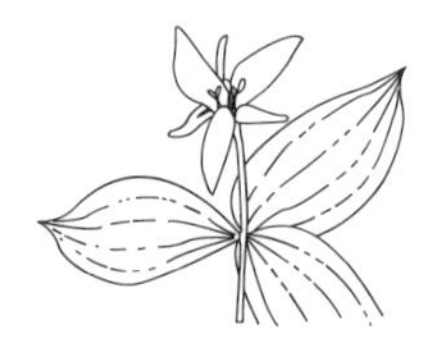

정답

단정화서

20 사과 깎기접의 유의사항 2가지를 쓰시오(단, 안전에 관한 것은 제외).

정답

- 대목과 접수의 형성층을 맞춰야 한다.
- 접목 친화성이 있는 품종을 사용한다.
- 도구 소독을 철저하게 해서 병충해 피해를 줄인다.
- 접목 시기를 지킨다.
- 접목 후 관리를 철저히 한다.

2023년 제2회

최근 기출복원문제

01 다음 중 파종 시 복토깊이가 1.5~2cm인 종자를 고르시오.

조, 기장, 히야신스, 생강, 수선

정답

조, 기장

02 다음은 계대배양에 대한 설명이다. 빈칸에 들어갈 알맞은 말을 쓰시오.

- 배양식물체가 들어 있는 용기와 계대할 배양용기의 일부를 (①)% 에탄올로 분무하여 소독하고 클린벤치에 넣는다.
- 배양 시에는 자외선등을 (②).
- 핀셋과 메스는 (③) 소독하고 거치대에서 냉각시킨다.

정답

① 70, ② 끈다, ③ 알코올램프 화염

03 가지, 토마토, 시금치 종자의 안전저장을 위한 종자의 최대수분함량을 쓰시오.

정답

가지 : 6.3%, 시금치 : 7.8%, 토마토 : 5.7%

※ 종자의 안전저장을 위한 최대수분함량

품목	안전저장(%)	일반저장(%)	한계저장(%)
가지	6.3	8	9.8
시금치	7.8	9.9	11.9
토마토	5.7	7.8	9.2

04 점뿌림의 정의를 쓰시오.

정답

일정한 간격을 두고 하나에서 수개의 종자를 띄엄띄엄 파종하는 방법이다.

05 육묘용 비료 조건 5가지를 쓰시오.

정답

- 토양의 물리적 성질(통기성, 배수성, 보수성)이 좋아야 한다.
- 병충해가 없어야 한다.
- 잡초종자가 없어야 한다.
- 토양의 산도(pH)에 알맞아야 한다.
- 필수 영양성분을 골고루 가지고 있어야 한다.

06 다음 셀러리 종자 그림에서 배유, 유근, 자엽을 찾아 쓰시오.

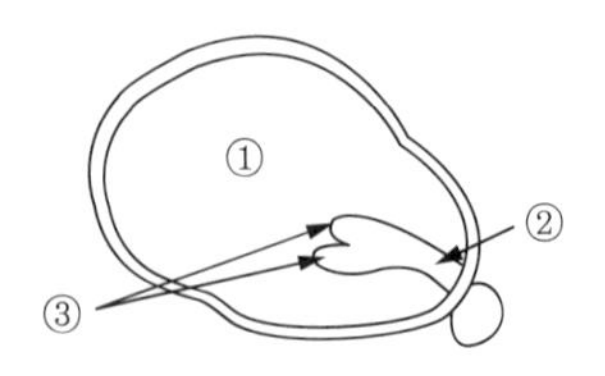

정답

① 배유, ② 유근, ③ 자엽(떡잎)

07 배 가루깍지벌레 방제법 3가지를 쓰시오.

정답

- 월동기 알 파괴
- 천적 이용(기생봉)
- 살충제 방제
- 석회유황합제 살포

08 과수에서 접목의 장점 3가지를 쓰시오.

정답

- 새 품종을 빠르게 증식할 수 있다.
- 결과연령을 단축시킬 수 있다.
- 병해충 저항성을 증진시킬 수 있다.
- 토양·환경적응성(저온 신장성 등)을 증진시킬 수 있다.
- 과수의 왜성화를 통해 생육관리를 편하게 할 수 있다.
- 늙은 과수를 새 품종으로 갱신할 수 있다.

09 호박, 수박의 과명을 쓰시오.

정답

박과

10 박과 및 가지과 채소의 가식 시기에 대한 설명으로 옳은 것을 고르시오.

1) 박과는 (떡잎일 때 / 본잎이 2~3장일 때) 가식하면 불량하다.
2) 가지과는 (본잎이 2~3장일 때 / 본잎이 5~6장일 때) 가식하면 불량하다.

정답

1) 본잎이 2~3장일 때, 2) 본잎이 5~6장일 때

11 조직배양의 목적 3가지를 쓰시오.

정답

육종에의 이용, 무병묘 생산, 급속대량증식

12 다음 그림에 해당하는 화서의 명칭을 쓰시오.

정답

총상화서

13 종자 100개를 파종했을 때 총 70개가 발아하였다. 이때의 발아율을 계산 과정과 함께 쓰시오.

정답

$$발아율(\%) = \frac{발아한\ 종자수}{파종한\ 종자수} \times 100$$
$$= \frac{70}{100} \times 100 = 70\%$$

14 수확 후 전처리 방법 중 예냉에 대해 설명하시오.

정답

수확 후 가능한 빠른 시간 내에 품온을 낮춰 호흡, 증산 등 생리작용을 저하시켜 저장성을 증대시킨다.

15 수박 접붙이기 유의사항 2가지를 쓰시오(단, 안전에 관한 것은 제외).

정답

- 대목과 접수의 형성층을 맞춰야 한다.
- 접목 친화성이 있는 품종을 사용한다.
- 도구 소독을 철저하게 해서 병충해 피해를 줄인다.
- 접목 시기를 지킨다.
- 접목 후 관리를 철저히 한다.

16 고구마 푸른곰팡이병 감염 시 방제법 2개를 쓰시오.

정답

- 수확, 선별 혹은 포장 시 상처가 생기지 않도록 주의해야 한다.
- 저장할 때 병든 고구마가 섞이지 않도록 선별해야 한다.
- 저장 시 온도가 10℃ 이하가 되지 않도록 한다.

17 수분함량 측정 장비 중 분쇄기의 조건 3가지를 쓰시오.

정답

- 비흡수성 물질로 만들어져야 한다.
- 가루가 되는 종자가 분쇄되는 동안 주변 공기로부터 보호되도록 만들어져야 한다.
- 분쇄 시 분쇄기에 열이 나지 않아야 하며 수분을 잃게 되는 공기의 흐름을 최소화시킬 수 있어야 한다.
- 제시한 입도를 얻을 수 있도록 조절이 가능할 수 있어야 한다.

18 우량종자의 구비조건 3가지를 쓰시오.

정답

- 종자는 우량품종에 속하고, 유전적으로 순수하고 이형종자의 혼입이 없어야 한다.
- 발아가 빠르고 균일하며, 발아율이 높은 초기신장성이 좋아야한다.
- 종자전염의 병충원을 지니지 않은 종자여야 한다.

19 육묘장의 설치 조건 3가지를 쓰시오.

정답

- 본포에서 가까운 곳
- 관개수를 얻기 쉽고 집에서 멀지 않아 관리가 편리한 곳
- 저온기의 육묘는 양지바르고 따뜻하며 강한 바람을 막도록 방풍이 가능한 곳
- 온상의 설치는 배수가 잘되는 곳, 못자리는 오수와 냉수가 침입하지 않는 곳
- 인축, 동물, 병충해 등의 피해 염려가 없는 곳

20 종자 순도검사 시 상추의 정립종자 정의 2가지를 쓰시오.

정답

- 미숙립, 발아립, 주름진립, 소립에 해당되는 상추 종자
- 원래 크기의 1/2보다 큰 상추 종자
- 맥각병해립, 균핵병해립, 깜부기병해립 및 선충에 의한 충영립은 제외한 상추 병해립

2023년 제3회 최근 기출복원문제

01 다음 그림에 해당하는 화서의 명칭을 쓰시오.

정답

단정화서

02 이산화탄소와 질소를 주입하는 실용화된 종자 저장 기술이 무엇인지 쓰시오.

정답

CA저장

03 팬지 및 피튜니아의 가식 시기에 대한 설명으로 옳은 것을 고르시오.

> 1) 팬지는 본잎이 (2~3개 / 5~6개) 나왔을 때 가식한다.
> 2) 피튜니아는 본잎이 (3~4개 / 8~9개) 나왔을 때 가식한다.

정답

1) 2~3개, 2) 3~4개

04 답전윤환과 간작의 정의를 쓰시오.

정답

- 답전윤환 : 논 또는 밭을 논 상태와 밭 상태로 몇 해씩 돌려가면서 벼와 밭작물을 재배하는 방식이다.
- 간작 : 한 종류의 작물이 생육하고 있는 이랑 사이 또는 포기 사이에다 한정된 기간 동안 다른 작물을 심어 재배하는 것을 말한다.

05 사과나무 깎기접에 대한 설명으로 옳은 것을 고르시오.

1) 접수는 대목보다 (커야 / 작아야) 한다. 2) 대목과 접수의 (가지 / 형성층)는(은) 일치해야 한다.

정답

1) 작아야, 2) 형성층

06 다음 중 파종 시 복토를 10cm 이상 하는 종자를 고르시오.

양파, 당근, 나리, 상추, 수선

정답

나리, 수선

07 다음 종자가 속하는 과를 쓰시오.

정답

양배추, 배추 종자이므로 십자화과이다.

08 다음은 계대배양에 대한 설명이다. 빈칸에 들어갈 알맞은 말을 쓰시오.

- 배양 시에는 클린벤치의 자외선등을 (①).
- 핀셋과 메스는 (②) 소독하고 거치대에서 냉각시킨다.

정답

① 끈다, ② 알코올램프 화염

09 종자 100개를 파종했을 때 총 55개가 발아하였다. 이때의 발아율을 계산 과정과 함께 쓰시오.

정답

$$\text{발아율}(\%) = \frac{\text{발아한 종자수}}{\text{파종한 종자수}} \times 100$$

$$= \frac{55}{100} \times 100 = 55\%$$

10 파종법 중 산파와 조파 정의를 서술하시오.

정답

- 산파(흩어뿌림) : 포장 전면에 종자를 흩어 뿌리는 방법으로 미세종자에 적합하다.
- 조파(줄뿌림) : 이랑을 만들어 종자를 줄지어 뿌리는 방법이다.

11 다음 중 화학적 산성비료를 고르시오.

과인산석회, 중과인산석회, 석회질소, 용성인비

정답

과인산석회, 중과인산석회

※ 화학적 성질에 따른 구분

- 화학적 산성비료 : 과인산석회, 중과인산석회 등
- 화학적 중성비료 : 황산암모늄, 염화암모늄, 요소, 질산암모늄, 황산칼륨, 염화칼륨, 콩깻묵, 어박 등
- 화학적 염기성비료 : 석회질소, 용성인비, 나뭇재 등

12 메밀의 정립종자 정의 2가지를 쓰시오.

정답

- 미숙립, 발아립, 주름진립, 소립에 해당되는 메밀 종자
- 원래 크기의 1/2보다 큰 메밀 종자
- 맥각병해립, 균핵병해립, 깜부기병해립 및 선충에 의한 충영립은 제외한 메밀 병해립

13 공정육묘의 장점 3개를 쓰시오.

정답

- 묘가 균일하고 건실하다.
- 정식 작업 시 시간이 단축되고 노동력이 절감된다.
- 병해충 발생이 없고 소질이 좋은 묘 생산이 가능하다.
- 재배시기에 관계없이 연중 육묘가 가능하다.
- 정식 후 활착이 빠르고 초기생육이 왕성하다.
- 운반이 용이하다.
- 자동화된 공정 과정에서 대량생산되어 육묘 비용이 절감된다.
- 자동정식기 이용이 가능하다.

14 꽃양배추 시들음병 방제법 2가지를 쓰시오.

정답

- 돌려짓기(윤작)를 실시한다.
- 석회를 시용하고 미숙퇴비 시용을 억제한다.
- 토양 선충이나 토양 미소동물에 의해 뿌리에 상처가 나지 않도록 관리한다.
- 토양 내 염류 농도가 높지 않게 주의한다.
- 토양 담수 및 태양열 소독을 실시한다.

15 조직배양의 정의를 쓰시오.

정답

식물의 잎, 줄기, 뿌리와 같은 조직이나 기관의 일부를 모체에서 분리해 무균적인 배양을 통해 세포덩어리를 만들거나 식물체를 분화, 증식시키는 기술을 말한다.

16 다음 빈칸에 들어갈 알맞은 말을 쓰시오.

- 종자 수분분석 시 0.50mm 체를 (①)% 통과해야 하며, 1.00mm 체에서 남는 것은 10% 이내여야 한다.
- 절단기구로 사용하는 메스나 전지가위는 날의 길이가 최소 (②)cm이어야 한다.

정답

① 50, ② 4

17 호두, 개암, 밤 등이 속한 종류를 고르시오.

인과류, 준인과류, 핵과류, 장과류, 견과류

정답

견과류

18 무에 발생한 목화진딧물 방제법 2가지를 쓰시오.

정답

- 천적(무당벌레, 기생벌, 꽃등애 등)을 이용한다.
- 시설재배 시 창에 망사를 씌워 외부로부터 유입을 차단한다.
- 살충제를 살포한다.

19 다음 고추 종자 그림에서 자엽, 배유, 유근을 찾아 쓰시오.

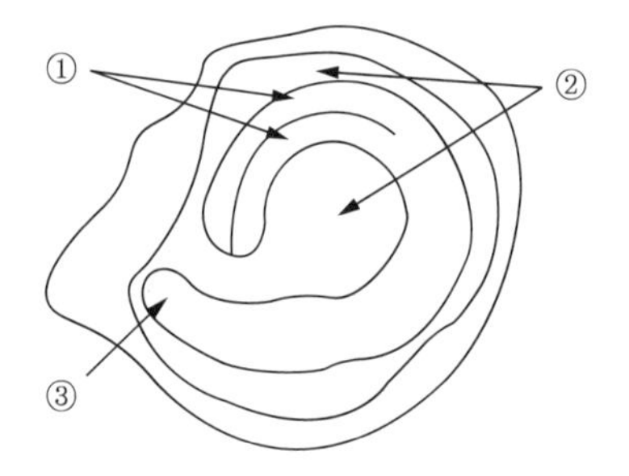

정답

① 자엽(떡잎), ② 배유, ③ 유근

20 작물의 수량을 극대화하기 위한 3가지 요소 중 재배환경을 제외한 나머지 2가지를 쓰시오.

정답

작물의 유전성, 재배기술

PART 03

최종 모의고사

종자기능사 실기 한권으로 끝내기

www.**sdedu**.co.kr

최종모의고사

01 전분종자와 지방종자를 3가지씩 쓰시오.

정답

- 전분종자 : 벼, 보리, 옥수수 등 화본과 종자
- 지방종자 : 유채, 땅콩, 해바라기 등

02 종자 발아검사의 목적을 쓰시오.

정답

종자집단의 최대 발아능력을 판정함으로써 포장 출현률에 대한 정보를 얻고, 다른 소집단간의 품질을 비교할 수 있게 하는 데 있다.

03 벼, 밀, 콩 종자의 발아에 필요한 종자 수분함량을 쓰시오.

정답

종자 무게에 대해 벼 23%, 밀 30%, 쌀보리 50%, 콩 100% 이다.

04 종자소독의 필요성 3가지를 쓰시오.

정답

- 종자전염성 병에 대한 피해를 최대한 줄일 수 있다.
- 종자의 발아 과정이나 유묘가 자라는 과정에서 발생하는 해충 및 기타 다양한 토양 유해균 피해를 경감시킬 수 있다.
- 유묘에 대한 병원균이나 해충의 피해로부터 침투 보호 작용을 가능하게 해준다.

05 종자프라이밍의 정의를 쓰시오.

정답

불량환경에서 발아율과 발아의 균일성을 높이기 위해 종자를 PEG나 무기염류 같은 고삼투압 용액에 수일~수주간 처리하는 방법이다.

06 종자의 건조저장에서 데시케이터에 사용할 수 있는 건조제 3가지를 쓰시오.

정답

실리카겔, 염화칼슘, 생석회, 짚재 등

07 백합과 작물 3가지를 쓰시오.

정답

양파, 파, 마늘, 아스파라거스, 알로에, 원추리, 옥잠화, 히아신스, 튤립 등

08 연작의 해가 적은 작물 3가지를 쓰시오.

정답

벼, 맥류, 조, 수수, 옥수수, 고구마, 삼, 담배, 무, 당근, 양파, 호박, 연, 순무, 뽕나무, 미나리, 딸기, 양배추 등

09 흩어뿌림의 장점과 단점에 대해 설명하시오.

정답

- 장점 : 노력이 적게 든다.
- 단점 : 종자 소요량이 많아지고, 통기 및 투광이 나빠지며, 제초 및 병해충 방제 등 관리 작업이 어렵다.

10 엽면시비를 이용하는 경우 3가지를 쓰시오.

정답

- 작물에 특정 양분의 결핍증이 나타났을 경우
- 작물의 영양상태를 급속히 회복시켜야 할 경우
- 작물이 양분을 뿌리로 흡수하기 어려운 경우
- 토양시비가 곤란한 경우
- 품질향상 등의 특수한 목적이 있는 경우

11 영양번식의 단점 3가지를 쓰시오.

정답

- 바이러스 감염 시 제거하기가 어렵고 전체에 만연하기 쉽다.
- 번식에 특정한 기술 또는 지식이 필요하다.
- 종자번식을 할 때보다 보관과 이동이 어렵고 대량증식이 어렵다.

12 고구마의 큐어링 방법으로 올바른 것을 고르시오.

고구마는 온도 (20°C / 30°C / 40°C) 및 (70% / 80% / 90%) 이상의 상대습도에서 4~7일간 큐어링을 실시한다.

정답

30°C, 90%

13 씨 없는 포도를 만들 때 지베렐린 2차 처리시기를 쓰시오.

정답

개화 후 10일 째

14 엽삽을 이용하는 작물 3가지를 쓰시오.

정답

아프리칸바이올렛, 베고니아, 오갈피나무, 산세비에리아, 알로에, 칼랑코에, 고무나무, 수국, 동백나무 등

15 생장점 배양을 통한 무병묘 생산이 가능한 이유에 대해 서술하시오.

정답

바이러스에 감염된 식물체라도 빠르게 분화하는 생장점에는 바이러스가 존재하지 않는 경우가 많아 생장점 조직을 배양함으로써 무병묘를 생산할 수 있다.

16 상추 종자 100개에 대한 발아율과 발아세를 구하시오.

작물명	치상일수	1일	2일	3일	4일	5일	6일
상 추	발아개수	0개	6개	56개	30개	4개	1개

정답

- 발아율 : 97%
- 발아세 : 62%

풀이

- 발아율 $= \frac{6 + 56 + 30 + 4 + 1}{100} \times 100 = 97\%$
- 발아세 $= \frac{0 + 6 + 56}{100} \times 100 = 62\%$

17 다음 아스파라거스 종자 그림에서 배유, 유근, 자엽을 찾아 쓰시오.

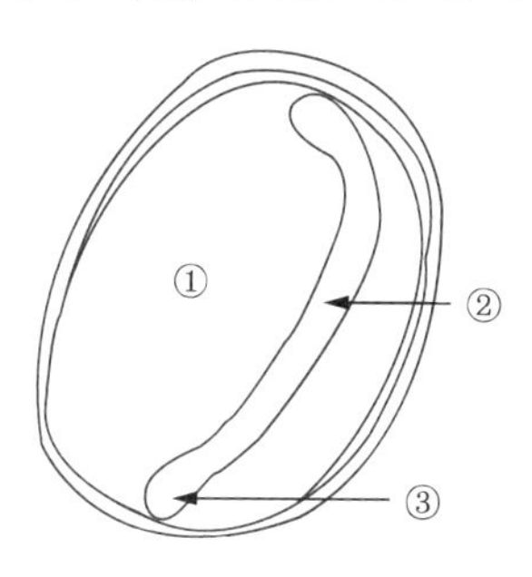

정답

① 배유, ② 자엽(떡잎), ③ 유근

18 다음 그림에 해당하는 화서의 명칭을 쓰시오.

정답

복집산화서

19 복숭아 잎오갈병의 방제법 3가지를 쓰시오.

정답

- 병든 잎은 즉시 제거한다.
- 과습하지 않게 관리한다.
- 동해를 방지한다.
- 개화 직전 약제를 살포한다.

20 토마토에서 발생한 아메리카잎굴파리의 방제법 3가지를 쓰시오.

정답

- 시설재배 시에는 방충망을 설치하여 성충의 유입을 차단한다.
- 유충의 피해가 없는 건전한 모종을 사용한다.
- 천적을 이용한다(굴파리좀벌, 잎굴파리고치벌).

제2회 최종모의고사

01 종자의 건조저장에서 데시케이터에 사용할 수 있는 건조제 3가지를 쓰시오.

정답

실리카겔, 염화칼슘, 생석회, 짚재 등

02 미세종자 파종을 할 때 저면관수를 이용하는 이유에 대해 서술하시오.

정답

물을 위로 뿌리게 되면 종자가 한쪽으로 쏠리거나 흘러갈 수 있어 이를 방지하기 위해 저면관수를 이용한다.

03 육묘용 상토의 구비조건 3가지를 쓰시오.

정답

- 배수성, 보수성, 통기성 등의 물리성이 우수해야 한다.
- 적절한 pH를 유지해야 하고, 각종 무기양분을 적정 수준으로 함유해야 한다.
- 병원균, 해충, 잡초종자가 없어야 한다.
- 사용 중 유해가스가 발생하지 않아야 한다.
- 저렴한 가격으로 쉽게 구할 수 있어야 한다.

04 사과 부란병의 방제법 3가지를 쓰시오.

정답

- 비배 관리를 철저히 한다.
- 병든 부위 깎아 낸 후 약제를 발라주고 동해를 방지해준다.
- 병든 가지는 즉시 제거 및 소각한다.

05 벼에서 발생한 이화명나방의 방제법 3가지를 쓰시오.

정답

- 월동유충이 벼의 그루터기에서 월동하므로 겨울에 1개월 동안 논에다 물을 대 질식사시킨다.
- 조기이앙을 피하고 적기에 이앙한다.
- 유충이 이동하기 전에 심엽이 시들기 시작한 것을 뽑아 없애고 제2화기의 경우에는 잎집이 변색된 줄기를 뽑아 없앤다.

06 1차시료를 채취하고자 할 때 통일해야 하는 조건 3가지를 쓰시오.

정답

용기의 모양, 재질, 크기, 봉인 및 라벨링, 품종, 종자처리 상태를 통일해야 한다.

07 다음 빈칸에 들어갈 알맞은 말을 고르시오.

> 옥수수의 최대 로트 크기는 (10,000 / 25,000 / 40,000)kg 이며 곡물종자보다 더 큰 종자의 최대 로트 크기는 (10,000 / 25,000 / 40,000)kg 이다.

정답

40,000, 25,000

08 다음 빈칸에 들어갈 알맞은 말을 고르시오.

> 종자 사이즈가 큰 종자들은 건조 전 분쇄가 필요한데 미세한 분말입자를 요하는 종일 경우 분말의 최소 50%는 (0.50mm / 1.00mm) 체를 통과해야하고, 10%만이 (0.50mm / 1.00mm) 체에 남아있어야 한다. 그리고 천립중이 200g 이상인 큰종자는 분쇄하는 대신 (5mm / 7mm) 이하로 절단한다.

정답

0.50mm, 1.00mm, 7mm

09 다음 양파 종자 그림에서 배유, 유근, 자엽을 찾아 쓰시오.

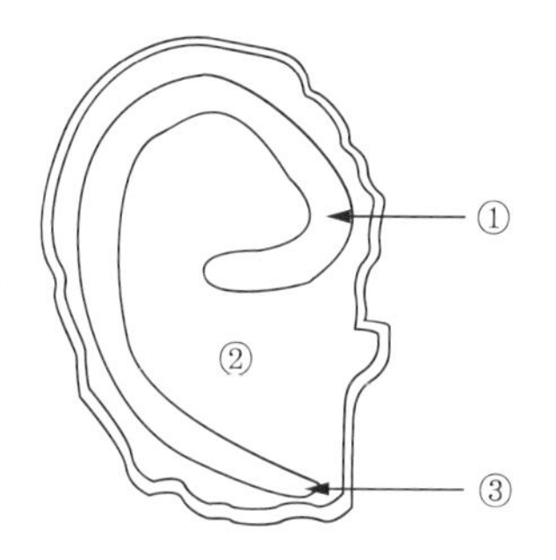

정답

① 자엽(떡잎), ② 배유, ③ 유근

10 다음 그림에 해당하는 화서의 명칭을 쓰시오.

정답

총상화서

11 생장점 배양 시 일반적인 생장점 채취 크기를 쓰시오.

정답

0.1~0.3mm

12 조직배양 배지 재료 중 옥신과 사이토키닌을 첨가하는 이유를 각각 설명하시오.

정답

- 사이토키닌 : 세포분열 역할
- 옥신 : 발근촉진 역할

13 다음 그림에 해당하는 취목법의 명칭을 쓰시오.

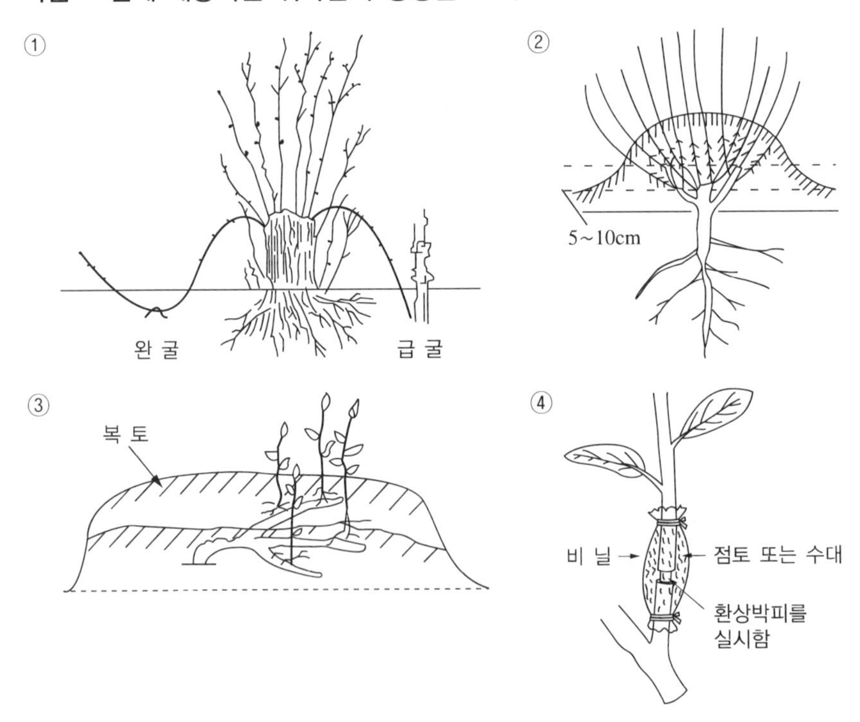

정답

① 선취법, ② 성토법, ③ 당목취법, ④ 고취법

14 인경을 이용하여 번식하는 작물 3가지를 쓰시오.

정답

마늘, 양파, 백합(나리), 튤립, 수선화, 히아신스 등

15 접목이 성공하기 위해 고려해야 할 사항 3가지를 쓰시오.

정답

- 접수와 대목의 형성층이 서로 접착되게 한다.
- 접수와 대목의 극성이 다르지 않게 한다.
- 접목친화성이 있어야 한다.
- 절단면의 건조를 막아야 한다.
- 접목시기에 맞게 접목을 실시하여야 한다.

16 고추의 저장법으로 가장 적당한 것을 고르시오.

고추는 온도 (0~3.5°C / 4.8~7°C / 7.2~10°C)의 저온과 (85~90% / 90~95% / 95~100%)의 상대습도에서 저장한다.

정답

7.2~10°C, 90~95%

17 전정의 정의와 효과를 쓰시오.

정답

전정이란 불필요한 줄기나 덩굴의 길이 또는 수를 제한하는 것으로 작물의 관리 및 수확작업이 용이해지고 양분의 균형분배가 가능해지는 효과가 있다.

18 육묘기간에 영향을 미치는 요인 3가지를 쓰시오.

정답

작물의 종류, 품종, 육묘방법, 재배방식, 시비량, 트레이 셀 수, 용기의 크기, 이식여부, 육묘시기, 작물의 재배시기, 이용자의 요구, 육묘장의 온도, 광, 습도 등의 재배환경 등에 영향을 받는다.

19 핵과류 과수 3가지를 쓰시오.

정답

복숭아, 매실, 자두, 살구 등

20 양파 종자의 일반저장을 위한 수분함량을 8%, 9.5%, 11.2% 중에서 고르시오.

정답

9.5%

제3회 최종모의고사

01 토마토 잎곰팡이병의 방제법 3가지를 쓰시오.

정답

- 병든 잎을 신속히 제거한다.
- 통풍이 잘되도록 관리한다.
- 밀식하지 않는다.
- 질소질 비료의 과용을 피한다.
- 수확 후 병든 잎을 긁어모아 소각한다.

02 고구마에서 발생한 뿌리혹선충의 방제법 3가지를 쓰시오.

정답

- 돌려짓기(윤작)를 한다.
- 태양열 소독 등의 토양 소독을 실시한다.
- 담수처리를 통해 선충을 죽인다.
- 저항성 품종을 이용한다.
- 객토를 통해 선충의 피해가 없는 토양으로 바꿔준다.

03 다음 빈칸에 알맞은 말을 고르시오.

> 참깨의 정식 시기는 육묘일수 (15~20일 / 20~25일 / 25~30일) 정도로 (1~2번째 / 2~3번째 / 3~4번째) 본엽이 나올 때가 적당하다.

정답

25~30일, 2~3번째

04 다음 그림에 해당하는 화서의 명칭을 쓰시오.

정답

단순산형화서

05 다음 양배추 종자 그림에서 자엽, 유근, 하배축을 찾아 쓰시오.

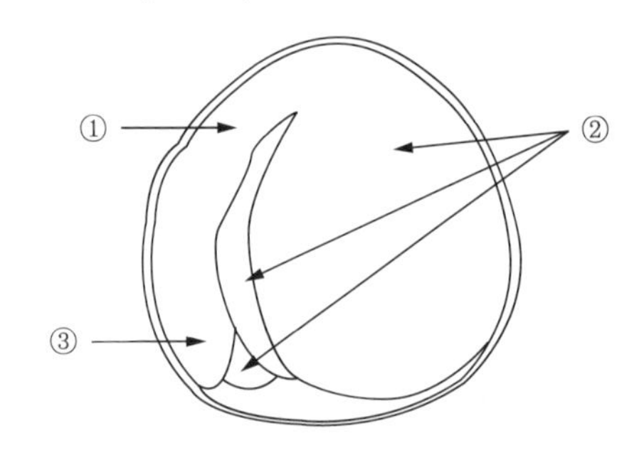

정답

① 하배축, ② 자엽(떡잎), ③ 유근

06 신품종의 구비조건 5가지를 쓰시오.

정답

신규성, 구별성, 균일성, 안정성, 고유의 품종명칭

07 육종의 목적 3가지를 쓰시오.

정답

- 수확량 증대
- 병해충 저항성 증대
- 심기, 수확 등의 작업성 향상
- 맛과 모양 등의 품질 향상
- 재배환경 적응력 증대

08 우량종자를 얻기 위한 조건 3가지를 쓰시오.

정답

- 우량품종에 속하는 것이어야 한다.
- 유전적으로 순수하고 이형 종자가 섞이지 않은 것이어야 한다.
- 충실하게 발달하여 생리적으로 좋은 종자여야 한다.
- 병충해에 감염되지 않은 종자여야 한다.
- 발아력이 건전해야한다.
- 잡초종자나 이물이 섞이지 않은 것이어야 한다.

09 채종재배 시 격리거리를 1,000m 이상 확보해야하는 작물 3가지를 쓰시오.

정답

무, 배추, 양배추, 오이, 참외, 수박, 호박, 파, 양파, 당근, 시금치 등

10 감자의 수확시기를 쓰시오.

정답

지상부 잎이 마르기 시작할 때 수확한다.

11 [보기]의 원소를 다량원소와 미량원소로 구분하시오.

보기
질소, 염소, 철, 칼륨, 구리, 황

정답

- 다량원소 : 질소, 칼륨, 황
- 미량원소 : 염소, 철, 구리

12 멀칭의 효과 3가지를 쓰시오.

정답

지온 조절, 토양 건조 방지, 토양 침식 방지, 잡초 발생 억제 등

13 혼파의 단점 3가지를 쓰시오.

정답

- 여러 작물을 함께 재배하면 병충해 방제가 어려울 수 있다.
- 다른 품종의 혼입 방지가 어려워 채종재배가 곤란하다.
- 작물들의 수확기가 일치하지 않는 경우 수확에 제한이 있다.

14 유료작물 3가지를 쓰시오.

정답

참깨, 들깨, 아주까리, 유채, 해바라기, 땅콩, 콩 등

15 종자코팅의 장점 3가지를 쓰시오.

정답

- 특수 처리를 통한 발아율 및 입묘율이 향상된다.
- 파종이 용이해 파종에 대한 노동력이 감소된다.
- 적량 파종이 가능하여 솎음 노력이 감소된다.
- 미세 종자나 가벼운 종자, 형태가 불균일한 종자의 파종이 유리해진다.
- 발아상 환경이 개선된다.

16 다음은 시들음병에 대한 종자소독법이다. 빈칸에 들어갈 알맞은 말을 고르시오.

(35~65°C / 40~80°C)의 범위에서 5시간 동안 단계별로 온도를 상승하고 (34°C / 74°C)에 48시간 처리한다.

정답

35~65°C, 74°C

17 [보기]의 종자를 수중에서 발아가 불가능한 종자와 수중에서 발아가 잘되는 종자로 분류하시오.

보기

콩, 양배추, 상추, 티머시, 호박, 당근

정답

- 수중에서 발아가 불가능한 종자 : 콩, 양배추, 호박
- 수중에서 발아가 잘되는 종자 : 상추, 티머시, 당근

18 조직배양의 장점 3가지를 쓰시오.

[정답]

- 병원균, 특히 바이러스가 없는 식물 개체를 획득할 수 있다.
- 유전적으로 특이한 형질을 가진 식물체를 분리할 수 있다.
- 단시간 내에 연중 대량증식을 할 수 있다.
- 좁은 면적에 많은 종류와 품종을 보유할 수 있다.
- 육종 및 신품종 보급 기간을 단축시킬 수 있다.

19 제웅의 정의를 쓰시오.

[정답]

개화 전에 꽃밥을 제거해주는 일을 말한다.

20 옥수수 종자 300개에 대한 발아검정 결과 완전묘 282개, 필수구조에 가벼운 결함이 있는 묘 10개, 2차감염묘 5개, 무배종자 3개로 평가되었을 때 발아율을 구하시오.

[정답]

99%

[풀이]

$$\frac{282 + 10 + 5}{300} \times 100 = 99\%$$

교육은 우리 자신의 무지를 점차 발견해 가는 과정이다.

– 윌 듀란트 –

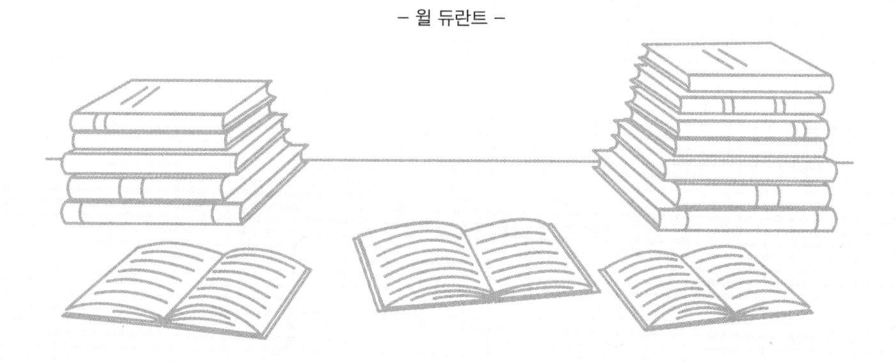

참 / 고 / 문 / 헌

- NCS 학습모듈(과수재배), 교육부, 한국직업능력개발원, 2019
- NCS 학습모듈(수도작재배), 교육부, 한국직업능력개발원, 2018
- NCS 학습모듈(전작재배), 교육부, 한국직업능력개발원, 2018
- NCS 학습모듈(종자생산), 교육부, 한국직업능력개발원, 2018
- NCS 학습모듈(채소재배), 교육부, 한국직업능력개발원, 2018
- NCS 학습모듈(화훼재배), 교육부, 한국직업능력개발원, 2018
- Win-Q 종자기능사 필기 단기완성, 이종일, 시대고시기획, 2022
- 고등학교 원예, 이애경 외, (사)한국검인정(광주교육청), 2021
- 고등학교 재배, 이변우 외, (사)한국검인정(전남교육청), 2021
- 과수학총론, 임열재, 향문사, 2015
- 식물육종학, 고희종 외, 향문사, 2010년
- 원예학개론, 문원 외, 한국방송통신대학교출판부, 2010
- 재배학개론, 최상민, 서울고시각, 2004
- 재배학원론, 류수노 외, 한국방송통신대학교출판문화원, 2015
- 채소학총론, 이정명, 향문사, 2014

참 / 고 / 사 / 이 / 트

- 국립종자원 http://www.seed.go.kr
- 농업기술포털 http://www.nongsaro.go.kr

종자기능사 실기 한권으로 끝내기

개정2판1쇄 발행 2024년 04월 05일 (인쇄 2024년 02월 29일)
초 판 발 행 2022년 06월 03일 (인쇄 2022년 04월 21일)

발 행 인 박영일
책 임 편 집 이해욱
편 저 김수현

편 집 진 행 윤진영 · 장윤경
표지디자인 권은경 · 길전홍선
편집디자인 정경일 · 박동진

발 행 처 (주)시대고시기획
출 판 등 록 제10-1521호
주 소 서울시 마포구 큰우물로 75 [도화동 538 성지 B/D] 9F
전 화 1600-3600
홈 페 이 지 www.sdedu.co.kr

I S B N 979-11-383-6877-3(13520)

정 가 25,000원

산림 · 조경 · 유기농업 국가자격 시리즈

산림기사 · 산업기사 필기 한권으로 끝내기

최근 기출복원문제 및 해설 수록

- 한권으로 산림기사 · 산업기사 대비
- 〈핵심이론 + 적중예상문제 + 과년도, 최근 기출복원문제〉의 이상적인 구성
- 농업직 · 환경직 · 임업직 공무원 특채 응시자격 및 공채시험 가산점 인정
- 기사 20학점, 산업기사 16학점 인정
- 4X6배판 / 1,172p / 45,000원

산림기능사 필기 한권으로 끝내기

최근 기출복원문제 및 해설 수록

- 빨리보는 간단한 키워드 : 시험 전 필수 핵심 키워드
- 최고의 산림전문가가 되기 위한 필수 핵심이론
- 적중예상문제와 기출복원문제를 자세한 해설과 함께 수록
- 임업종묘기능사 대비 가능(1, 2과목)
- 4X6배판 / 796p / 28,000원

식물보호기사 · 산업기사 필기+실기 한권으로 끝내기

필기와 실기를 한권으로 끝내기

- 한권으로 필기, 실기시험 대비
- 〈핵심이론 + 적중예상문제 + 과년도, 최근 기출복원문제 + 실기 대비〉의 최적화 구성
- 농업직 · 환경직 · 임업직 공무원 특채 응시자격 및 공채시험 가산점 인정
- 기사 20학점, 산업기사 16학점 인정
- 4X6배판 / 1,188p / 40,000원

도서구입 및 내용문의 1600-3600